ISBN 978-3-540-04763-6 ISBN 978-3-540-36177-0 (eBook)
DOI 10.1007/978-3-540-36177-0

„Advances in Polymer Science/Fortschritte der Hochpolymeren-Forschung" erscheinen zwanglos in einzeln berechneten Heften, die zu Bänden vereinigt werden.

Sie enthalten Fortschrittsberichte monographischen Charakters aus dem Gebiet der Physik und Chemie der Hochpolymeren mit ausführlichen Literaturzusammenstellungen. Sie sollen der Unterrichtung der auf diesen Gebieten Tätigen über solche Themen dienen, die in letzter Zeit besondere Aktualität gewonnen haben, bzw. die in neuerer Zeit eine lebhafte und nach literarischer Zusammenfassung verlangende Entwicklung erfahren haben.

SPRINGER-VERLAG

6900 Heidelberg 1 · Postfach 1780 · Telefon (06221) 49101 · Telex 04-61723

1000 Berlin 33 · Heidelberger Platz 3 · Telefon (0311) 822001 · Telex 01-83319

New York, N. Y. 10010 · 175 Fifth Avenue · Telefon 673-2660 · Telex 0023-222235

---

7. Band **Inhaltsverzeichnis** 2. Heft

Titel-Nr. 4931

Adv. Polymer Sci., Vol. 7, pp. 151—368 (1970)

Heat Capacities of Linear High Polymers

B. Wunderlich
Department of Chemistry, Rensselaer Polytechnic Institute
Troy, 12181, N.Y. USA

H. Baur
Meß- und Prüflaboratorium der Badischen Anilin- und Soda-Fabrik AG,
Ludwigshafen am Rhein, Germany

Table of Contents

I. Introduction

Linear high polymers represent the youngest area in materials science. Despite the great scientific and industrial importance of macromolecular substances there has only recently been substantial progress toward the understanding of these materials. The chemical nature of linear high polymers was recognized in the 1920's; the special properties resulting from the flexibility of long chain molecules were treated first on a statistical basis in the 1940's; the first step toward understanding the solid state structure was taken in the early 1960's; the molecular structure of melts and glasses is still not well known today.

Heat capacities form an important link between macroscopic properties of materials and their microscopic origin. Since the method of heat capacity measurements is well established and the theoretical interpretation has achieved a high degree of success, valuable information should result from the study of heat capacities of linear high polymers and the interpretation of the data.

This review makes a first attempt to bring together all measured heat capacities of linear high polymers and to interpret the results in terms of the detailed molecular motion. Main emphasis will be placed on the heat capacity in the solid state. Too little is known about the structure of the liquid to go beyond semiquantitative estimates. Transition phenomena are treated only briefly, a detailed analysis of heat capacities in regions of melting transitions, glass transitions, and secondary transitions of linear high polymers is left to a later review, the area is still too much in flux for such an undertaking at the present. The bulk of the paper is divided into two parts, the theory of heat capacity, written by H. Baur and the results of experimental heat capacity measurement, written by B. Wunderlich. In the section of conclusions an attempt has been made to summarize progress to date and point the way toward further goals of study.

The section on theory is not a general treatise on the theory of heat capacity, it is instead designed to bring together the theoretical knowledge needed for interpretation of the experimental results. Since on the other hand the theoretical understanding of the experimental results is only in its beginning as far as polymers are concerned, and the interpretation of data must frequently be carried out by researchers who are less familiar with the theory, we thought it advantageous to choose a somewhat more detailed description which could also serve as an introduction.

The section on experiments contains references to all heat capacity data on linear high polymers which could be found up to June 1968. Systematically Chemical Abstracts was used as a base for the literature search. Cross references, previous reviews, a check of the files of the Center for Information Service of the University of Akron, and personal requests to workers in the field augmented the search. It is hoped that the number of overlooked experimental papers is small. All data were critically scanned. In particular, an attempt was made to get information on the solid state structure of the polymers. Wherever it was felt that sufficient information was available, a table of data was compiled and is presented in this review. Short reviews of operational definitions of units; of thermal analysis of polymers; and of the thermal and structural properties of polymer crystals, melts, and glasses precede the discussion of heat capacities. Besides homopolymers, several copolymer systems have been reviewed. Wherever possible infrared and Raman data as well as results from neutron scattering were used for additional information on vibrational frequencies. No results on lattice vibrations from X-ray diffraction of linear high polymer crystals were found in the literature. Measurements in the microwave region may yield results on skeletal motion in polymers in the future.

II. Theorie der Wärmekapazität

1. Thermodynamischer (makroskopisch-phänomenologischer) Aspekt der Wärmekapazität*

In Section II.1 the heat capacity is considered from the viewpoint of phenomenological thermodynamics. In Section II.1.1 the usual definitions are given for the heat capacity C_V or C_p at constant volume V respectively constant pressure p and constant quantity of matter. They are valid for thermodynamically simple systems. As far as liquids and solids are concerned (and polymers are always in a condensed state) C_p is the quantity more available from the experiment and C_V that more available from the theory. In consequence, one is always constrained to convert both quantities. Such a conversion is rendered possible by Eq. (25a) if the thermal expansion coefficient α, the isothermal compressibility $\varkappa$ and the volume V (or the mass densitiy) of the system are known. In default of these data the formula (25b) of Nernst and Lindemann is often used which, as approximation, follows from (25a).

In the case of simple mixtures (Section II.1.3. and II.1.4) the heat capacity is composed additively of the partial molar heat capacities c_{vi} or c_{pi} of the single components. c_{vi} and c_{pi}, for their part, depend on the composition of the system and, in general, differ from the molar heat capacities c_v or c_p of the pure substances. If the heat capacity is considered as a summation of partial molar standard heat capacities c_{vi}^0 resp. c_{pi}^0 which are independent of the composition of the system [see Eq. (31)], an excess heat capacity C^E has to be added that is governed by the change of the activity coefficients γ_i with the temperature. Polymers are always to be understood as mixtures since a strict fractionation in substances with molecules of the same chain length is scarcely possible. In a first order approximation the activity coefficients which refer to the components of uniform chain length may, however, be considered as being independent of the temperature so that the excess heat capacity can be omitted. In heterogeneous or inhomogeneous media the heat capacity is composed, in an additive way, of the contributions made by the single regions of space (Section II.1.4).

The variability of circumstances, under which the heat capacity can be measured, extends as soon as the thermodynamical states of a system are no longer unambiguously characterized by means of the internal energy, the volume and the numbers of moles alone (or other variables which can be gained from these variables by Legendre-transformations) (Section II.1.5). Thus the variables p and V, for example, are not sufficient to describe in an unique way the mechanical state of an elastic solid under the influence of external forces (Section II.1.5.1). On the contrary, the pressure has to be replaced by the six components τ_{ik} of the stress tensor and the volume by the six components γ_{ik} of the strain tensor (multiplied by a suitable factor which makes these variables extensive variables). The analogue of C_V is then the heat capacity at constant strain [Eq.(37)], the analogue of C_p the heat capacity at constant stress [Eq.(38)]. Eq.(39) takes the place of the relation (25a). But according to the particular physical situation heat capacities can also be measured which correspond to a mixed set of variables, like constant $\gamma_{xx}, \tau_{yy}, \gamma_{zz}, \gamma_{xy}, \tau_{xz}, \gamma_{yz}$.

Variabilities which require an additional specification of the heat capacity can also arise from a system having internal (thermodynamic) degrees of freedom. Such

* Vgl. jedes ausführlichere Buch über Thermodynamik, z.B. Guggenheim (1959) oder Prigogine, Defay (1950).

degrees of freedom appear, for instance, with internal transformations like the glass transition. In the simplest case the advancement of the transformation during the time t can be described by a single reaction coordinate $N(t)$ (Section II.1.5.2). Owing to $N(t)$ also C_V, respectively C_p, is (implicitly) getting dependent on the time. This can lead to a relaxation of the heat capacity and to phenomena of an apparent overheating or undercooling. To the heat capacity $C_{p,N}$ at constant pressure and constant composition a further term is added [see Eq. (46)], which depends on the molar heat of reaction and is often called the heat capacity of conformation.

1.1. Wärmekapazität einfacher Ein-Komponenten-Systeme

Als ein einfaches Ein-Komponenten-System bezeichnen wir jedes aus einer einheitlichen (reinen) Substanz aufgebaute homogene System, dessen thermodynamische Gleichgewichtszustände eindeutig durch die drei extensiven Variablen U (innere Energie), V (Volumen) und N (Anzahl der Mole der Substanz) gekennzeichnet werden können und dessen Energiebilanz durch den sog. ersten Hauptsatz der Thermodynamik in der einfachen Form

$$dQ = dU + p\,dV - h\,dN \tag{1}$$

gegeben ist (Q: die dem System zugeführte Wärmemenge; p: gleichförmiger äußerer Druck, senkrecht zur Oberfläche des Systems; h: Enthalpie pro Mol der Substanz). Die Mengenänderung dN bezieht sich dabei allein auf den Stoffaustausch mit der Umgebung des Systems.

Sind T (Temperatur), V und N die voneinander unabhängig variierbaren Koordinaten eines solchen Systems, so gilt für die Änderung der inneren Energie

$$dU = \left(\frac{\partial U}{\partial T}\right)_{V,N} dT + \left(\frac{\partial U}{\partial V}\right)_{T,N} dV + \left(\frac{\partial U}{\partial N}\right)_{T,V} dN\,.$$

Damit folgt aus (1)

$$dQ = \left(\frac{\partial U}{\partial T}\right)_{V,N} dT + \left[\left(\frac{\partial U}{\partial V}\right)_{T,N} + p\right] dV + \left[\left(\frac{\partial U}{\partial N}\right)_{T,V} - h\right] dN\,. \tag{2}$$

Den Temperaturkoeffizienten in dieser Gleichung für die Änderung der Wärmemenge des Systems nennt man die *Wärmekapazität* C_V des Systems bei konstantem Volumen und konstanter Molzahl[1]:

$$C_V \equiv \left(\frac{\partial U}{\partial T}\right)_{V,N}\,. \tag{3}$$

---

1 Da C_V als Wärmekapazität bei konstantem Volumen *und* konstanter Molzahl definiert ist, wäre $C_{V,N}$ die korrektere Bezeichnung. Da aber auf der anderen Seite in der Gleichgewichtsthermodynamik meist nur geschlossene Systeme betrachtet werden (die mit ihrer Umgebung keine Materie austauschen) und im Falle eines einfachen Ein-Komponenten-Systems die Frage nach inneren Umwandlungen (chemische Reaktionen, usw.) per Definition gegenstandslos ist, wird die Konstanz der Molzahl häufig als selbstverständlich vorausgesetzt und der Index N in $C_{V,N}$ unterdrückt. Entsprechendes gilt für die weiter unten eingeführte Wärmekapazität bei konstantem Druck und konstanter Molzahl. In Abschn. II.1.5.2 werden wir jedoch die vollständigere Bezeichnungsweise einführen müssen.

Da Q innerhalb kleiner Temperaturintervalle meist als eine lineare Funktion von T angesehen werden kann, bezeichnet C_V praktisch die Wärmemenge, die man einem System zuführen muß, um bei konstantem Volumen und konstanter Molzahl eine Temperaturerhöhung des Systems um ein Grad zu erreichen. Es ist klar, daß die Wärmekapazität C_V im allgemeinen eine Funktion der Variablen T, V, N ist:

$$C_V = C_V(T; V; N) .$$

Aber ebenso kann C_V natürlich auch als Funktion anderer Variablen ausgedrückt werden, z. B.

$$C_V = C_V(T; p; N) .$$

Die nur noch von T, V oder T, p abhängige, auf ein Mol der Substanz bezogene Wärmekapazität C_V/N nennt man die *molare Wärmekapazität* der reinen Substanz. Die auf die Masseneinheit (z. B. auf ein Gramm) bezogene Wärmekapazität heißt *spezifische Wärme*. Beide werden häufig mit c_v bezeichnet. In Teil II.1 verwenden wir jedoch c_v ausschließlich in der Bedeutung

$$c_v \equiv \frac{1}{N}\left(\frac{\partial U}{\partial T}\right)_{V,N} = \left(\frac{\partial u}{\partial T}\right)_v \tag{4}$$

($u = U/N$: innere Energie pro Mol der reinen Substanz; $v = V/N$: Molvolumen der Substanz). Die auf ein Gramm bezogene Wärmekapazität folgt daraus durch Division mit dem in Gramm angegebenen Molekulargewicht.

Sind T, p, N die unabhängigen Variablen des Systems, so ist die Änderung der inneren Energie gegeben durch

$$dU = \left(\frac{\partial U}{\partial T}\right)_{p,N} dT + \left(\frac{\partial U}{\partial p}\right)_{T,N} dp + \left(\frac{\partial U}{\partial N}\right)_{T,p} dN . \tag{5}$$

Neben U ist nun auch V eine abhängige Variable, d. h. es gilt

$$dV = \left(\frac{\partial V}{\partial T}\right)_{p,N} dT + \left(\frac{\partial V}{\partial p}\right)_{T,N} dp + \left(\frac{\partial V}{\partial N}\right)_{T,p} dN . \tag{6}$$

Durch Einsetzen von (5) und (6) in (1) folgt als Änderung der Wärmemenge des Systems

$$\begin{aligned} dQ = &\left[\left(\frac{\partial U}{\partial T}\right)_{p,N} + p\left(\frac{\partial V}{\partial T}\right)_{p,N}\right] dT + \left[\left(\frac{\partial U}{\partial p}\right)_{T,N} + p\left(\frac{\partial V}{\partial p}\right)_{T,N}\right] dp \\ &+ \left[\left(\frac{\partial U}{\partial N}\right)_{T,p} + p\left(\frac{\partial V}{\partial N}\right)_{T,p} - h\right] dN .^{2} \end{aligned} \tag{7}$$

2 Nach (9) verschwindet bei konstantem Druck die letzte Klammer [] in (7) identisch. Das erhellt die Bedeutung und Abgrenzung des Begriffs „Wärmemenge“, den wir mit (1) festgelegt haben. Wir lassen die Klammer jedoch stehen, da sie im Falle eines Systems mit innerer Umwandlung eine Rolle spielt (vgl. Abschn. II.1.5.2).

Den Temperaturkoeffizienten dieser Gleichung nennt man die Wärmekapazität C_p des Systems bei konstantem Druck und konstanter Molzahl:

$$C_p \equiv \left(\frac{\partial U}{\partial T}\right)_{p,N} + p\left(\frac{\partial V}{\partial T}\right)_{p,N}. \tag{8}$$

Praktisch bezeichnet C_p die Wärmemenge, die man einem System bei konstantem Druck und konstanter Molzahl zuführen muß, um eine Temperaturerhöhung des Systems um ein Grad zu erreichen. C_p wird im allgemeinen als eine Funktion von T, p und N betrachtet:

$$C_p = C_p(T; p; N).$$

Mit Hilfe der sog. Enthalpie $H(T; p; N)$, die definiert ist durch

$$H \equiv U + pV, \tag{9}$$

kann man an Stelle von (8) auch

$$C_p \equiv \left(\frac{\partial H}{\partial T}\right)_{p,N} \tag{10a}$$

schreiben. Entsprechend folgt für die molare Wärmekapazität

$$c_p \equiv \left(\frac{\partial h}{\partial T}\right)_p. \tag{10b}$$

Sind T, p, N die freien Variablen eines Systems, so nimmt bekanntlich die thermodynamische Beschreibung formal die einfachste Gestalt an, wenn man von der Gibbsschen Fundamentalgleichung in der sog. G-Darstellung

$$G = G(T; p; N), \tag{11}$$

ausgeht, die die freie Enthalpie G (Gibbs free energy) als Funktion der voneinander unabhängigen Variablen ausdrückt. Ganz allgemein gilt der Zusammenhang

$$G = H - TS, \tag{12}$$

wobei in der G-Darstellung die Entropie S (d. h. die Entropie als Funktion der freien Variablen T, p, N) durch

$$S \equiv -\left(\frac{\partial G}{\partial T}\right)_{p,N} \tag{13}$$

definiert ist. Mit (12) und (13) erhält man

$$H = G - T\left(\frac{\partial G}{\partial T}\right)_{p,N}$$

und folglich nach (10) [3]

$$C_p = -T\left(\frac{\partial^2 G}{\partial T^2}\right)_{p,N}; \quad c_p = -T\left(\frac{\partial^2 \mu}{\partial T^2}\right)_p \tag{14}$$

---

3 $\left(\frac{\partial^2 G}{\partial T^2}\right)_{p,N}$ steht abkürzend für $\left[\frac{\partial}{\partial T}\left(\frac{\partial G}{\partial T}\right)_{p,N}\right]_{p,N}$. Entsprechendes gilt für $\left(\frac{\partial^2 \mu}{\partial T^2}\right)_p$ und die im folgenden in gleicher Weise bezeichneten zweifachen Ableitungen.

($\mu = G/N$: freie Enthalpie pro Mol der reinen Substanz). Ist also die G-Darstellung der Gibbsschen Fundamentalgleichung des Systems bekannt, so kann C_p bzw. c_p daraus in einfacher Weise durch zweimalige Differentiation gewonnen werden. Mit (13) kann man schließlich an Stelle von (14) auch

$$C_p = T\left(\frac{\partial S}{\partial T}\right)_{p,N}; \quad c_p = T\left(\frac{\partial s}{\partial T}\right)_p \tag{15}$$

($s = S/N$: Entropie pro Mol der reinen Substanz) schreiben.

Sind dagegen T, V, N die freien Variablen, so enthält die sog. F-Darstellung der Gibbsschen Fundamentalgleichung

$$F = F(T; V; N) \tag{16}$$

in einfacher Weise die vollständige Thermodynamik des Systems. Sie drückt die freie Energie (Helmholtz free energy)

$$F = U - TS \tag{17}$$

als Funktion der voneinander unabhängigen Variablen aus. Die Entropie ist in der F-Darstellung definiert durch

$$S \equiv -\left(\frac{\partial F}{\partial T}\right)_{V,N}, \tag{18}$$

so daß nun

$$U = F - T\left(\frac{\partial F}{\partial T}\right)_{V,N}$$

und damit aus (3) bzw. (4)

$$C_V = -T\left(\frac{\partial^2 F}{\partial T^2}\right)_{V,N}; \quad c_v = -T\left(\frac{\partial^2 f}{\partial T^2}\right)_v \tag{19}$$

folgt ($f = F/N$: freie Energie pro Mol der reinen Substanz). Ferner gilt nach (18) entsprechend Gl. (15):

$$C_V = T\left(\frac{\partial S}{\partial T}\right)_{V,N}; \quad c_v = T\left(\frac{\partial s}{\partial T}\right)_v. \tag{20}$$

Da auf der einen Seite vom rein theoretischen Standpunkt aus die Wärmekapazität bei konstantem Volumen C_V bequemer zu handhaben ist, als die Wärmekapazität C_p bei konstantem Druck (vgl. Abschn. II.2.2), andererseits aber bei Flüssigkeiten und Festkörpern C_p die dem Experiment leichter zugängliche Größe ist, ist es einmal wichtig, sich die Ursachen klar zu machen, auf denen der Unterschied zwischen C_V und C_p beruht und zum zweiten auch wichtig Formeln zur Hand zu haben, die eine Umrechnung der einen in die andere Größe erlauben.

Setzen wir (6) und (3) in (2) ein, so folgt

$$dQ = C_V\,dT + \left[\left(\frac{\partial U}{\partial V}\right)_{T,N} + p\right]\left[\left(\frac{\partial V}{\partial T}\right)_{p,N} dT + \left(\frac{\partial V}{\partial p}\right)_{T,N} dp + \left(\frac{\partial V}{\partial N}\right)_{T,p} dN\right]$$
$$+ \left[\left(\frac{\partial U}{\partial N}\right)_{T,V} - h\right] dN$$
$$= \left\{C_V + \left[\left(\frac{\partial U}{\partial V}\right)_{T,N} + p\right]\left(\frac{\partial V}{\partial T}\right)_{p,N}\right\} dT + \left\{\left[\left(\frac{\partial U}{\partial V}\right)_{T,N} + p\right]\left(\frac{\partial V}{\partial p}\right)_{T,N}\right\} dp$$
$$+ \left\{\left(\frac{\partial U}{\partial N}\right)_{T,V} - h + \left[\left(\frac{\partial U}{\partial V}\right)_{T,N} + p\right]\left(\frac{\partial V}{\partial N}\right)_{T,p}\right\} dN\,.$$

Ein Vergleich der Koeffizienten dieser Gleichung mit denen von Gl. (7) liefert unmittelbar

$$C_p = C_V + \left[\left(\frac{\partial U}{\partial V}\right)_{T,N} + p\right]\left(\frac{\partial V}{\partial T}\right)_{p,N}. \tag{21}$$

Das heißt, der Unterschied zwischen den Wärmekapazitäten C_p und C_V rührt her

1. von der Volumenabhängigkeit der inneren Energie,
2. von der bei der Volumenausdehnung geleisteten Arbeit.

In einem idealen Gas hängt die innere Energie vom Volumen überhaupt nicht ab. Hier trägt also nur die bei der Volumenausdehnung geleistete Arbeit etwas zum Unterschied zwischen C_V und C_p bei. Bei realen Gasen ist zwar eine Volumenabhängigkeit der inneren Energie vorhanden, aber doch nur so schwach ausgeprägt (Gay-Lussacscher Versuch), daß immer noch der dritte Term in (21) allein den wesentlichen Unterschied zwischen C_p und C_V hervorruft. Bei kondensierten Phasen liegen dagegen die Verhältnisse gerade umgekehrt: Zum Unterschied zwischen C_p und C_V trägt vor allem die Volumenabhängigkeit der inneren Energie bei, während die Arbeitsleistung durch Volumenausdehnung meist zu vernachlässigen ist. Bei Festkörpern tritt im übrigen ein merkbarer Unterschied erst bei höheren Temperaturen auf (vgl. Abschn. II.4.5).

Mit Hilfe einer rein mathematischen Umformung läßt sich (21) auch auf die Form

$$C_p = C_V - T\left(\frac{\partial V}{\partial T}\right)^2_{p,N} \Big/ \left(\frac{\partial V}{\partial p}\right)_{T,N} \tag{22}$$

bringen. Nun ist

$$\frac{1}{V}\left(\frac{\partial V}{\partial T}\right)_{p,N} \equiv \alpha \tag{23}$$

der thermische Ausdehnungskoeffizient und

$$-\frac{1}{V}\left(\frac{\partial V}{\partial p}\right)_{T,N} \equiv \varkappa \tag{24}$$

die isotherme Kompressibilität des Systems. Es gilt also auch

$$C_p = C_V + \frac{TV\alpha^2}{\varkappa}\,; \quad c_p = c_v + \frac{Tv\alpha^2}{\varkappa}\,. \tag{25a}$$

Das heißt C_p und C_V bzw. c_p und c_v können jederzeit ineinander umgerechnet werden, wenn der Ausdehnungskoeffizient, die Kompressibilität und das Volumen bzw. das Molvolumen der Substanz bekannt sind. Da die Kompressibilität stets positiv ist, folgt aus (25a)

$$C_p > C_V \,.$$

Bei nicht zu hohen Temperaturen kann man näherungsweise den Ausdehnungskoeffizienten als proportional zur Wärmekapazität c_p (vgl. Anm. 69 auf S. 251) und das Verhältnis $v/\varkappa$ als konstant ansehen. Aus (25a) folgt dann die Näherungsformel

$$c_p = c_v + A c_p^2 T \,, \tag{25b}$$

in der A eine stoffspezifische Konstante bezeichnet. Einige weitere, in ihrer Allgemeingültigkeit allerdings fragwürdige Abschätzungen führen schließlich von (25b) auf die Nernst-Lindemannsche Formel III. (2), in der $A = A_0/T_m$ ist und A_0 eine universelle Konstante, T_m die Schmelztemperatur bezeichnen (vgl. Abschn. III.1.1).

1.2. Druck-, Volumen- und Temperaturabhängigkeit der Wärmekapazität

Sind T, p und N die unabhängigen Variablen, so erhält man aus (14) als Änderung der Wärmekapazität C_p mit dem Druck

$$\left(\frac{\partial C_p}{\partial p}\right)_{T,N} = -\,T\,\frac{\partial^3 G}{\partial p\,\partial T^2}\,.$$

Aus der Integrabilitätsbedingung für dG in bezug auf p und T

$$\frac{\partial^2 G}{\partial p\,\partial T} = \frac{\partial^2 G}{\partial T\,\partial p}$$

und der Definitionsgleichung von V in der G-Darstellung

$$\left(\frac{\partial G}{\partial p}\right)_{T,N} \equiv V$$

folgt

$$\left(\frac{\partial C_p}{\partial p}\right)_{T,N} = -\,T\,\frac{\partial^3 G}{\partial T^2\,\partial p} = -\,T\left(\frac{\partial^2 V}{\partial T^2}\right)_{p,N}.$$

Mit (23) gilt also

$$\left(\frac{\partial C_p}{\partial p}\right)_{T,N} = -\,TV\left[\alpha^2 + \left(\frac{\partial \alpha}{\partial T}\right)_{p,N}\right]. \tag{26}$$

Die Druckabhängigkeit der Wärmekapazität C_p kann aus dem Ausdehnungskoeffizienten und dessen Temperaturabhängigkeit errechnet werden. Da $\partial\alpha/\partial T$ meist positiv ist, nimmt die Wärmekapazität C_p im allgemeinen mit steigendem Druck ab. Häufig kann übrigens der erste

Summand in (26) gegenüber dem zweiten vernachlässigt werden, so daß annähernd auch

$$\left(\frac{\partial C_p}{\partial p}\right)_{T,N} \approx - TV \left(\frac{\partial \alpha}{\partial T}\right)_{p,N}$$

gilt.

Sind T, V, N die unabhängigen Variablen, so erhält man ganz entsprechend aus (19) für die Volumenabhängigkeit der Wärmekapazität C_V

$$\left(\frac{\partial C_V}{\partial V}\right)_{T,N} = - T \frac{\partial^3 F}{\partial V \partial T^2} = - T \frac{\partial^3 F}{\partial T^2 \partial V} = - T \left(\frac{\partial^2 p}{\partial T^2}\right)_{V,N},$$

da der Druck p in der F-Darstellung durch

$$p \equiv \left(\frac{\partial F}{\partial V}\right)_{T,N}$$

definiert ist. Aus dem mathematischen Zusammenhang

$$\left(\frac{\partial p}{\partial T}\right)_{V,N} = - \left(\frac{\partial p}{\partial V}\right)_{T,N} \left(\frac{\partial V}{\partial T}\right)_{p,N},$$

folgt nun nach (23) und (24)

$$\left(\frac{\partial p}{\partial T}\right)_{V,N} = \frac{\alpha}{\varkappa}. \tag{27}$$

Die Volumenabhängigkeit der Wärmekapazität C_V ist also gegeben durch

$$\left(\frac{\partial C_V}{\partial V}\right)_{T,N} = \frac{T\alpha}{\varkappa} \left[\frac{1}{\varkappa} \left(\frac{\partial \varkappa}{\partial T}\right)_{V,N} - \frac{1}{\alpha} \left(\frac{\partial \alpha}{\partial T}\right)_{V,N}\right]. \tag{28}$$

Über die Temperaturabhängigkeit der Wärmekapazität ist dagegen vom rein phänomenologischen Standpunkt aus ohne weiteres keine praktisch verwertbare allgemeine Aussage möglich. Außerhalb der Bereiche thermischer Umwandlungen kann man jedoch die Wärmekapazität als Funktion der Temperatur in der Umgebung jeder beliebigen Temperatur T_0 in eine geeignete Potenzreihe

$$C_p(T; p; N) = C_p(T_0; p; N) + \sum_n A_n \left(\frac{T - T_0}{T_0}\right)^n \tag{29}$$

entwickeln. Bei höheren Temperaturen genügen häufig schon die ersten Potenzen der Reihe um eine gute Approximation für die Temperaturabhängigkeit der Wärmekapazität in einem unter Umständen recht großen Intervall um T_0 zu erhalten.

1.3. Wärmekapazität einfacher Mischungen

Aus den Definitionsgleichungen (3) und (8) ist zu sehen, daß die Wärmekapazitäten C_V und C_p extensive Größen sind. Liegt daher ein einfaches homogenes System vor, das sich aus mehreren Komponenten mit den Molzahlen N_i ($i = 1 \ldots m$; m = Zahl der Komponenten) zusammensetzt, so muß dessen Wärmekapazität, wie die innere Energie und das Volumen, eine homogene Funktion ersten Grades von den Molzahlen N_i sein. Nach dem Eulerschen Theorem über homogene Funktionen muß also gelten

$$C_V(T;V;\ldots N_i\ldots) = \sum_i \left(\frac{\partial C_V}{\partial N_i}\right)_{T,V,\ldots N_{j\neq i}\ldots} N_i$$

und

$$C_p(p;T;\ldots N_i\ldots) = \sum_i \left(\frac{\partial C_p}{\partial N_i}\right)_{T,p,\ldots N_{j\neq i}\ldots} N_i\,.$$

Die Wärmekapazität eines Viel-Komponenten-Systems setzt sich demnach additiv aus Größen

$$c_{vi} \equiv \left(\frac{\partial C_V}{\partial N_i}\right)_{T,V,\ldots N_{j\neq i}\ldots} \quad \text{bzw.} \quad c_{pi} \equiv \left(\frac{\partial C_p}{\partial N_i}\right)_{T,p,\ldots N_{j\neq i}\ldots}$$

zusammen, die als *partielle molare Wärmekapazitäten* der Komponenten bei konstantem Volumen bzw. bei konstantem Druck bezeichnet werden. Diese partiellen molaren Wärmekapazitäten hängen von der Zusammensetzung des Systems ab und sind im allgemeinen verschieden von den molaren Wärmekapazitäten der reinen Substanzen.

Für die freie Enthalpie einer Mischung gilt aus den gleichen Gründen

$$G(T;p;\ldots N_i\ldots) = \sum_i \left(\frac{\partial G}{\partial N_i}\right)_{T,p,\ldots N_{j\neq i}\ldots} N_i\,, \tag{30}$$

wobei die partiellen molaren freien Enthalpien

$$\mu_i \equiv \left(\frac{\partial G}{\partial N_i}\right)_{T,p,\ldots N_{j\neq i}\ldots}$$

auch als chemische Potentiale der Komponenten bezeichnet werden. Für die chemischen Potentiale kann man ganz allgemein ansetzen

$$\mu_i = \mu_i^0 + RT\ln\left(\frac{N_i}{N}\gamma_i\right),$$

wenn man mit $N \equiv \sum N_i$ die Gesamtzahl der Mole und mit γ_i die sog. Aktivitätskoeffizienten

$$\gamma_i = \gamma_i(T;p;\ldots N_i\ldots)$$

der einzelnen Komponenten bezeichnet. Die chemischen Potentiale

$$\mu_i^0 = \mu_i^0(T;p)$$

beziehen sich auf irgend einen Standard-Zustand und sind definitionsgemäß unabhängig von den Molzahlen N_i. Für die freie Enthalpie der Mischung folgt damit aus (30)

$$G = \sum_i \mu_i^0 N_i + RT\sum_i N_i \ln\left(\frac{N_i}{N}\gamma_i\right)$$

und für die *Wärmekapazität einer Mischung* bei konstantem Druck und konstanter Zusammensetzung aus (14)

$$C_p(T;p;\dots N_i\dots) = -T\sum_i N_i\left(\frac{\partial^2\mu_i^0}{\partial T^2}\right)_p + C_p^E. \tag{31}$$

Die Größe

$$C_p^E \equiv -2RT\sum_i N_i\frac{\partial}{\partial T}\ln\gamma_i - RT^2\sum_i N_i\frac{\partial^2}{\partial T^2}\ln\gamma_i \tag{32}$$

wird als *Exzeß-Wärmekapazität der Mischung* bezeichnet. Dividiert man (31), (32) durch die Gesamtzahl N aller Mole und führt die Molenbrüche

$$X_i \equiv \frac{N_i}{\sum_i N_i}$$

ein, so folgt für die *molare Wärmekapazität einer Mischung* bei konstantem Druck und konstanter Zusammensetzung

$$\left.\begin{aligned} c_p &= -T\sum_i X_i\left(\frac{\partial^2\mu_i^0}{\partial T^2}\right)_p + c_p^E \\ c_p^E &\equiv -2RT\sum_i X_i\frac{\partial}{\partial T}\ln\gamma_i - RT^2\sum_i X_i\frac{\partial^2}{\partial T^2}\ln\gamma_i. \end{aligned}\right\} \tag{33}$$

Polymere sind stets als Mischungen aufzufassen, da eine scharfe Fraktionierung in Substanzen mit Molekülen einheitlicher Kettenlänge kaum möglich ist. In erster Näherung mögen jedoch die Aktivitätskoeffizienten γ_i, die sich auf die Komponenten einheitlicher Kettenlänge beziehen, als von der Temperatur unabhängig betrachtet werden. In diesem Falle verschwindet die Exzeß-Wärmekapazität und die Wärmekapazität bei konstantem Druck und konstanter Zusammensetzung kann als eine einfache Summe

$$C_p = \sum_i c_{pi}^0 N_i \tag{34}$$

von *partiellen molaren Standard-Wärmekapazitäten*

$$c_{pi}^0 \equiv -T\left(\frac{\partial^2\mu_i^0}{\partial T^2}\right)_p$$

aufgefaßt werden, die unabhängig von der Zusammensetzung des Systems sind.

1.4. Wärmekapazität heterogener Systeme

Liegen in einer Mischung verschiedene, voneinander unabhängige Phasen vor, die untereinander im Gleichgewicht stehen, so setzt sich die Wärmekapazität des Gesamtsystems additiv aus den Wärmekapazitäten der einzelnen Phasen zusammen

$$C_p = \sum_\alpha\left(\sum_i c_{pi}^{(\alpha)} N_i^{(\alpha)}\right). \tag{35}$$

Mit den Indizes α werden hierin die einzelnen Phasen gekennzeichnet. $N_i^{(\alpha)}$ ist die Anzahl der Mole der Komponente Nr. i in der Phase Nr. α,

$c_{pi}^{(\alpha)}$ die partielle molare Wärmekapazität der Komponente Nr. i in der Phase Nr. α[4].

Die $c_{pi}^{(\alpha)}$ sind im allgemeinen von Phase zu Phase verschieden, da sie von der Konzentration der einzelnen Komponenten und von dem Aggregatzustand der einzelnen Phasen abhängen.

Sind die einzelnen Phasen infinitesimal klein (jedoch noch so groß, daß ihre Volumina dV als in sich homogen betrachtet werden können), so gilt ganz entsprechend

$$C_p = \sum_i \int \bar{c}_{pi}(x; y; z)\, \varrho_i(x; y; z)\, dV \tag{36}$$

mit ϱ_i als ortsabhängige Massendichte der i-ten Komponente im System und $\bar{c}_{pi}$ als vom Ort abhängige partielle *spezifische* Wärme der i-ten Komponente. Die Ortsabhängigkeit der spezifischen Wärme $\bar{c}_{pi}$ ist dabei nicht explizite, sie wird vielmehr implizite durch die Ortsabhängigkeit der Dichte ϱ_i hervorgerufen. Die Wärmekapazität eines inhomogenen Mediums setzt sich also aus einer unendlichen Schar im allgemeinen untereinander verschiedener spezifischer Wärmen zusammen.

1.5. Wärmekapazität komplizierterer Systeme

Die Variablen $U, V, \ldots N_i \ldots$ oder andere Variable, die man daraus durch Legendre-Transformationen gewinnen kann, genügen unter Umständen nicht, um die thermodynamischen Zustände eines Systems zu charakterisieren. Die Ursache dafür liegt allgemein darin, daß ein System mehr (thermodynamische) Freiheitsgrade besitzen kann, als durch die genannten Variablen berücksichtigt werden. Die zusätzlichen Freiheitsgrade können mechanischer, elektrischer, magnetischer oder auch „chemischer" Natur sein und die Berücksichtigung weiterer makroskopisch-phänomenologischer Variablen erfordern. Es können aber auch innere Hemmungen vorhanden sein, deren Beschreibung die Berücksichtigung molekularphysikalischer („mikroskopischer") Parameter verlangt. Das Auftreten solcher zusätzlichen Freiheitsgrade erweitert die Variabilität der Umstände, unter denen die Wärmekapazität gemessen werden kann und erfordert dementsprechend eine zusätzliche Spezifikation. Zwei typische, aber verhältnismäßig einfache Beispiele werden in den Abschn. 1.5.1 und 1.5.2 gegeben.

1.5.1. Wärmekapazität elastischer Festkörper[5]

Das mechanische Verhalten eines elastischen Festkörpers kann, auf Grund der festgelegten geometrischen Verhältnisse seiner Teile,

4 Man beachte, daß (35) [sowie auch (36) weiter unten] keine Wärmen enthält, die auf Mengentransformationen zwischen den Phasen zurückzuführen sind.

5 T. W. Ting, J. C. M. Li (1957).

im allgemeinen nicht allein durch die Variablen p, V beschrieben werden. Ist der Festkörper homogen, so treten an die Stelle des Volumens V als Variable die sechs Komponenten γ_{ik} des Deformationstensors (multipliziert mit einem geeigneten Faktor, der diese Variablen zu extensiven Variablen macht) und an die Stelle des Druckes p die sechs Komponenten τ_{ik} des Spannungstensors.

Ein möglicher Variablensatz zur Beschreibung der thermodynamischen Zustände eines homogenen Festkörpers ist z. B.

$$T;\ \Gamma_1;\ \Gamma_2;\ \Gamma_3;\ \Gamma_4;\ \Gamma_5;\ \Gamma_6;\ \ldots N_i \ldots,$$

wobei

$$\Gamma_1 \equiv V_0\gamma_{xx};\ \Gamma_2 \equiv V_0\gamma_{yy};\ \Gamma_3 \equiv V_0\gamma_{zz};$$

$$\Gamma_4 \equiv 2V_0\gamma_{xy};\ \Gamma_5 \equiv 2V_0\gamma_{xz};\ \Gamma_6 \equiv 2V_0\gamma_{yz}$$

gesetzt wurde. V_0 ist das Volumen eines fest gewählten Vergleichs-Zustandes, so daß bei kubischer Dilatation das aktuelle Volumen durch

$$V = V_0(1 + \gamma_{xx} + \gamma_{yy} + \gamma_{zz})$$

gegeben ist. Der Variablensatz entspricht der F-Darstellung. Die Komponenten des Spannungstensors sind in dieser Darstellung definiert durch

$$\tau_1 \equiv \tau_{xx} \equiv \left(\frac{\partial F}{\partial \Gamma_1}\right)_{T,\ldots\Gamma_{i\neq 1}\ldots,\ldots N_i\ldots}$$

$$\ldots\ldots\ldots\ldots\ldots\ldots\ldots\ldots$$

$$\tau_4 \equiv \tau_{xy} \equiv \left(\frac{\partial F}{\partial \Gamma_4}\right)_{T,\ldots\Gamma_{i\neq 4}\ldots,\ldots N_i\ldots}$$

$$\ldots\ldots\ldots\ldots\ldots\ldots\ldots\ldots$$

Der G-Darstellung entspricht der Variablensatz

$$T;\ \tau_1;\ \tau_2;\ \tau_3;\ \tau_4;\ \tau_5;\ \tau_6;\ \ldots N_i \ldots$$

mit

$$\Gamma_i \equiv \left(\frac{\partial G}{\partial \tau_i}\right)_{T;\ldots\tau_{j\neq i}\ldots;\ldots N_i\ldots}.$$

Es sind aber auch gemischte Variablensätze möglich, z. B.

$$T;\ \Gamma_1;\ \tau_2;\ \Gamma_3;\ \Gamma_4;\ \tau_5;\ \Gamma_6;\ \ldots N_i \ldots,$$

die bestimmten physikalischen Situationen und neuen thermodynamischen Zustandsfunktionen entsprechen.

Das Analogon zur Wärmekapazität bei konstantem Volumen ist die *Wärmekapazität bei konstantem Deformationszustand*

$$C_{\Gamma_1\ldots\Gamma_6} = T\left(\frac{\partial S}{\partial T}\right)_{\Gamma_1\ldots\Gamma_6;\ldots N_i\ldots}, \tag{37}$$

das Analogon zur Wärmekapazität bei konstantem Druck die *Wärmekapazität bei konstantem Spannungszustand*

$$C_{\tau_1\ldots\tau_6} = T\left(\frac{\partial S}{\partial T}\right)_{\tau_1\ldots\tau_6;\ldots N_i\ldots}. \tag{38}$$

Je nach der physikalischen Situation können aber auch andere Wärmekapazitäten maßgebend sein. z. B. $C_{\Gamma_1,\tau_2;\Gamma_3;\Gamma_4;\tau_5;\Gamma_6}$, usw.

An Stelle des thermischen Ausdehnungskoeffizienten (23) treten bei einem homogenen Festkörper die sechs Komponenten der thermischen Deformation

$$\alpha_i \equiv \frac{1}{V_0}\left(\frac{\partial \Gamma_i}{\partial T}\right)_{\tau_1\ldots\tau_6;\ldots N_i\ldots}, \quad (i = 1 \ldots 6),$$

an Stelle der isothermen Kompressibilität (24) die 36 Komponenten der isothermen elastischen Nachgiebigkeit

$$\varkappa_{ik} \equiv \frac{1}{V_0}\left(\frac{\partial \Gamma_i}{\partial \tau_k}\right)_{T;\ldots\tau_{j\neq k}\ldots;\ldots N_i\ldots}, \quad (i = 1 \ldots 6; k = 1 \ldots 6),$$

von denen, auf Grund der Symmetrie der Matrix $(\varkappa_{ik})$ jedoch nur 21 voneinander unabhängig sind[6].

Bezeichnet man mit c_{ik} die Elemente der zur Matrix $(\varkappa_{ik})$ inversen Matrix (das sind die Komponenten der isothermen elastischen Steifigkeit), so erhält man an Stelle des Zusammenhanges (25a) die Relation

$$C_{\tau_1\ldots\tau_6} = C_{\Gamma_1\ldots\Gamma_6} + TV_0 \sum_i \sum_k c_{ik}\alpha_i\alpha_k. \tag{39}$$

Entsprechend der Beziehung (27) besteht dabei zwischen den $\varkappa_{ik}$ und den α_i der Zusammenhang

$$\alpha_i = -\sum_k \varkappa_{ik}\left(\frac{\partial \tau_k}{\partial T}\right)_{\Gamma_1\ldots\Gamma_6;\ldots N_i\ldots}.$$

Ist der Festkörper inhomogen, so werden die Komponenten des Deformations- und Spannungstensors und damit auch die spezifischen Wärmen ortsabhängig (vgl. Abschn. II.1.4).

1.5.2. Wärmekapazität der Konformation; Relaxation der Wärmekapazität

Die zusätzlichen Freiheitsgrade eines Systems können auch dadurch entstehen, daß in dem System innere Umwandlungen möglich sind. Das ist z. B. der Fall, wenn sich mit der Temperatur der Ordnungsgrad der Atome oder Moleküle ändert, wenn gehemmte Rotations- oder Translationsfreiheitsgrade frei werden oder wenn innere Spannungen frei werden. Wir betrachten hier den einfachen Fall, daß zu den Variablen T; p noch *ein* weiterer Freiheitsgrad auf Grund einer inneren Umwandlung hinzutritt.

---

6 Geometrische Symmetrie des Festkörpers vermindert die Zahl der unabhängigen Komponenten der Nachgiebigkeit noch weiter. Zum Beispiel sind in einem kubischen Kristall nur 3 und in einem isotropen Festkörper, z. B. in einem amorphen Glas, nur 2 unabhängige Komponenten gegeben (vgl. Abschn. II.4.4, wo als unabhängige elastische Kenngrößen der Elastizitätsmodul und die Poissonsche Zahl gewählt wurden. Beide sind unmittelbar mit den Komponenten $\varkappa_{ik}$ der Nachgiebigkeit eines isotropen Festkörpers verknüpft).

Vorgegeben sei entweder ein einfaches homogenes System, das aus zwei Komponenten N' und N'' besteht, die sich ineinander umwandeln können (z. B. eine Flüssigkeit in der die eine Komponente aus Molekülen besteht, die Librationen ausführen und die andere Komponente aus denselben Molekülen, die jedoch Rotationen ausführen; vgl. Abschn. II.3.4) oder ein System, das aus zwei homogenen und in sich im inneren Gleichgewicht befindlichen Phasen mit den Molzahlen N' und N'' besteht, die sich ineinander umwandeln können. Es herrsche stets thermisches und mechanisches Gleichgewicht. Der Druck sei konstant. Die freie Enthalpie des Systems ist in beiden Fällen gegeben durch

$$G = G(p; T; N'; N'').$$

Ist das System geschlossen, d. h. findet kein Massenaustausch mit der Umgebung statt, so gilt für jede Änderung der Molzahlen auf Grund des Massenerhaltungssatzes

$$dN' = -\, dN'' \equiv dN.$$

Es genügt dann also neben T und p die Molzahl N als Variable einzuführen, die Auskunft über den Fortschritt der Umwandlung gibt. Damit können wir die Differentialausdrücke von Abschn. II.1.1 übernehmen, wenn wir nur berücksichtigen, daß wegen der geänderten Bedeutung von dN und dem Abschluß des Systems gegenüber Stoffaustausch mit der Umgebung nun in (1), (2) und (7) der Term $h dN$ zu streichen ist. Für die Änderung der freien Enthalpie bei konstantem Druck erhält man

$$(dG)_p = -\, S dT + \Delta\mu \, dN \tag{40}$$

mit

$$S \equiv -\left(\frac{\partial G}{\partial T}\right)_{p,N} \tag{13}$$

und

$$\Delta\mu \equiv \left(\frac{\partial G}{\partial N}\right)_{T,p} = \mu' - \mu'' \,. \tag{41}$$

Die Differenz $\Delta\mu$ zwischen den chemischen Potentialen μ' und μ'' der beiden Komponenten bzw. der beiden Phasen ist die treibende Kraft, die nach erfolgter Temperaturänderung die Umwandlung in Gang bringt und hält. Besteht „chemisches" Gleichgewicht, so gilt

$$\Delta\mu = 0 \,. \tag{42}$$

Aus der allgemeinen Beziehung (12) erhält man mit (41) für die treibende Kraft $\Delta\mu$

$$\Delta\mu = \left(\frac{\partial H}{\partial N}\right)_{T,p} - T\left(\frac{\partial S}{\partial N}\right)_{T,p} . \tag{43}$$

Sie setzt sich also zusammen aus der *Umwandlungswärme* $(\partial H/\partial N)_{T,p}$ und der *Entropie der Umwandlung* $(\partial S/\partial N)_{T,p}$. Die Entropie der Umwandlung ist wegen (13) und der Integrabilitätsbedingung

$$\frac{\partial^2 G}{\partial N\,\partial T} = \frac{\partial^2 G}{\partial T\,\partial N},$$

gegeben durch

$$\left(\frac{\partial S}{\partial N}\right)_{T,p} = -\left(\frac{\partial \Delta\mu}{\partial T}\right)_{p,N}, \tag{44}$$

so daß mit (42) und (43) als Bedingung für das „chemische" Gleichgewicht auch

$$\left(\frac{\partial H}{\partial N}\right)_{T,p} = -T\left(\frac{\partial \Delta\mu}{\partial T}\right)_{p,N} \tag{45}$$

gilt.

Für die Änderung der Wärmemenge bei konstantem Druck folgt aus (7) und (8)

$$(dQ)_p = C_{p,N}\,dT + \left[\left(\frac{\partial U}{\partial N}\right)_{T,p} + p\left(\frac{\partial V}{\partial N}\right)_{T,p}\right] dN\,.$$

Wir haben an $C_{p,N}$ nun den Index N anzufügen, da sich einerseits C_p in (8) auf konstanten Druck *und* konstante Zusammensetzung bezieht (vgl. Anm. 1 auf S. 156), wir aber andererseits hier die Variabilität von N in Betracht ziehen. Der Faktor vor dN ist nach (9) identisch mit der Umwandlungswärme:

$$\left(\frac{\partial U}{\partial N}\right)_{T,p} + p\left(\frac{\partial V}{\partial N}\right)_{T,p} = \left(\frac{\partial H}{\partial N}\right)_{T,p}.$$

Für die Änderung der Wärmemenge mit der Temperatur bei konstantem Druck und variabler Zusammensetzung erhalten wir demnach

$$\left(\frac{dQ}{dT}\right)_p \equiv C_p = C_{p,N} + \left(\frac{\partial H}{\partial N}\right)_{T,p}\left(\frac{dN}{dT}\right)_p\,. \tag{46}$$

Die Wärmekapazität C_p bei konstantem Druck und variabler Zusammensetzung setzt sich additiv aus zwei Anteilen zusammen: aus der durch (8), (10), (14) und (15) gegebenen Wärmekapazität bei konstantem Druck und konstanter Zusammensetzung und einer zweiten Wärmekapazität

$$C_p^{\text{conform}} \equiv \left(\frac{\partial H}{\partial N}\right)_{T,p}\left(\frac{dN}{dT}\right)_p,$$

die auf die Umwandlung zurückzuführen ist und als *Wärmekapazität der Konformation* bezeichnet wird, wenn die Umwandlung in einer Änderung der inneren Konformation besteht.

Ziehen wir explizite die Zeit t in Betracht, so können wir an Stelle von (46)

$$C_p = C_{p,N} + \left(\frac{\partial H}{\partial N}\right)_{T,p}\left[\frac{dN}{dt}\Big/\frac{dT}{dt}\right] \tag{47}$$

schreiben. dN/dt ist hierin die Geschwindigkeit, mit der die Umwandlung erfolgt, $(\partial H/\partial N)_{T,p}$ ist über $N(t)$ implizite ebenfalls eine Funktion der Zeit. (47) beschreibt die *Relaxation der Wärmekapazität* $C_p(t)$ während das System seinem Gleichgewicht zustrebt. Zwei wichtige Grenzfälle sind darin enthalten. Der eine ist gegeben, wenn die Umwandlungsgeschwindigkeit weit kleiner ist als die zeitliche Änderung der Temperatur:

$$\left(\frac{\partial H}{\partial N}\right)_{T,p} \frac{dN}{dt} \ll C_{p,N} \frac{dT}{dt} .$$

In diesem Falle wird die Wärmekapazität der Konformation vernachlässigbar klein und

$$C_p = C_{p,N} .$$

Die Probe erscheint, je nach dem Temperaturgang, *unterkühlt oder überhitzt*.[7] Der zweite Grenzfall ist gegeben, wenn die Temperaturerhöhung derart langsam erfolgt, daß die Umwandlung als eine quasi-statische angesehen werden kann. In diesem Falle gilt zu jeder Zeit (42) bzw. (45). Ferner gilt allgemein

$$d\Delta\mu = \left(\frac{\partial\Delta\mu}{\partial T}\right)_{p,N} dT + \left(\frac{\partial\Delta\mu}{\partial p}\right)_{T,N} dp + \left(\frac{\partial\Delta\mu}{\partial N}\right)_{T,p} dN$$

und folglich bei isobarer, quasi-statischer Prozeßführung

$$\left(\frac{\partial\Delta\mu}{\partial T}\right)_{p,N} dT = -\left(\frac{\partial\Delta\mu}{\partial N}\right)_{T,p} dN$$

bzw.

$$\left(\frac{dN}{dT}\right)_p = -\left(\frac{\partial\Delta\mu}{\partial T}\right)_{p,N} \Big/ \left(\frac{\partial\Delta\mu}{\partial N}\right)_{T,p}$$

oder nach (41) und (45)

$$\left(\frac{dN}{dT}\right)_p = \left(\frac{\partial H}{\partial N}\right)_{T,p} \Big/ T \left(\frac{\partial^2 G}{\partial N^2}\right)_{T,p} .$$

Setzen wir diese Beziehung in (46) ein und bezeichnen die *bei quasistatischer Umwandlung resultierende Wärmekapazität* mit C_p^{st}, so folgt

$$C_p^{st} = C_{p,N} + \left[\left(\frac{\partial H}{\partial N}\right)_{T,p}\right]^2 \Big/ T \left(\frac{\partial^2 G}{\partial N^2}\right)_{T,p} . \tag{48}$$

Handelt es sich um stabile Gleichgewichte, die durchlaufen werden, so gilt stets

$$\left(\frac{\partial^2 G}{\partial N^2}\right)_{T,p} > 0 ,$$

d. h. die Wärmekapazität der Konformation ist positiv und

$$C_p^{st} > C_{p,N} .$$

7 Da C_p relaxiert, handelt es sich jedoch nicht um eine echte (metastabile) Unterkühlung bzw. Überhitzung, sondern nur um einen dynamischen Effekt.

Ein Beispiel für die Anwendung bietet die *Glasumwandlung*. Ist die Glasumwandlung durch das „Auftauen" bzw. „Einfrieren" von *Platzwechseln der Moleküle* charakterisiert, so kann man mit N' die Molzahl der Moleküle M', die keine Platzwechsel, und mit N'' die Molzahl der Moleküle M'', die Platzwechsel ausführen, bezeichnen. Der Glaszustand ist ein Nicht-Gleichgewichtszustand mit $\Delta\mu \neq 0$, die Umwandlungsgeschwindigkeit $-\,dN/dt$ für den Übergang $M' \rightarrow M''$ ist jedoch derart gering, daß auch bei sehr langsamer Temperaturveränderung stets $C_{p,N}$ gemessen wird. Im flüssigen Zustand herrscht dagegen Gleichgewicht $M' \leftrightarrow M''$, d. h. es ist $\Delta\mu = 0$. Der Wechsel $M' \rightarrow M''$ bzw. $M'' \rightarrow M'$ bei Temperaturveränderung erfolgt so rasch, daß er auch noch bei schnelleren Temperaturveränderungen als quasi-statisch angesehen werden kann. Die Messung ergibt dann C_p^{st}. Der Unterschied zwischen der Wärmekapazität des flüssigen Zustandes und des Glaszustandes beträgt also

$$\Delta C_p \equiv C_p^{\text{st}} - C_{p,N} = C_p^{\text{conform}} > 0\,.$$

Im Zwischengebiet, d. h. im Bereich der sog. Glastemperatur T_g wird eine Wärmekapazität C_p gemessen, die nach (46) bzw. (47) von dN/dT bzw. dN/dt und dT/dt abhängt und zwischen C_p^{st} und $C_{p,N}$ liegt (vgl. Abschn. III.3.2).

2. Mechanischer (mikroskopisch-statistischer) Aspekt der Wärmekapazität

Contrary to Section II.1 the atomistic point of view is taken in the following sections, i. e. the heat capacity is considered in relation to the mechanical behavior of the particles of atomic dimensions building up a macroscopic specimen. Owing to the great number of particles and, in consequence, to the lack of information regarding the real mechanical situation only statements are possible that are based on laws of probability. The connection of the theory of probability with mechanics leads to the so-called statistical mechanics. In Section II.2 the fundamental relations between statistical mechanics and equilibrium thermodynamics as well as those between partition function and heat capacity are explained.

It is recalled to mind that in case of a transition from thermodynamics to statistical mechanics the macroscopic equilibrium state of the system in consideration must be preset *completely and precisely*. Of the microscopic data those are presupposed as known which are necessary to calculate all *possible* mechanical states. If the macroscopic state of the system is fixed by the values of m intensive variables $t_1 \ldots t_m$ and $n-m$ extensive variables $U_{m+1} \ldots U_n$, the extensive variables $U_1 \ldots U_m$, canonically conjugated to the variables $t_1 \ldots t_m$, are the very quantities which, from the mechanical standpoint, only statements on the average behavior can be obtained from. If, for instance, the thermodynamical state of a system is fixed by certain values of the variables T (temperature), V (volume), and $\ldots N_i \ldots$ (numbers of moles), the statistical mechanics can give only mean or most probable values for the internal energy U. If the thermodynamical state is preset by fixed values of the variables T, p (pressure), and $\ldots N_i \ldots$, from the viewpoint of statistical mechanics only mean or most probable values are possible regarding the internal energy U and the volume V. The additional lack of information with respect to the volume, which exists in the latter case, is the reason for the heat capacity C_V at constant volume being more easily accessible to the theory than the heat capacity C_p at constant pressure.

The so-called partition function proves to be essential for the relation between thermodynamics and statistical mechanics [see Eqs. (49) and (50)]. If the partition function is known, the heat capacity — at least in principle — can be calculated [section II.2.2, especially Eqs. (52) and (53)]. The total range of values of the heat capacity is, however, wholly comprehensible only within quantum mechanics. Consequently, starting point for the calculation must always be the quantum mechanical formulation of the mechanical problem in question and the finding out of the eigenvalues of Schrödinger's equation [Eqs. (54) — (56)]. Only in special cases, in particular at high temperatures, is it sufficient to take the classical mechanics as basis [Eqs. (56), (67)].

The calculation of the heat capacity from the partition function is nearly always a rather difficult task which can be mastered only in approximation. The reason has to be seen in the fact that the mechanical many-body problem can be solved only in approximation and that often even in rather simple cases no closed expression for the partition function can be found (see, e. g. Section II.3.4). Considerable simplifications can only be reckoned with if the Maxwell-Boltzmann statistics are valid [Eqs. (57) and (68)] and the Hamiltonian of the system can be split in additive terms which are independent of each other.

With polymers in the solid state the heat capacity in general is due to three parts which are additive in first order approximation:

1. the lattice vibrations (which particularly at low temperatures make the greatest contribution),

2. the so-called group vibrations (which, owing to their high frequencies, usually take effect only at higher temperatures) and the more or less isolated rotations of single groups in the repeating units of the polymer chains,

3. the defects.

At lower temperatures the contribution of the lattice vibrations (including the torsional modes), for its part, is composed additively of the partial contributions of the single normal modes. At higher temperatures a correction has to be taken into account that considers the interaction of normal modes (anharmonic effects). The contribution of the group vibrations consists additively of the partial contributions of the single repeating units of the polymer chain. Here anharmonic effects hardly make any difference. The third contribution can be treated as additive perturbation only if the concentration of the defects is not too large.

2.1. Statistische Mechanik und ihre Verbindung mit der Gleichgewichtsthermodynamik

Vom atomistischen Standpunkt aus ist ein makroskopischer Körper eine Ansammlung von sehr vielen Teilchen, die den Gesetzen der Mechanik gehorchen (Größenordnung der Teilchenzahl: 10^{23}). Es ist daher möglich, die Eigenschaften makroskopischer Körper, wie sie die Thermodynamik beschreibt, auch von der Mechanik atomarer Teilchen her zu verstehen. Die Vielzahl der Teilchen bringt es allerdings mit sich, daß unsere Informationen über die atomare Situation zu gering sind, um exakte mechanische Aussagen über das System der Teilchen gewinnen zu können.[8] Wir müssen uns vielmehr auf Wahrscheinlichkeitsaussagen beschränken. Die Verbindung der Wahrscheinlichkeitstheorie mit der Mechanik führt auf die sog. statistische Mechanik.

Wir können hier nicht auf die Einzelheiten (insbesondere auf die prinzipiellen Voraussetzungen der statistischen Mechanik) näher eingehen.[9] Wir möchten aber doch kurz auf einige Punkte hinweisen, die uns zum besseren Verständnis des Folgenden wesentlich erscheinen.

Beim Übergang von der Thermodynamik zur statistischen Mechanik wird stets ein System als gegeben vorausgesetzt, dessen makroskopischer (thermodynamischer) Gleichgewichtszustand vollständig bekannt ist. Das heißt, wir haben nicht nur die qualitativen makroskopischen Bestimmungsstücke des Systems, wie Gefäße, Stempel, Membranen usw., zu kennen, sondern auch die für das System charakteristischen makroskopischen Variablen und deren *exakte* Werte. Von den mikroskopischen Bestimmungsstücken des Systems werden diejenigen als bekannt vorausgesetzt, die notwendig sind um alle *möglichen* mechanischen Zustände des Systems zu berechnen, also z. B. die Art der Teilchen, deren Aggregatzustand, die Art des Gitters, falls die Teilchen sich im kristallinen Zustand befinden, die Wechselwirkung der Teilchen untereinander und mit den Wänden vorhandener (makroskopischer) Gefäße oder Stempel, usw. Von den möglichen, im Prinzip erreichbaren mechanischen Zuständen wird angenommen, daß sie in Zeiten, die kleiner oder gleich den Experimentierzeiten sind, tatsächlich auch alle durchlaufen werden.

Ferner wird vorausgesetzt, daß jedem der möglichen mechanischen Zustände, unabhängig vom Ausgangszustand, eine Maßzahl zugeordnet werden kann, die angibt, mit welcher Wahrscheinlichkeit das System in diesem Zustand anzutreffen ist. Mit der Existenz einer solchen Wahrscheinlichkeitsverteilung ist zugleich die Existenz eines Maßes dafür gesichert, welchen mittleren „Gehalt“ an Information wir über das mechanische System besitzen. Dieser mittlere Informationsgehalt wird (bis auf das Vorzeichen und einen Proportionalitätsfaktor) identifiziert mit der mittleren Entropie des Systems bzw. mit der thermodynamischen Entropie, falls die Wahrscheinlichkeitsverteilung ein genügend scharfes Maximum besitzt. Für einen makroskopischen Gleichgewichtszustand ist die Wahrscheinlichkeitsverteilung explizite errechenbar aus dem Maximal-Prinzip der Entropie. Sie hängt ganz

---

8 Bei vollständiger Information über die atomare Situation sind auch die Aussagen der Quantenmechanik als exakt anzusehen, obwohl präzise Wertbestimmungen im Sinne der klassischen Mechanik prinzipiell nur für einen Teil der Bestimmungsstücke (für die kommensurablen Bestimmungsstücke) eines Systems möglich sind.

9 Vgl. hierzu z. B. Münster (1956), Tolman (1938).

wesentlich ab von den vorgegebenen thermodynamischen Zustandsvariablen.

Ist der makroskopische (thermodynamische) Zustand des Systems durch die Werte von m intensiven Variablen $t_1 \ldots t_m$ und n-m extensiven Variablen $U_{m+1} \ldots U_n$ festgelegt, so sind die zu den intensiven Variablen $t_1 \ldots t_m$ konjugierten extensiven Variablen $U_1 \ldots U_m$ gerade diejenigen, von denen vom mechanischen Standpunkt aus nur Wahrscheinlichkeitsaussagen gemacht werden können. Ist die Wahrscheinlichkeitsverteilung genügend scharf, so können die Mittelwerte $\overline{U}_1 \ldots \overline{U}_m$ mit den entsprechenden thermodynamischen Variablen identifiziert werden.[10] Die Festlegung der m intensiven Variablen $t_1 \ldots t_m$ auf bestimmte Werte erfordert dabei stets den Kontakt des betrachteten Systems mit einem sehr großen „Reservoir". Die speziellen Werte der Variablen sind im Grunde als Eigenschaften dieses „Reservoirs" anzusehen.

Für unsere Zwecke sind vor allem zwei Systeme von Interesse:

a) Ein System, dessen thermodynamischer Zustand durch feste Werte der Variablen $T, V, \ldots N_i \ldots$ vorgegeben ist. Zur Konstanthaltung der Temperatur ist das System über eine feste, wärmedurchlässige Wand in allseitigen Kontakt mit einem Thermostaten zu bringen. Über die räumliche Ausdehnung des Systemes selbst wird dabei keine Forderung erhoben, d. h. es kann im Extremfalle auch aus einem einzelnen Atom oder Molekül bestehen (die „Temperatur" des Atomes oder Moleküles ist die des aus ungeheuer vielen Atomen bestehenden Thermostaten). Die Größe, über die in diesem Falle vom mechanischen Standpunkt aus nur Wahrscheinlichkeitsaussagen möglich sind, ist die innere Energie des Systems.

b) Ein System, dessen thermodynamischer Zustand durch feste Werte der Variablen $T, p, \ldots N_i \ldots$ vorgegeben ist. Die Konstanz der Temperatur und des Druckes erfordern entsprechenden Kontakt mit einem großen Wärme- und Druckreservoir. Die Größen, über die vom mechanischen Standpunkt aus nur Wahrscheinlichkeitsaussagen gemacht werden können, sind die innere Energie und das Volumen des Systems.

Als wichtig für den Zusammenhang zwischen Thermodynamik und statistischer Mechanik erweist sich die sogenannte Zustandssumme (partition function). Sie ergibt sich formal als Lagrange-Faktor der Normierungsbedingung für die Wahrscheinlichkeitsverteilung bei der Lösung des Maximal-Prinzips der Entropie und steht jeweils in einem einfachen Verhältnis zu demjenigen (mittleren) thermodynamischen

10 In diesem Falle bedeutet es nur einen geringen Fehler, wenn die weniger wahrscheinlichen Zustände während der Experimentierzeit nicht durchlaufen werden.

Potential, das den voneinander unabhängigen Variablen des Systems entspricht. Bezeichnet Q die Zustandssumme für den Fall a), so gilt

$$F(T; V; \ldots N_i \ldots) = -kT \ln Q(T; V; \ldots N_i \ldots) \tag{49}$$

(k ist die Boltzmannsche Konstante; N_i bezeichnet nun hier und im folgenden die Teilchenzahl der i-ten Komponente. Die Molzahl erhält man daraus durch Division mit der Avogadroschen Zahl $L = 6.0249 \cdot 10^{23}$ mol^{-1}; $Lk \equiv R$ ist die Gaskonstante). Im Falle b) gilt, mit Q' als Zustandssumme,

$$G(T; p; \ldots N_i \ldots) = -kT \ln Q'(T; p; \ldots N_i \ldots), \tag{50}$$

wobei zwischen den beiden Zustandssummen Q' und Q der Zusammenhang

$$Q'(T; p; \ldots N_i \ldots) = \int Q(T; V; \ldots N_i \ldots) \, e^{-\frac{pV}{kT}} dV \tag{51}$$

besteht.

2.2. Zustandssumme und Wärmekapazität

Aus (49) folgt mit (19) für die Wärmekapazität eines Systems bei konstantem Volumen und konstanter Zusammensetzung

$$C_V = kT \frac{\partial^2}{\partial T^2} (T \ln Q) = \frac{k}{T^2} \frac{\partial^2 \ln Q}{\partial \left(\frac{1}{T}\right)^2} \tag{52}$$

und aus (50) mit (14) für die Wärmekapazität eines Systems bei konstantem Druck und konstanter Zusammensetzung

$$C_p = kT \frac{\partial^2}{\partial T^2} (T \ln Q') = \frac{k}{T^2} \frac{\partial^2 \ln Q'}{\partial \left(\frac{1}{T}\right)^2}. \tag{53}$$

Sind die Zustandssummen $Q(T; V; \ldots N_i \ldots)$ bzw. $Q'(T; p; \ldots N_i \ldots)$ bekannt, so können also die Wärmekapazitäten daraus berechnet werden.

Der Fall b) mit (50) und (53) ist nun zwar von größtem praktischen Interesse. Der Informationsmangel über das Volumen des Systems, der in diesem Falle gegenüber dem Falle a) aus mechanischer Sicht auftritt, bedeutet aber theoretisch eine zusätzliche Erschwerung des an und für sich schon recht komplizierten Problemes. In bezug auf die Berechnung der Wärmekapazität bei konstanter Teilchenzahl ist es daher zweckmäßig, stets den etwas einfacheren Fall a) mit (49) und (52) zugrunde zu legen. C_p kann dann aus C_V über (25) oder einen entsprechenden Zusammenhang berechnet werden.

Die Wärmekapazität ist eine Größe, deren gesamter Wertevorrat vom atomistischen Standpunkt aus vollständig nur mit Hilfe der Quantenmechanik verständlich wird. Als Ausgangspunkt einer Berechnung der Wärmekapazität ist daher, wenigstens im Prinzip, stets die quantenmechanische Formulierung des betreffenden mechanischen Problems zu wählen. Im Falle a) erhält man ganz allgemein als Zustandssumme

$$Q = \sum_n \left(\varphi_n, e^{-\frac{\mathscr{H}}{kT}} \varphi_n\right). \tag{54a}$$

$\mathscr{H}$ bezeichnet hierin den Hamilton-Operator des mechanischen Systems; die $\varphi_1 \ldots \varphi_n \ldots$ bilden ein beliebiges vollständiges und normiertes Orthogonalsystem im Hilbert-Raum.[11] Sind die $\varphi_1 \ldots \varphi_n \ldots$ die zu den Eigenwerten $E_1 \ldots E_n \ldots$ von $\mathscr{H}$ gehörenden Eigenfunktionen, d. h. erfüllen sie die Schrödinger-Gleichung

$$\mathscr{H} \varphi_n = E_n \varphi_n, \tag{55}$$

so folgt aus (54a)

$$Q = \sum_n e^{-\frac{E_n}{kT}}. \tag{54b}$$

Die Glieder der Folge $E_1 \ldots E_n \ldots$ haben dabei die Bedeutung von Energie-Werten der möglichen Zustände, die das betrachtete System annehmen kann. Zu summieren ist in (54b) über alle erreichbaren Quantenzustände des Systems. Beschränkt man sich bei der Summation auf die Zustände verschiedener Energie, so folgt aus (54a)

$$Q = \sum_m g_m e^{-\frac{E_m}{kT}}, \tag{54c}$$

wobei g_m die Anzahl der Zustände mit der Energie E_m, $g_m - 1$ also den sog. Entartungsgrad des Energieniveaus E_m angibt. Ist das Eigenwert-Spektrum von $\mathscr{H}$ kontinuierlich, oder liegen die Energie-Eigenwerte doch wenigstens hinreichend dicht, so kann man an Stelle von (54c) auch

$$Q = \int g(E; V; \ldots N_i \ldots) e^{-\frac{E}{kT}} dE \tag{56}$$

schreiben, mit $g(E; V; \ldots N_i \ldots)\, dE$ als Anzahl der Eigenwerte im Energie-Intervall $\langle E; E + dE \rangle$.[12]

---

11 Die Exponentialfunktion $e^{\mathbf{A}}$ eines Operators $\mathbf{A}$ ist definiert über die Reihe

$$e^{\mathbf{A}} \equiv \sum_m \frac{1}{m!} \mathbf{A}^m;$$

das Produkt $(\varphi_n, \mathbf{A}^m \varphi_n)$ ist definiert als

$$(\varphi_n, \mathbf{A}^m \varphi_n) \equiv \int \ldots \int \varphi_n^*(x_1 \ldots x_f)\, \mathbf{A}^m \varphi_n(x_1 \ldots x_f)\, dx_1 \ldots dx_f,$$

worin φ_n^* die zu φ_n konjugiert-komplexe Funktion und $x_1 \ldots x_f$ die Koordinaten des mechanischen Systems bezeichnen.

12 (56) ist in gewisser Hinsicht ein Analogon zu (51). $g(E; V; \ldots N_i \ldots)$ spielt die Rolle einer „Zustandssumme" für den Fall, daß das thermodynamische System durch feste Werte der Variablen $U \mathrel{\hat{=}} E, V, \ldots N_i \ldots$ gekennzeichnet ist. Entsprechend (49) und (50) gilt dann

$$S(U; V; \ldots N_i \ldots) = -k \ln g(U; V; \ldots N_i \ldots).$$

Die Berechnung der Zustandssumme erfordert also die Lösung der Schrödinger-Gleichung (55) des betrachteten Systems oder zumindest die Bestimmung ihrer Energieeigenwerte und deren Entartungsgrad. Hierbei tritt die Frage auf, welcher Statistik die Teilchen, aus denen sich das System zusammensetzt, gehorchen: der Quantenstatistik von Fermi-Dirac, der von Bose-Einstein oder der klassischen Statistik von Maxwell-Boltzmann.[13] Die Resultate dieser drei Statistiken werden nur dann identisch und ihre Unterscheidung dementsprechend gegenstandslos, wenn die Besetzungswahrscheinlichkeiten der einzelnen Zustände des Systems wesentlich kleiner sind, als die Verhältnisse von g_m bzw. gdE zur Gesamtzahl der Teilchen. Das ist nun allerdings gerade bei den uns hier interessierenden Problemen der Fall, wenn nur die Temperatur nicht extrem niedrig oder der Druck nicht extrem hoch gehalten werden. Im weiteren genügt es daher anzunehmen, daß die Teilchen der Maxwell-Boltzmann-Statistik folgen. Die Besetzungswahrscheinlichkeit P_m der Zustände mit der Energie E_m (bei konstanter Temperatur, konstantem Volumen und konstanter Teilchenzahl) ist dann im Falle eines diskreten Energie-Spektrums gegeben durch

$$P_m = \frac{g_m e^{-\frac{E_m}{kT}}}{\sum_m g_m e^{-\frac{E_m}{kT}}}. \tag{57}$$

Die Berechnung der Wärmekapazität aus der Zustandssumme Q stellt fast durchweg eine sehr schwierige Aufgabe dar, die nur näherungsweise bewältigt werden kann. Das liegt hauptsächlich daran, daß das mechanische Viel-Teilchen-Problem nur näherungsweise lösbar ist, aber

13 Systeme aus Teilchen mit (in Einheiten von $h/2\pi$) halbzahligem Spin (Fermionen) genügen der Fermi-Dirac-Statistik. Die Energie-Eigenfunktionen solcher Systeme sind nach dem Pauli-Prinzip antisymmetrisch in bezug auf die Vertauschung zweier Teilchen anzusetzen. Systeme aus Teilchen mit ganzzahligem Spin (Bosonen) genügen der Bose-Einstein-Statistik. Ihre Eigenfunktionen sind in bezug auf die Vertauschung zweier Teilchen symmetrisch anzusetzen. Die Teilchen, die wir in Betracht ziehen (Atome und Moleküle), setzen sich aus Fermionen (Elektronen, Protonen und Neutronen) zusammen. Es sind also Bosonen, sofern die Anzahl der Elementarteilchen, die sie enthalten, gerade ist und Fermionen, sofern die Anzahl der Elementarteilchen, die sie enthalten, ungerade ist. Die Eigenfunktionen des Gesamtsystems sind jedoch nur dann den Symmetrieforderungen zu unterwerfen, wenn sich die Eigenfunktionen der Einzelteilchen überlappen. Überlappen sich die Eigenfunktionen der einzelnen Teilchen nicht oder nur sehr schwach, so unterliegen die Eigenfunktionen des Gesamtsystems keiner Symmetrieforderung in bezug auf die Teilchenvertauschung. Teilchen, deren Aufenthaltswahrscheinlichkeiten einzeln auf Volumina beschränkt sind, die sich gegenseitig nicht oder nur schwach durchdringen, nennt man *lokalisierte Teilchen*. Hierzu gehören z. B. die Atom- oder Molekülrümpfe in einem idealen Festkörper. Systeme aus lokalisierten Teilchen gehorchen stets der klassischen Maxwell-Boltzmann-Statistik.

auch daran, daß häufig schon in relativ einfachen Fällen kein geschlossener Ausdruck für die Zustandssumme zu gewinnen ist. Bei Gültigkeit der Maxwell-Boltzmann-Statistik ergeben sich Vereinfachungen vor allem dann, wenn der Hamilton-Operator in voneinander unabhängige additive Teilglieder aufgespaltet werden kann.

Der einfachste Fall liegt vor, wenn ein homogenes System von N gleichen Teilchen gegeben ist, deren gegenseitige Wechselwirkungsenergie im Mittel so klein ist, daß sie gegenüber der Energie der einzelnen, isoliert gedachten Teilchen vernachlässigt werden kann. Der Hamilton-Operator des Systems läßt sich dann in eine Summe von N identischen Operatoren aufspalten, die sich jeweils nur noch auf ein einzelnes Teilchen beziehen. Die Energie-Eigenwerte des Systems lassen sich schreiben als eine Summe

$$E_m = \sum_i n_m^i \varepsilon_i ,$$

in der die ε_i die Eigenwerte des Ein-Teilchen-Operators und die n_m^i die Besetzungszahlen dieser Eigenwerte bezeichnen. Ist die Temperatur des Systems genügend hoch, so daß die Maxwell-Boltzmann-Statistik Gültigkeit hat, so folgt damit aus (54), daß die Zustandssumme Q des Systems, bis auf einen temperatur-unabhängigen, hier nicht weiter interessierenden statistischen Faktor B, in ein Produkt

$$Q = B q^N \tag{58}$$

von Zustandssummen

$$q = \sum_i e^{-\frac{\varepsilon_i}{kT}} \tag{59}$$

zerlegt werden kann, die sich nur noch auf die einzelnen Teilchen beziehen. Mit (58) folgt aus (52)

$$C_V = N c_V^{\text{particle}} ; \tag{60}$$

$$c_V^{\text{particle}} = \frac{k}{T^2} \frac{\partial^2 \ln q}{\partial \left(\frac{1}{T}\right)^2} = kT \frac{\partial^2}{\partial T^2} (T \ln q) . \tag{61}$$

Die Wärmekapazität eines solchen Systems setzt sich also additiv aus den Wärmekapazitäten c_V^{particle} der einzelnen Teilchen zusammen.[14] Handelt es sich um eine Mischung von verschiedenen Teilchenarten A, B, C ... mit den Anzahlen N_A, N_B, N_C ..., so gilt unter entsprechenden Umständen

$$Q = B_A B_B B_C \ldots q_A^{N_A} q_B^{N_B} q_C^{N_C} \ldots$$

14 Es sei vermerkt, daß diese Zerlegung bei tieferen Temperaturen, bei denen es notwendig wird zwischen Bosonen und Fermionen zu unterscheiden, für nicht lokalisierte Teilchen nicht mehr möglich ist, da die Überlappung der Eigenfunktionen eine Kopplung der Teilchen untereinander bedeutet, auch wenn sie sonst wechselwirkungsfrei sind.

(q_A: Zustandssumme des isolierten Teilchens der Sorte A, ...) und nach (52)

$$\begin{aligned} C_V &= C_V^A + C_V^B + C_V^C + \dots \\ &= N_A\, c_V^{\text{particle}\,A} + N_B\, c_V^{\text{particle}\,B} + N_C\, c_V^{\text{particle}\,C} + \dots . \end{aligned} \tag{62}$$

Die Ein-Teilchen-Zustandssumme (59) läßt sich häufig selbst noch weiter aufspalten. Führen die Teilchen Translationsbewegungen aus, so können im Hamilton-Operator des Einzelteilchens die Schwerpunktskoordinaten separiert werden. Die Zustandssumme zerfällt dementsprechend in ein Produkt

$$q = q_{\text{Tr}}\, q_I\,, \tag{63}$$

in dem sich q_{Tr} allein auf die Schwerpunktsbewegung (Translation) und q_I nur noch auf die inneren Freiheitsgrade des Teilchens beziehen. Die Wärmekapazität eines Teilchens setzt sich dann nach (61) und (63) additiv aus zwei Anteilen zusammen:

$$c_V^{\text{particle}} = c_V^{\text{Tr}} + c_V^I\,, \tag{64}$$

aus einem Anteil c_V^{Tr}, der auf der Translationsbewegung des Teilchens beruht, und einem Anteil c_V^I, der von den inneren Freiheitsgraden herrührt.

Innere Freiheitsgrade eines Teilchens sind dadurch gegeben, daß es eine räumliche Ausdehnung besitzt (Möglichkeit der Rotation) und selbst wiederum aus Teilchen aufgebaut ist. Ein freies Atom oder Molekül besitzt zunächst, wie jeder starre, räumlich ausgedehnte Körper drei Freiheitsgrade der Translation und drei Freiheitsgrade der Rotation. Atome und Moleküle sind jedoch keine starren Gebilde. Vielmehr können die Teilchen, aus denen sie sich zusammensetzen, ihrerseits wieder gegeneinander Relativbewegungen ausführen. Ein Atom besitzt daher auch noch Freiheitsgrade, die auf die Bewegung seiner Bausteine, auf die Elektronen und den Atomkern, zurückzuführen sind. In mehratomigen Molekülen können darüber hinaus auch noch die ganzen Atome bzw. Atomrümpfe oder aus mehreren Atomen bestehende Gruppen Relativbewegungen gegeneinander ausführen. Von diesen Bewegungsmöglichkeiten rühren die Schwingungsfreiheitsgrade und die Freiheitsgrade innerer Rotationen mehr-atomiger Moleküle her.

Die inneren Freiheitsgrade eines Teilchens sind nun zwar alle mehr oder minder untereinander gekoppelt. Je nach den Bindungs-, Massen- und Temperaturverhältnissen lassen sich jedoch häufig einige von ihnen wenigstens in erster Näherung als unabhängig von den anderen behandeln. Dann läßt sich auch noch die auf die inneren Freiheitsgrade bezogene Zustandssumme q_I und damit die Wärmekapazität c_V^I weiter aufspalten. Im Idealfalle, in dem alle inneren Freiheitsgrade eines mehratomigen Moleküls voneinander unabhängig sind, erhält man die

Zerlegung

$$q_I = q_{\text{vib}}\, q_{\text{rot}}\, q_{\text{rot}'}\, q_{\text{e}}\, q_{\text{N}} \tag{65}$$

und daraus über (61)

$$c_V^I = c_V^{\text{vib}} + c_V^{\text{rot}} + c_V^{\text{rot}'} + c_V^{\text{e}} + c_V^{\text{N}}. \tag{66}$$

Hierin beziehen sich die Indices „*vib*" auf die Schwingungsfreiheitsgrade, „*rot*" auf die Freiheitsgrade der Rotation des ganzen Moleküls, „*rot'*" auf die inneren Rotationen, „*e*" auf die elektronischen Freiheitsgrade und „*N*" auf die Freiheitsgrade der Kerne.

Weitere Vereinfachungen ergeben sich, wenn es genügt die klassische Mechanik als Ausgangspunkt für die Berechnung der Wärmekapazität zu wählen. Die klassische Mechanik führt generell zu richtigen Werten der Wärmekapazität, wenn entweder die Temperatur in einem Bereich liegt, in dem (vom quantenmechanischen Standpunkt aus) einige Freiheitsgrade des Systems voll angeregt sind, während der andere Teil der Freiheitsgrade noch völlig eingefroren ist, oder aber, wenn die Temperatur so hoch liegt, daß alle Freiheitsgrade des Systems schon voll angeregt sind. Einen Freiheitsgrad oder ein System mit mehreren Freiheitsgraden bezeichnet man dabei als eingefroren, wenn für den energetischen „Abstand" des ersten angeregten Zustandes vom Grundzustand $\varepsilon_1 - \varepsilon_0 \gg kT$ gilt. Man bezeichnet sie als (thermisch) voll angeregt, wenn die Temperatur des Thermostaten eine gewisse, durch die Quantenmechanik festgelegte, charakteristische Temperatur Θ wesentlich überschreitet (vgl. die Beispiele in den Abschn. II.3.3 und II.3.4).

Formal bleibt (56) bei Zugrundelegung der klassischen Mechanik gültig. $g(E; V; \ldots N_i \ldots)\, dE$ ist dann jedoch als Element des sog. reduzierten Phasenvolumens zu interpretieren. Ferner kann (56) dann auch auf die Form

$$Q = B \int \ldots \int e^{-\frac{1}{kT} \mathscr{H}(x_1 \ldots x_f;\, p_1 \ldots p_f;\, V)}\, dx_1 \ldots dp_f \tag{67}$$

gebracht werden, worin $\mathscr{H}$ nun die Hamilton-*Funktion*, $x_1 \ldots x_f$ die generalisierten Ortskoordinaten, $p_1 \ldots p_f$ die zu diesen Koordinaten konjugierten Impulse und f die Zahl der (aufgetauten) Freiheitsgrade des Systems bezeichnen. B ist ein temperatur-unabhängiger statistischer Faktor, der für die Wärmekapazität ohne Belang ist.[15] An Stelle von

15 Im Falle sog. konservativer Systeme (die wir hier allein betrachten) führt eine erste Integration der Newtonschen Bewegungsgleichungen auf eine Funktion $\mathscr{H}(x_1 \ldots x_f;\, p_1 \ldots p_f)$, die sich als Summe der kinetischen und potentiellen Energie des Systems ausweist. Diese Funktion ist eine Konstante der Bewegung:

$$\mathscr{H}(x_1 \ldots x_f;\, p_1 \ldots p_f) = E = \text{const.} \tag{55'}$$

(Energie-Erhaltungssatz) und wird als Hamilton-Funktion des Systems bezeichnet (Man vergleiche das Beispiel des harmonischen Oszillators in Abschn. II.3.3.). (55') ist das klassische Analogon zu (55). Der Übergang von (55') nach (55) ist formal möglich, wenn man die x_i und p_i durch Operatoren ersetzt, die gewissen Vertauschungsregeln genügen [vgl. z. B. Pauling, Wilson (1935) oder Dirac (1958)].

(57) erhält man als Besetzungswahrscheinlichkeit der nun durch $(x_1 \ldots x_f; p_1 \ldots p_f)$ zu kennzeichnenden Zustände

$$P(x_1 \ldots x_f; p_1 \ldots p_f) = \frac{e^{-\frac{\mathcal{H}}{kT}}}{\int \ldots \int e^{-\frac{\mathcal{H}}{kT}} dx_1 \ldots dp_f} . \tag{68}$$

Je nach den Temperatur- und Druckverhältnissen ist es im übrigen auch möglich, einzelne Freiheitsgrade nach der klassischen Mechanik zu behandeln, während andere zugleich der Quantenmechanik zu unterwerfen sind. Bei einem Gas z. B. können innerhalb des Temperatur- und Druckbereiches, in dem die Maxwell-Boltzmann-Statistik gültig ist, die Translationsfreiheitsgrade der Teilchen stets als voll angeregt angesehen und folglich ihr Beitrag zur Wärmekapazität klassisch berechnet werden.

Die der Aufspaltung (58) und (60) oder (62) zugrundeliegende Vernachlässigung der Wechselwirkung der Teilchen untereinander ist natürlich nur bei idealen oder verdünnten Gasen, nicht aber bei realen Gasen normaler Dichte, bei Flüssigkeiten oder Festkörpern erlaubt. Formal gleichwertige Aufspaltungen sind jedoch zumindest auch bei Festkörpern möglich. Bei den uns hier vor allem interessierenden organischen Polymeren liegen grob schematisch etwa die folgenden Verhältnisse vor:

Charakteristisch für jede organische Polymersubstanz sind gewisse molekulare Gruppierungen (Wiederholungseinheiten), die durch starke kovalente Bindungen zu einem mehr oder minder verzweigten Kettenmolekül verbunden sind. Die Bindungskräfte innerhalb der Wiederholungseinheiten sind ebenfalls kovalent. Die im flüssigen und festen Aggregatzustand (in denen diese Substanzen ja ausschließlich vorkommen) wirksamen zwischenmolekularen Kräfte (wie van der Waals-Kräfte, elektrostatische Dipol-Kräfte und Wasserstoffbrücken-Bindungen) sind gegenüber diesen intramolekularen Bindungskräften verhältnismäßig schwach.

Ein Teil der inneren Freiheitsgrade der Wiederholungseinheiten wird nun weder durch die intramolekularen Bindungskräfte, die sie miteinander verbinden, noch durch die zwischenmolekularen Kräfte wesentlich verändert. Die sog. *Gruppenschwingungen*, die auf solchen inneren Freiheitsgraden beruhen, sind zwar unter Umständen über einige Nachbareinheiten innerhalb der Kette hinweg gekoppelt (vgl. Zbinden 1959, 1964). Sowohl diese Kopplungen, als auch der weit schwächere Einfluß der zwischenmolekularen Kräfte können jedoch als (verhältnismäßig schwache) Störungen aufgefaßt und in erster Näherung vernachlässigt werden. Der Beitrag der Gruppenschwingungen zur Wärmekapazität kann daher in erster Näherung abgespalten und im Sinne von (60) bzw.

(62) additiv behandelt werden. Die Berücksichtigung der Störungen bewirkt Frequenzverschiebungen und Aufspaltungen vorher entarteter Zustände, ändert aber an der Additivität des Beitrages zur Wärmekapazität nichts. Ähnliches gilt unter Umständen auch für die Rotationen einzelner Gruppen innerhalb der Wiederholungseinheiten, bei denen die intra- und intermolekularen Störungen lediglich als Hinderungspotential wirken.

Eine wesentliche Veränderung erleiden dagegen die Translations- und „äußeren" Rotationsfreiheitsgrade der Wiederholungseinheiten. Die Freiheitsgrade der Translation gehen zunächst durch das Aneinanderfügen der Einheiten zu Ketten (bis auf die Translationsfreiheitsgrade der Kette als Ganzes) über in die Freiheitsgrade der sog. *Skelettschwingungen*. Ferner können durch starke Kopplung auch einige der inneren Schwingungen der Wiederholungseinheiten in Skelettschwingungen übergehen. Ist das letztere der Fall, so sind nicht mehr die Wiederholungseinheiten, sondern nur noch Teile davon die Träger der Skelettschwingungen[16]. Für die Skelettschwingungen sind die kovalenten Bindungen zwischen den Wiederholungs- bzw. Schwingungseinheiten wesentlich und können auf keinen Fall auch nur näherungsweise vernachlässigt oder als Störung betrachtet werden. Durch den Einbau der Ketten in einen Festkörper treten dann an die Stelle der Skelettschwingungen die sog. *Gitterschwingungen*. Für diese sind auch die zwischenmolekularen Kräfte keine bloßen Störungen mehr, sondern bestimmende Elemente. Die Gitterschwingungen sind daher im allgemeinen nicht identisch mit den Skelettschwingungen einer isolierten Kette. Lediglich ein Teil der hochfrequenten Gitterschwingungen eines aus Polymerketten aufgebauten Festkörpers kann in Näherung als durch zwischenmolekulare Kräfte gestörte Skelettschwingungen der Einzelketten aufgefaßt werden. Ferner aber finden sich die Translationsfreiheitsgrade der Wiederholungseinheiten nach dem Einbau in die Kette wieder in jenen Freiheitsgraden, die eine Konformationsänderung der Kette erlauben. – Die „äußeren" Rotationsfreiheitsgrade der Wiederholungseinheiten schließlich werden durch den Einbau in die Kette gehemmt oder gehen in Schwingungsformen auf, deren nähere Klassifizierung die Berücksichtigung der jeweiligen Feinstruktur der Einheiten erfordert.

Die Freiheitsgrade der Schwingungen sind nun zwar mit denen der Konformation stark gekoppelt. Bei tiefen Temperaturen liegt jedoch die Konformation der Ketten im Festkörper fest. Sie erscheint daher im Spektrum der Schwingungen nur als Parameter (Jannink, 1968). Ab-

---

16 Bei Polyäthylen sind z. B. die Wiederholungseinheiten –(CH_2)– zugleich auch die Einheiten der Skelettschwingungen. Bei Polyvinylchlorid mit der Wiederholungseinheit –$(CH_2$–$CHCl)$– bilden dagegen die –(CH_2)- und –$(CHCl)$-Gruppen die Einheiten der Skelettschwingungen.

weichungen von der bei tiefen Temperaturen eingefrorenen Konformation, die bei höheren Temperaturen durch Umlagerungen auch schon unterhalb der Schmelz- bzw. Glasumwandlungstemperatur entstehen (Pechold, 1968), können als Defektwirkungen beschrieben werden.

Die stark gekoppelte Bewegung der Einheiten der Gitterschwingungen läßt sich zumindest in dem Temperaturbereich, in dem die sog. harmonische Näherung gilt, in voneinander unabhängige Normalschwingungen aufspalten. Der additive Beitrag der einzelnen Normalschwingungen zur Wärmekapazität kann allerdings nicht mehr auf eine einzelne Schwingungseinheit (Wiederholungseinheit oder einem Teil davon) bezogen werden, sondern — wie die Normalschwingungen auch — nur noch auf den ganzen u. U. makroskopischen Festkörper. Bei höheren Temperaturen kann die Aufspaltung in Normalschwingungen beibehalten werden, solange sich die auf der Wechselwirkung der Normalschwingungen untereinander beruhenden anharmonischen Effekte als Störungen betrachten lassen.

Die Wärmekapazität von Polymeren im festen Zustand rührt also hauptsächlich von drei in Näherung additiven Anteilen her:

1. von dem Beitrag der Gitterschwingungen, der vor allem bei tiefen Temperaturen der wesentlichste ist,

2. von dem Beitrag der Gruppenschwingungen, der auf Grund der verhältnismäßig hohen Frequenzlage der Gruppenschwingungen erst bei höheren Temperaturen von Bedeutung ist, und dem Beitrag mehr oder minder isolierter Rotationen in den Wiederholungseinheiten,

3. von dem Beitrag der Defektstrukturen, wobei allerdings die Additivität gerade bei Polymeren sicher meist nur in grober Näherung gegeben ist, da die Defektstrukturen eine unter Umständen erhebliche Rückwirkung auf das Spektrum der Gitterschwingungen haben.

Der erste Beitrag setzt sich seinerseits bei tieferen Temperaturen aus den additiven Teilbeiträgen der Normalschwingungen zusammen. Bei höheren Temperaturen tritt eine Korrektur hinzu, die die Anharmonizität der Gitterschwingungen berücksichtigt. Der zweite Beitrag setzt sich additiv aus den einzelnen Beiträgen der Wiederholungseinheiten zusammen. Anharmonische Effekte spielen in diesem Beitrag kaum eine Rolle.

Der expliziten Berechnung der Wärmekapazität eines realen aus Polymerketten gebildeten Festkörpers stehen jedoch auch nach einer solchen Zerlegung noch erhebliche Schwierigkeiten entgegen. Erschwerend wirkt vor allem, daß feste Polymersubstanzen meist nur in einem Gemisch von kristallinen und glasartig erstarrten Bereichen vorliegen, dessen molekulare Struktur nicht eindeutig bekannt ist, daß die Ketten häufig keine ideale Konformation (z. B. die Konformation einer gestreckten Kette oder einer Helix) einnehmen und daß in einigen Fällen auch schon die Struktur der einzelnen Ketten nicht genau bekannt ist und die ideale Anordnung der Wiederholungseinheiten zumindest von Verzweigungen und Endgruppen unterbrochen wird. Ferner befinden sich die partiell-kristallinen Polymersubstanzen häufig in gehemmten Nicht-Gleichgewichtszuständen. Das bewirkt einmal, daß die Struktur von der Vorgeschichte des Materials abhängt und zweitens, daß der Wärmekapazität Wärmeeffekte überlagert werden, die von Rekristallisationserscheinungen und partiellen Schmelzprozessen herrühren.

Zu fundierten Aussagen über die Wärmekapazität von Polymer-Festkörpern kann man daher nur gelangen, wenn man zunächst sowohl experimentell als auch theoretisch wohldefinierte, vereinfachende Modelle untersucht und mit Hilfe der hierbei gewonnenen Erkenntnisse versucht, die realen Substanzen wenigstens approximativ zu beschreiben. Dem kommt entgegen, daß die Wärmekapazität nicht ausgesprochen strukturempfindlich ist. Z. B. hängt der Beitrag der Gitterschwingungen zur Wärmekapazität über ein Integral von der Frequenzverteilung der Schwingungen ab (vgl. Abschn. II.4.1). Das bedeutet, daß geringfügige Abweichungen von einer idealen Struktur und die dadurch gegebenen Abweichungen in der Frequenzverteilung sich in der Wärmekapazität überhaupt nicht bemerkbar machen und daß häufig schon recht grobe Näherungen für die Frequenzverteilung genügen, um eine brauchbare Übereinstimmung mit der Realität zu erzielen. Auf der anderen Seite bedeutet diese Unempfindlichkeit allerdings auch, daß einer kompletten Approximation der Wärmekapazität keine allzugroße Aussagekraft beigemessen werden darf.

Bei Polymeren im flüssigen Zustand treten weitere Komplikationen dadurch auf, daß die Freiheitsgrade der Gitter- bzw. Skelettschwingungen mit den Freiheitsgraden der Konformation gekoppelt, die Konformationen aber, wie überhaupt die relativen Lagen der Moleküle zueinander zeitlich rasch variabel sind. Auf die Näherungsmethoden, die bei der Berechnung der Zustandssumme und Wärmekapazität von Flüssigkeiten angewandt werden, insbesondere auf die Methode der Cluster-Entwicklung, können wir hier nicht näher eingehen (vgl. z. B. Mayer-Mayer, 1940; Hirschfelder-Curtis-Bird, 1964; de Boer-Uhlenbeck, 1962–1965; in bezug auf Polymere vgl. Vol'kenshtein, 1958; Lifson, 1959; Nagai, 1959; Hoeve, 1960; Boogs, 1962; Allegra, 1968). Es sei jedoch vermerkt, daß bei realen Polymeren die Wärmekapazität beim Übergang vom kristallinen zum flüssigen Zustand (wenn man von dem durch die Umwandlungswärme gegebenen Beitrag absieht) im allgemeinen keine sprunghafte Änderung erfährt, so daß in einem gewissen Temperaturbereich vom festen Zustand her auf die Flüssigkeit extrapoliert werden kann. Den Übergang vom glasartigen festen Zustand zur unterkühlten Flüssigkeit kann man in bezug auf die Wärmekapazität näherungsweise mit der

Löcher-Theorie von Frenkel (1946) und Eyring (1936) (vgl. Abschn. III. 3.2), mit der von Kanig (1969) modifizierten Löcher-Theorie oder mit dem Kinken-Modell von Pechold (1968) beschreiben.

Im folgenden Abschn. II.3 werden wir einige einfache Beispiele geben, deren Kenntnis bei der Abschätzung der Beiträge einzelner, abspaltbarer Freiheitsgrade zur Wärmekapazität von Bedeutung ist. Wir gehen dabei auf das System aus Teilchen mit zwei möglichen Energiezuständen und auf den harmonischen Oszillator etwas näher ein, da diese Beispiele einen recht guten, aber doch verhältnismäßig einfachen Einblick in die Zusammenhänge zwischen den molekularen Bewegungsvorgängen und der Wärmekapazität eines Systems gewähren. Der klassische Gleichverteilungssatz liefert im Falle komplizierter Systeme häufig eine einfache Möglichkeit zur Abschätzung der Wärmekapazität bei mittleren Temperaturen.

In Abschn. II.4 gehen wir dann näher auf die Gitterschwingungen ein, deren Beitrag zur Wärmekapazität von Polymer-Festkörpern der wesentlichste ist. Speziell in Abschn. II.4.5 streifen wir auch kurz die in bezug auf Polymere bisher noch weitgehend offene Frage nach dem Einfluß der Anharmonizität und der Defektstrukturen auf die Wärmekapazität des festen Zustandes.

3. Wärmekapazität einfacher mechanischer Systeme

In Section II.3 some simple examples are given how to calculate the heat capacity of mechanical systems. The classical equipartition theorem (Section II.3.1) can be useful when estimating the heat capacity of complicated systems in the medium temperature range. It says (with regard to the heat capacity) that the classical contribution of each degree of freedom to the heat capacity of a system, the kinetic energy of which is a homogeneous quadratic function of the momenta and the potential energy of which is a homogeneous quadratic function of the coordinates with constant coefficients, is equal to Boltzmann's constant k [Eq. (77)]. If the potential energy is constant, the contribution of each degree of freedom is reduced to $k/2$ [Eq. (73)]. The latter remains valid even in case the coefficients of the kinetic energy depend on the coordinates. From the equipartition theorem follows, for instance, the well-known rule of Dulong and Petit [Eq. (103)].

The system of particles with two energetically different states (Section II.3.2) is a simple example for systems which are capable of just a finite number of states and the heat capacity of which consequently decreases with increasing temperature after having passed a maximum value [see Eq. (78), Fig. II.1 and Fig. III.7]. Such systems matter, for instance, in the calculation of the contribution made by conformational changes to the heat capacity of polymer chains or in the calculation of the contribution made by electrons to the heat capacity of electrically insulating materials.

The one-dimensional harmonic oscillator (Section II.3.3) affords a first insight into the effects the quantization of energy has on the heat capacity and can serve as model how to calculate the contribution of single absorption bands to the heat capacity. In addition, its theory is fundamental for the next Section II.4. In Fig. II.3 the heat capacity [Eq. (89)] of single oscillators with different frequencies is plotted as function of the temperature. In Table II.1 the probabilities are specified with which the energy states of an oscillator are occupied at different temperatures.

By means of figure and table the meaning of the expressions "to freeze in" and "to thaw" are discussed with regard to the mechanical degrees of freedom.

The rotational motions (Section II.3.4) give examples for the difficulties which even rather simple mechanical actions can lead to when the partition function or Schrödinger's equation are evaluated. In addition the hindered rotation gives an example for the possibility that the heat capacity of a system, without changing the number of its effective mechanical degrees of freedom, can decrease with increasing temperature after having passed a maximum even if the system is able of an infinite number of energetically different states without upper limit (see Fig. III.6).

3.1. Der klassische Gleichverteilungssatz

In einem idealen Gas, dessen Zustandssumme sich nach (58) zerlegen läßt, sind stets alle Translationsfreiheitsgrade der Teilchen voll angeregt. Es genügt daher q_{Tr} nach der klassischen Formel (67) zu berechnen. Der auf die Schwerpunktsbewegung eines einzelnen, wechselwirkungsfreien Teilchens bezogene Teil $\mathscr{H}_{\mathrm{Tr}}$ der Hamilton-Funktion ist nun allein durch die kinetische Energie des Teilchens bestimmt. Das heißt, bezeichnen m die Masse und p_1, p_2, p_3 die drei Komponenten des Impulses der Schwerpunktsbewegung des Teilchens, so gilt

$$\mathscr{H}_{\mathrm{Tr}} = \frac{1}{2m}(p_1^2 + p_2^2 + p_3^2)\,.$$

Einsetzen dieses Ausdruckes in (67) und anschließende Integration[17] liefert über (61) bzw. (60) als Beitrag der Translationsbewegung zur Wärmekapazität

$$c_V^{\mathrm{Tr}} = \frac{3}{2}k \quad \text{bzw.} \quad C_V^{\mathrm{Tr}} = \frac{3}{2}Nk \tag{69a}$$

oder (mit $N = L \equiv$ Avogadrosche Zahl) den auf ein Mol bezogenen Beitrag

$$c_v^{\mathrm{Tr}} = \frac{3}{2}R \approx 3\,\mathrm{cal\,mol^{-1}\,Grad^{-1}}.^{18} \tag{69b}$$

---

17 Bei der leicht auszuführenden Rechnung ist zu berücksichtigen, daß

$$\int\limits_{-\infty}^{+\infty} e^{-p^2}\,dp = \pi^{1/2}$$

ist.

18 Dieser Wert stimmt überein mit der Wärmekapazität, die in gewissen Temperaturbereichen bei ein-atomigen Gasen gefunden wird. Die Argumentation, ein Atom besitze drei Freiheitsgrade der Translation und seine Wärmekapazität müsse deshalb nach der klassischen Theorie $3k/2$ betragen, ist dagegen falsch. Wie bereits bemerkt, besitzt ein Atom mindestens 6 Freiheitsgrade. Die Wärmekapazität sollte also nach der klassischen Theorie (vgl. weiter unten) mindestens $6k/2$ betragen. Der experimentelle Wert von $3k/2$ ist nur quantenmechanisch zu verstehen und bedeutet, daß bei der betreffenden Temperatur die Translationsfreiheitsgrade voll angeregt sind, während der erste angeregte Zustand der Rotation energetisch so hoch liegt, daß

$$\varepsilon_1^{\mathrm{rot}} - \varepsilon_0^{\mathrm{rot}} \gg kT$$

gilt. Das ein-atomige Gas kann also nicht (wie das in manchen Lehrbüchern zu finden ist) als ein Beispiel dafür angeführt werden, daß der Wert der Wärmekapazität ohne weitere Annahmen auch klassisch berechnet werden könne.

In einem idealen klassischen Boltzmann-Gas steuert also jeder translative Freiheitsgrad der Teilchen zur Wärmekapazität $k/2 \approx 1$ cal mol^{-1} Grad^{-1} bei. Dieses Ergebnis läßt sich unter bestimmten Umständen verallgemeinern:

Gegeben sei ein System mit f Freiheitsgraden, das der klassischen Mechanik genügt und dessen Zustände eindeutig durch f generalisierte Koordinaten $x_1 \ldots x_f$ und f generalisierte Impulse $p_1 \ldots p_f$ beschreibbar sind. Bezeichnet $P(x_1 \ldots x_f;\, p_1 \ldots p_f)$ die Besetzungswahrscheinlichkeit des durch $x_1 \ldots x_f;\, p_1 \ldots p_f$ gekennzeichneten Zustandes, so beträgt der Mittelwert $\bar{\varphi}$ jeder beliebigen Funktion $\varphi(x_1 \ldots x_f;\, p_1 \ldots p_f)$ der Koordinaten und Impulse

$$\bar{\varphi}(x_1 \ldots p_f) = \int \ldots \int P(x_1 \ldots p_f)\, \varphi(x_1 \ldots p_f)\, dx_1 \ldots dp_f\,.$$

Insbesondere gilt also mit (68)

$$\overline{p_i \frac{\partial \mathscr{H}}{\partial p_i}} = \frac{\int \ldots \int p_i \frac{\partial \mathscr{H}}{\partial p_i} e^{-\frac{\mathscr{H}}{kT}}\, dx_1 \ldots dp_f}{\int \ldots \int e^{-\frac{\mathscr{H}}{kT}}\, dx_1 \ldots dp_f}\,.$$

Nehmen wir an, daß die Hamilton-Funktion des Systems derart beschaffen ist, daß an den Integrationsgrenzen der Grenzwert

$$\lim \left(p_i e^{-\frac{\mathscr{H}}{kT}}\right)$$

verschwindet, so folgt daraus wegen

$$\frac{\partial \mathscr{H}}{\partial p_i} e^{-\frac{\mathscr{H}}{kT}} = -kT \frac{\partial}{\partial p_i} e^{-\frac{\mathscr{H}}{kT}}$$

durch partielle Integration:

$$\overline{p_i \frac{\partial \mathscr{H}}{\partial p_i}} = kT\,, \quad (i = 1 \ldots f)\,. \tag{70}$$

In ganz entsprechender Weise kann man ferner zeigen, daß

$$\overline{x_i \frac{\partial \mathscr{H}}{\partial x_i}} = kT\,, \quad (i = 1 \ldots f) \tag{71}$$

gilt.

Läßt sich die Hamilton-Funktion des Systems nun in der Form

$$\mathscr{H} = \frac{1}{2} \sum_i \sum_k \Psi_{ik}(x_1 \ldots x_f)\, p_i p_k + \Phi(x_1 \ldots x_f), \quad \text{mit} \quad \Psi_{ik} = \Psi_{ki}\,, \tag{72}$$

schreiben, in der die Doppelsumme mit der kinetischen Energie E_{kin} und $\Phi(x_1 \ldots x_f)$ mit der durch Wechselwirkung hervorgerufenen potentiellen Energie E_{pot} des Systems identisch sind, so wird

$$\frac{\partial \mathscr{H}}{\partial p_i} = \sum_k \Psi_{ik}(x_1 \ldots x_f)\, p_k\,,$$

d. h.

$$\sum_i p_i \frac{\partial \mathscr{H}}{\partial p_i} = \sum_i \sum_k \Psi_{ik}(x_1 \ldots x_f) p_i p_k = 2E_{\text{kin}} .$$

Nach (70) trägt dann jeder Freiheitsgrad des Systems zur mittleren kinetischen Energie des Systems den Betrag $kT/2$ bei. Es gilt

$$\overline{E_{\text{kin}}} = f \cdot \frac{1}{2} kT .$$

Der Beitrag zur Wärmekapazität ist entsprechend

$$C_V^{\text{kin}} = \frac{\partial \overline{E_{\text{kin}}}}{\partial T} = \frac{1}{2} fk . \tag{73}$$

Das ist das verallgemeinerte Resultat (69), wo speziell

$$\Psi_{ik} = \begin{cases} 1/m, & \text{wenn } i = k \\ 0, & \text{wenn } i \neq k \end{cases} \quad \text{und } \Phi \equiv 0$$

war.

In einigen Fällen läßt sich auch die potentielle Energie als eine quadratische Funktion der Koordinaten schreiben (vgl. die Abschn. II.3.3, II.3.4 und II.4.1):

$$\Phi(x_1 \ldots x_f) = \frac{1}{2} \sum_i \sum_k \Phi_{ik} x_i x_k , \quad \text{mit } \Phi_{ik} = \Phi_{ki} . \tag{74}$$

Sind sowohl die Koeffizienten Ψ_{ik}, als auch die Koeffizienten Φ_{ik} von den Ortskoordinaten unabhängig, so folgt

$$\frac{\partial \mathscr{H}}{\partial x_i} = \sum_k \Phi_{ik} x_k$$

und

$$\sum_i x_i \frac{\partial \mathscr{H}}{\partial x_i} = 2E_{\text{pot}} .$$

Nach (71) trägt dann jeder Freiheitsgrad auch zur mittleren potentiellen Energie des Systems den Betrag $kT/2$ bei. Es gilt

$$\overline{E_{\text{pot}}} = f \cdot \frac{1}{2} kT$$

und

$$C_V^{\text{pot}} = \frac{\partial \overline{E_{\text{pot}}}}{\partial T} = \frac{1}{2} fk . \tag{75}$$

Für die mittlere Gesamtenergie des Systems gilt dann

$$\overline{\mathscr{H}} = \overline{E_{\text{kin}}} + \overline{E_{\text{pot}}} = f kT \tag{76}$$

und für die Wärmekapazität des Systems

$$C_V = fk . \tag{77}$$

3.2. Wärmekapazität eines Systems von Teilchen mit zwei energetisch verschiedenen Zuständen

Vorgegeben sei ein System von Teilchen, die zwei energetisch verschiedene Zustände ε_0 und ε_1 einnehmen können. Wählen wir ε_0 als Bezugsgröße und setzen $\varepsilon_0 \equiv 0$, so folgt nach (54c) als Zustandssumme des Systems

$$Q = g_0 + g_1\, e^{-\frac{\varepsilon_1}{kT}}$$

und mit (52) als Wärmekapazität des Systems

$$C_V = k\left(\frac{\varepsilon_1}{kT}\right)^2 \frac{\bar{g}\, e^{-\frac{\varepsilon_1}{kT}}}{\left[1 + \bar{g}\, e^{-\frac{\varepsilon_1}{kT}}\right]^2}\,;\quad \bar{g} \equiv \frac{g_1}{g_0}\,. \tag{78}$$

Der Verlauf der Wärmekapazität (78) als Funktion von $1/T$ bzw. ε_1/kT mit $\bar{g}$ als Parameter ist in Abb. II.1 dargestellt (vgl. auch Abb. III.7).

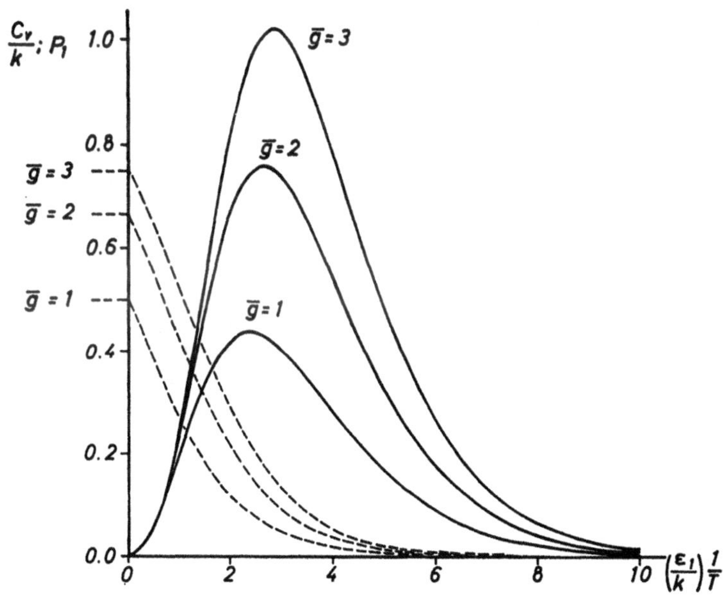

Abb. II.1. *Ausgezogene Kurven:* Wärmekapazität C_V eines Systems von Teilchen, die zwei energetisch verschiedene Zustände einnehmen können; *gestrichelte Kurven:* Besetzungswahrscheinlichkeit P_1 der oberen Energiezustände; beide als Funktion der reziproken Temperatur T, für verschiedene Verhältnisse $\bar{g} \equiv g_1/g_0$ der Anzahlen der Zustände

Man sieht, daß die Wärmekapazität des Systems sowohl im Bereich $\varepsilon_1 \ll kT$ als auch im Bereich $\varepsilon_1 \gg kT$ verschwindet, im Zwischenbereich dagegen einen maximalen Wert erreicht, dessen Größe von dem Verhältnis g_1/g_0 abhängt. Dieses Verhalten leuchtet unmittelbar ein, wenn man die Besetzungswahrscheinlichkeiten der Zustände betrachtet, die nach (57) gegeben sind durch

$$P_0 = \frac{1}{1 + \bar{g}\, e^{-\frac{\varepsilon_1}{kT}}}\,; \quad P_1 = \frac{\bar{g}\, e^{-\frac{\varepsilon_1}{kT}}}{1 + \bar{g}\, e^{-\frac{\varepsilon_1}{kT}}}\,.$$

P_1 ist in Abb. II.1 durch die gestrichelten Kurven dargestellt. Hiernach ist es im Bereich $\varepsilon_1 \gg kT$ sehr unwahrscheinlich, daß sich Teilchen im höheren Energiezustand befinden. Das System ist daher nicht fähig bei diesen Temperaturen thermische Energie aufzunehmen. Im Bereich $\varepsilon_1 \ll kT$ hat das System dagegen schon fast die Gleichverteilung erreicht (für $g_0 = g_1$ ist dann $P_0 = P_1 = 50\%$). Das System ist in diesem Temperaturbereich „gesättigt" und kann bei Temperaturerhöhung ebenfalls keine thermische Energie aufnehmen. Die Wärmekapazität ist nur in dem Temperaturbereich merkbar von Null verschieden, in dem die Besetzungswahrscheinlichkeiten P_0 und P_1 sich stark mit der Temperatur verändern.[19] Bemerkenswert ist im übrigen, daß die maximale Veränderung von P_0 und P_1 und die maximale Wärmekapazität mit steigender Temperatur schon erreicht werden, ehe die Gleichheit $\varepsilon_1 = kT$ erfüllt ist. Ferner wird deutlich, daß ein System nur dann eine konstante oder mit steigender Temperatur zunehmende Wärmekapazität besitzen kann, wenn zu jedem beliebigen Zustand des Systems ein weiterer erreichbarer Zustand mit höherer Energie existiert.

Das System von Teilchen mit zwei energetisch verschiedenen Zuständen kann u. U. unmittelbar als Modell bei der Berechnung des Beitrags der trans-gauche-Umlagerungen zur Wärmekapazität von Polymerketten dienen (vgl. Abschn. III.3.2). Weiterhin findet sich eine Anwendung bei der Berechnung der Beiträge der Elektronen zur Wärmekapazität nicht gestörter Atome oder Moleküle, sofern sich die Freiheitsgrade der Elektronen in der Form (65), (66) separieren lassen:

Die Energiedifferenz $\varepsilon_1 - \varepsilon_0$ zwischen dem ersten angeregten Zustand und dem Grundzustand der Elektronen in einem Atom oder Molekül hat im allgemeinen die Größenordnung von 100 Kcal mol^{-1}, fällt also bereits in den Bereich der Ionisierungs- bzw. Dissoziationsenergie des Atoms bzw. Moleküls. Sie entspricht in kT einer Temperatur von der Größenordnung 50000 °K. In dem Temperaturbereich, in dem weder thermische Ionisierung, noch thermische Dissoziation stattfindet, genügt es daher anzunehmen, daß sich alle Elektronen im Grundzustand befinden und die angeregten Zustände nicht erreichbar sind.

---

19 Man beachte, daß in Abb. II.1 P_1 gegen $1/T$ aufgetragen ist. Als Funktion von T besitzen P_0 und P_1 an der Stelle des Maximums von C_V einen Wendepunkt.

Ist der Grundzustand der Elektronen ein Singulett-Zustand, so erhält man als Beitrag der Elektronen zur Zustandssumme

$$q_e = g_0 \, e^{-\frac{\varepsilon_0}{kT}}.$$

Nach (61) ist dann kein Beitrag der Elektronen zur Wärmekapazität gegeben. Ist der Grundzustand dagegen (infolge der Wechselwirkung von Bahndrehimpuls und Spin der Elektronen) ein Dublett-Zustand, d. h. spaltet der Grundzustand in zwei Energieterme ε_0 und ε_0' auf und gilt $\varepsilon_0' - \varepsilon_0 \ll \varepsilon_1 - \varepsilon_0$, so liegt praktisch genau der oben abgehandelte Fall eines Systemes von Teilchen mit zwei zugänglichen, energetisch verschiedenen Zuständen vor. Der Beitrag der Elektronen zur Zustandssumme lautet dann (mit $\varepsilon_0 \equiv 0$ als Bezugspunkt der Energie)

$$q_e = g_0 + g_0' \, e^{-\frac{\varepsilon_0'}{kT}}$$

und der Beitrag zur Wärmekapazität ist durch (78) gegeben. Tatsächlich liegt die Dublett-Aufspaltung energetisch meist in der Größenordnung von etwa $\varepsilon_0' - \varepsilon_0 \approx 1$ Kcal mol^{-1}. Das entspricht in kT einer Temperatur von etwa 500 °K. Nach (78) und Abb. II.1 ist also der maximale Beitrag eines Dublett-Zustandes der Elektronen in der Umgegend von etwa 200 °K zu erwarten. Ist der Grundzustand der Elektronen ein Triplett-Zustand, so ist in der Zustandssumme ein weiterer Term $g_0'' \exp(-\varepsilon_0''/kT)$ hinzuzufügen. Entsprechendes gilt für Quartett-, Quintett-, ... – Zustände. In gleicher Weise kann die durch die Wechselwirkung der Elektronenhülle mit den Atomkernen verursachte sog. Hyperfeinaufspaltung der Grundzustände berücksichtigt werden. Ihr maximaler Beitrag zur Wärmekapazität liegt bei etwa 1 °K.

Für die Valenzelektronen der Gitterbausteine in Festkörpern liegen die Verhältnisse auf Grund der Bänderstruktur der Energiezustände etwas anders. In elektrisch nicht leitenden Festkörpern tragen die Valenzelektronen, wegen des großen Abstandes des untersten (voll besetzten) Bandes vom Leitfähigkeitsband, nichts zur Wärmekapazität bei. In elektrisch leitenden Festkörpern liefern die quasi-freien Elektronen im Leitfähigkeitsband näherungsweise bei nicht zu hohen Temperaturen einen Beitrag

$$C_V \text{ (cond. el.)} \sim T \tag{79}$$

[vgl. z. B. Fowler, Guggenheim (1949) oder Münster (1956)], der sich gegenüber dem Beitrag der Gitterschwingungen (Abschn. II.4) vor allem bei sehr tiefen Temperaturen bemerkbar macht, u. U. aber auch bei höheren Temperaturen wieder zum Vorschein kommt, wenn die Gitterschwingungen den Dulong-Petitschen Wert erreicht haben und die Wirkungen der Anharmonizitäten und Defekte nur schwach sind. Die den quasi-freien Leitungselektronen ähnlichen π-Elektronen besitzen dagegen stets als Grundzustand einen Singulett-Zustand, der vom ersten angeregten Zustand so weit entfernt ist, daß sie in bezug auf die Wärmekapazität als eingefroren angesehen werden können.

Über die Kopplung der Freiheitsgrade der Elektronen mit den Schwingungs- und Rotationsfreiheitsgraden von Molekülen und den Einfluß des Kernspins auf die Rotation vgl. man z. B. Herzberg (1945, 1950).

3.3. Wärmekapazität des eindimensionalen harmonischen Oszillators

Jede mechanische Anordnung mit einem Freiheitsgrad, die der Bewegungsgleichung

$$\mu \frac{d^2 x(t)}{dt^2} = -\beta x(t) \tag{80}$$

genügt, bezeichnet man als einen eindimensionalen harmonischen Oszillator. μ und β sind hierin von der Koordinate x und der Zeit t unabhängige Konstanten. Ein Beispiel für eine solche Anordnung bilden zwei Massenpunkte mit den Massen m_1 und m_2, die mit einer ideal-elastischen (d. h. Hookeschen) Feder verbunden und deren Bewegungsmöglichkeiten auf die sie verbindende Gerade beschränkt sind. μ ist dann die sog. reduzierte Masse

$$\mu \equiv \frac{m_1 m_2}{m_1 + m_2} = \frac{m_1}{1 + \frac{m_1}{m_2}}, \tag{81}$$

β die sog. Federkonstante (ein Charakteristikum für die „Stärke" der Feder) und $x \equiv x_2 - x_1$ die Relativkoordinate (x_2 und x_1 sind die Koordinaten der einzelnen Massenpunkte)[20].

Die Lösung von (80) lautet

$$x = A \sin(\omega t + \alpha) . \tag{82}$$

Die Massen m_1 und m_2 führen also gegenseitig harmonische Schwingungen mit der Frequenz

$$\nu \equiv \frac{\omega}{2\pi},$$

20 Aus dem zweiten Newtonschen Axiom, verbunden mit dem Hookeschen Gesetz, folgen zunächst die Bewegungsgleichungen

$$m_1 \frac{d^2 x_1}{dt^2} = -\beta(x_1 - x_2); \quad m_2 \frac{d^2 x_2}{dt^2} = -\beta(x_2 - x_1) .$$

Multiplikation der ersten dieser Gleichungen mit m_2 und der zweiten mit m_1 und anschließende Subtraktion der ersten von der zweiten Gleichung liefert (80). Die reduzierte Masse wird gleich $m/2$, wenn $m_1 = m_2 \equiv m$, und gleich m_1, wenn $m_2 \gg m_1$ ist. — Die Masse der Feder wird als vernachlässigbar klein gegenüber den Massen m_1 und m_2 vorausgesetzt.

der zeitunabhängigen Amplitude A und der Phasenkonstanten α aus.[21] Die Frequenz des Oszillators ist dabei durch μ und β genau bestimmt. Einsetzen von (82) in (80) führt nämlich auf die Gleichung

$$\mu \omega^2 = \beta .$$

(82) kann also nur dann eine Lösung von (80) sein, wenn

$$\omega = \left(\frac{\beta}{\mu}\right)^{1/2} \tag{83}$$

gilt.

Multiplikation von (80) mit dx/dt und anschließende Integration über die Zeit führt auf die Hamiltonfunktion $\mathscr{H}$ und den Energieerhaltungssatz des harmonischen Oszillators:

$$\mathscr{H} = \frac{1}{2} \mu \left(\frac{dx}{dt}\right)^2 + \frac{\beta}{2} x^2 = \text{const.}$$

Hierin ist in der Summe das erste Glied mit der kinetischen Energie und das zweite Glied mit der potentiellen Energie des Oszillators identisch. Führen wir noch den zu x kanonisch konjugierten Impuls

$$p \equiv \mu \frac{dx}{dt}$$

und über (83) die Frequenz ω ein, so folgt

$$\mathscr{H} = \frac{1}{2\mu} p^2 + \frac{\mu\omega^2}{2} x^2 = \text{const.} \tag{84}$$

Durch Einsetzen von (82) in (84) erhält man als Wert der Konstanten, d. h. als Energieinhalt des Oszillators, $\mu\omega^2 A^2/2$. Der klassische harmonische Oszillator kann, je nach der Amplitude mit der er schwingt, jeden beliebigen Energieinhalt besitzen.

(84) erfüllt die Bedingungen des Gleichverteilungssatzes (Abschn. II.3.1). Wir können daher aus (84) über (77) unmittelbar schließen, daß die klassische Wärmekapazität eines einzelnen harmonischen Oszillators

$$c_V^{\text{vib}} = k \approx 2 \,\text{cal}\,\text{mol}^{-1}\text{Grad}^{-1} \tag{85}$$

beträgt. Als mittleren Energieinhalt erhält man nach (76)

$$\overline{\mathscr{H}} = kT . \tag{86}$$

Der mittlere Energieinhalt des klassischen harmonischen Oszillators verläuft also proportional zur Temperatur des Thermostaten.

Als quantenmechanischer Hamilton-Operator besitzt (84) die Energie-Eigenwerte[22]

$$\varepsilon_n = h\nu \left(n + \frac{1}{2}\right), \quad \text{mit } n = 0, 1, 2, 3 \ldots \tag{87}$$

21 A und α, die hier nicht näher interessieren, werden durch die Anfangsbedingungen festgelegt.

22 Vgl. z. B. Pauling-Wilson (1935). h bezeichnet nun hier und im folgenden das Plancksche Wirkungsquantum.

Der quantenmechanische harmonische Oszillator ist also nicht, wie der klassische harmonische Oszillator, zu beliebigen Energieinhalten fähig. Seine möglichen Energiewerte bilden vielmehr ein diskontinuierliches Spektrum äquidistanter Energieniveaus mit dem Abstand $h\nu$ (Abb. II.2).

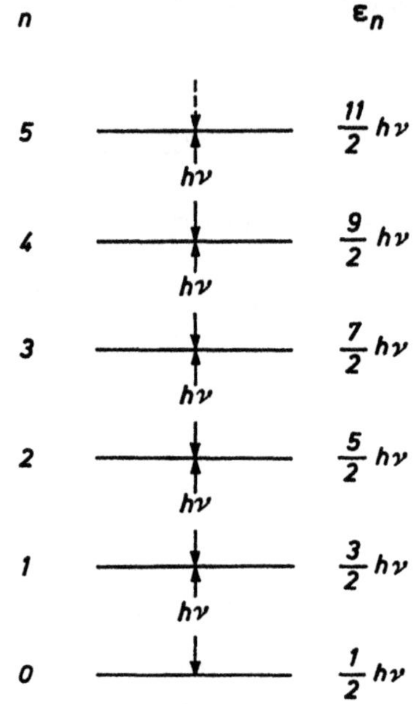

Abb. II.2. Energieniveau-Schema des eindimensionalen harmonischen Oszillators, nach Gl. (87)

Infolgedessen ist der quantenmechanische Oszillator nur fähig, thermische Energie in „Quanten" $h\nu$ oder in ganzzahligen Vielfachen davon aufzunehmen.

Setzt man (87) in (54b) ein, so folgt als quantenmechanische Zustandssumme des harmonischen Oszillators

$$q_{\mathrm{vib}} = \sum_{n=0}^{\infty} e^{-\frac{h\nu}{kT}\left(n+\frac{1}{2}\right)} = e^{-\frac{h\nu}{2kT}} \sum_{n=0}^{\infty} \left[e^{-\frac{h\nu}{kT}}\right]^n .$$

Die Summe rechts ist eine geometrische Reihe, läßt sich also in einfacher Weise auswerten. Es wird

$$q_{\mathrm{vib}} = \frac{e^{-\frac{h\nu}{2kT}}}{1 - e^{-\frac{h\nu}{kT}}} \tag{88}$$

und daraus folgt über (52) als Wärmekapazität des quantenmechanischen harmonischen Oszillators

$$c_V^{\text{vib}} = k \frac{\left(\frac{h\nu}{kT}\right)^2 e^{-\frac{h\nu}{kT}}}{\left(1 - e^{-\frac{h\nu}{kT}}\right)^2} = k \frac{\left(\frac{h\nu}{kT}\right)^2 e^{\frac{h\nu}{kT}}}{\left(e^{\frac{h\nu}{kT}} - 1\right)^2}. \tag{89}$$

Im Unterschied zu dem klassischen Wert (85) ist der quantenmechanische Wert der Wärmekapazität sowohl von der Temperatur, als auch von der Frequenz des Oszillators (genauer von dem Verhältnis ν/T) abhängig.

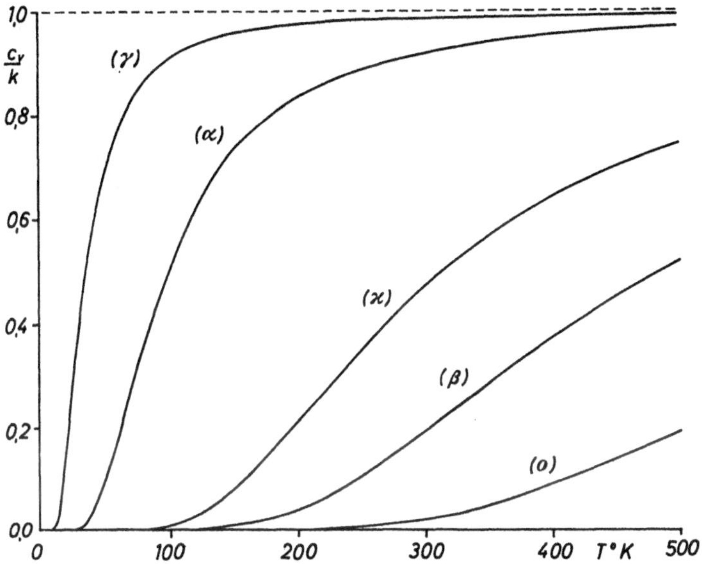

Abb. II.3. Wärmekapazität c_V einzelner harmonischer Oszillatoren als Funktion der Temperatur T, nach (89). Die Frequenzen bzw. Θ-Temperaturen (90) der Oszillatoren betragen

(γ) : $\nu = 2.29 \cdot 10^{12}$ sec^{-1} ; $\Theta = 110°$ K,
(α) : $\nu = 6.25 \cdot 10^{12}$ sec^{-1} ; $\Theta = 300°$ K,
(ϰ) : $\nu = 1.96 \cdot 10^{13}$ sec^{-1} ; $\Theta = 940°$ K,
(β) : $\nu = 3.00 \cdot 10^{13}$ sec^{-1} ; $\Theta = 1440°$ K,
(o) : $\nu = 5.00 \cdot 10^{13}$ sec^{-1} ; $\Theta = 2400°$ K.

Die gestrichelte Linie entspricht dem klassischen Wert (85).

Der Verlauf der Wärmekapazität in Abhängigkeit von der Temperatur nach (89) ist für verschiedene Frequenzen ν in Abb. II.3 dargestellt. Man sieht, daß der klassische Wert (85) erst bei Temperaturen $T \gg h\nu/k$ erreicht wird. Unterhalb dieser Temperaturen ist die Wärmekapazität stets kleiner als k und sie verschwindet schließlich ganz bei Temperaturen $T \ll h\nu/k$.

Auf Grund der diskontinuierlichen Struktur seines Energiespektrums ist der quantenmechanische Oszillator bei tieferen Temperaturen nicht fähig, die ihm „angebotene" thermische Energie aufzunehmen. Man spricht davon, daß der Schwingungsfreiheitsgrad des Oszillators bei Temperaturen $T \ll h\nu/k$ „eingefroren" sei, bei höheren Temperaturen allmählich „auftaue" und erst bei Temperaturen $T \gg h\nu/k$ „voll angeregt" sei. Den „Auftaubereich" des Oszillators kennzeichnet man gewöhnlich durch die charakteristische Temperatur

$$\Theta \equiv \frac{h\nu}{k} = 4.798 \cdot 10^{-11}\,\nu \text{ (im cgs-System)}\,, \tag{90}$$

bei der die thermische Energie kT gerade gleich dem kleinsten Energiequant $h\nu$ wird, das der Oszillator aufnehmen kann. Nach (89) beträgt die Wärmekapazität des Oszillators bei der Temperatur Θ etwa 92% des maximalen Wertes (85). Für Oszillatoren mit Frequenzen $\nu < 10^{11}$ sec^{-1} liegt der „Auftaubereich" also unterhalb 5 °K. Solche Oszillatoren können, sofern man sich nicht gerade für das Verhalten bei sehr tiefen Temperaturen interessiert, stets klassisch behandelt werden. Für Oszillatoren mit Frequenzen im Bereich von 10^{12} bis 10^{14} sec^{-1}, wie sie bei Molekülschwingungen auftreten, erreicht dagegen Θ Werte von etwa 50 °K bis 5000 °K (vgl. Abb. II.3).

Um die Redewendungen „einfrieren", „auftauen" und „voll angeregt" etwas näher zu beleuchten, betrachten wir noch die Wahrscheinlichkeit, mit der sich der Oszillator in den verschiedenen Energiezuständen aufhält. Nach (57) und (87) ist die Wahrscheinlichkeit P_n dafür, daß sich der Oszillator im Zustand mit der Energie ε_n befindet, gegeben durch

$$P_n = e^{-\frac{h\nu}{kT}n} - e^{-\frac{h\nu}{kT}(n+1)}. \tag{91}$$

Wir betrachten speziell einen Oszillator der Frequenz $\nu = 6.25 \cdot 10^{12}$ sec^{-1}, der nach (90) bei 300 °K, also etwa bei Zimmertemperatur „auftaut". Für die sechs tiefsten Energieniveaus dieses Oszillators sind die Wahrscheinlichkeiten (91) in Abhängigkeit von der Temperatur in Tab. II.1 angegeben. Man sieht, daß der Oszillator unterhalb von 25 °K praktisch stets im Grundzustand ε_0 angetroffen wird. Er besitzt dementsprechend in diesem Temperaturbereich keine Wärmekapazität. Bei 50 °K ist zwar eine Wahrscheinlichkeit dafür, daß sich der Oszillator während der Meßzeit im ersten angeregten Zustand ε_1 befindet, schon vorhanden, sie ist mit 0.25% jedoch noch ausgesprochen klein. Die Änderung der Besetzungswahrscheinlichkeiten mit der Temperatur, bzw. (genauer) die Änderung der mittleren Energie (92) des Oszillators mit der Temperatur, reicht dagegen in diesem Temperaturbereich schon aus, um ihm eine Wärmekapazität von etwa 9% des vollen Wertes zu geben (vgl. Abb. II.3α). Bei der Temperatur 100 °K, bei der die thermische

Energie kT etwa $^1/_3$ des Energiequants $h\nu$ erreicht, ist die Wahrscheinlichkeit, daß sich der Oszillator in angeregten Zuständen aufhält, immer noch sehr klein, nämlich etwa 5%. Die Änderung der Besetzungswahrscheinlichkeiten mit der Temperatur ist hier jedoch schon so groß, daß

Tabelle II.1 *Besetzungswahrscheinlichkeiten der Energieniveaus des harmonischen Oszillators mit der Frequenz* $\nu = 6.25 \cdot 10^{12}$ sec^{-1} *und dem Grundschwingungsquant* $h\nu = 4.14 \cdot 10^{-15}$ erg ($\hat{\approx}$ 600 *cal mol*$^{-1}$) *in Abhängigkeit von der Temperatur, nach Gl.* (91)

n \ T °K	0	25	50	75	100	125	150	175	200
6	0.0000	0.0000	0.0000	0.0000	0.0000	0.0000	0.0000	0.0000	0.0001
5	0.0000	0.0000	0.0000	0.0000	0.0000	0.0000	0.0000	0.0001	0.0004
4	0.0000	0.0000	0.0000	0.0000	0.0000	0.0000	0.0003	0.0009	0.0019
3	0.0000	0.0000	0.0000	0.0000	0.0001	0.0007	0.0021	0.0048	0.0086
2	0.0000	0.0000	0.0000	0.0003	0.0024	0.0075	0.0158	0.0266	0.0387
1	0.0000	0.0000	0.0025	0.0180	0.0473	0.0825	0.1170	0.1477	0.1733
0	1.0000	1.0000	0.9975	0.9817	0.9502	0.9093	0.8647	0.8199	0.7769

n \ T °K	225	250	275	$\Theta = 300$	325	350	375	400
6	0.0002	0.0005	0.0009	0.0016	0.0024	0.0034	0.0045	0.0059
5	0.0009	0.0017	0.0028	0.0043	0.0060	0.0079	0.0101	0.0124
4	0.0036	0.0057	0.0084	0.0116	0.0150	0.0187	0.0224	0.0263
3	0.0135	0.0191	0.0252	0.0315	0.0378	0.0440	0.0499	0.0556
2	0.0512	0.0634	0.0749	0.0855	0.0951	0.1037	0.1112	0.1177
1	0.1941	0.2105	0.2231	0.2325	0.2394	0.2443	0.2474	0.2492
0	0.7364	0.6988	0.6641	0.6321	0.6027	0.5756	0.5507	0.5276

der Oszillator bereits 50% seiner maximalen Wärmekapazität besitzt (Abb. II.3α). Auch bei der Temperatur $\Theta = 300$ °K schließlich, bei der die thermische Energie kT gerade den Wert des kleinsten Energiequants $h\nu$ und die Wärmekapazität 92% des maximalen Wertes erreicht, befindet sich der Oszillator immer noch mit 63.2% Wahrscheinlichkeit im Grundzustand und erst mit 36.8% Wahrscheinlichkeit in höher angeregten Zuständen.[23]

Der mittlere Energieinhalt $\bar{\varepsilon}$ des quantenmechanischen harmonischen Oszillators beträgt nach (87) und (91)

$$\bar{\varepsilon} = \sum_n P_n \varepsilon_n = \frac{h\nu}{2} + \frac{h\nu}{e^{+\frac{h\nu}{kT}} - 1} . \tag{92}$$

23 Man beachte, daß die Besetzungswahrscheinlichkeiten P_n mit endlichem $n \neq 0$ bei höheren Temperaturen (außerhalb der Tab. II.1) ein Maximum durchlaufen und mit $T \rightarrow \infty$ gegen Null gehen.

Er ist stets größer als der mittlere Energieinhalt (86) des klassischen harmonischen Oszillators. Das liegt daran, daß der quantenmechanische Oszillator auch im Grundzustand noch mit einer endlich großen Amplitude schwingt (sog. Nullpunktsschwingung), während der klassische Oszillator im energetisch tiefsten Zustand ruht ($A = 0$). Die Ursache für die Nullpunktsschwingung ist in der Unbestimmtheitsrelation $\overline{E}_{\mathrm{kin}} \cdot \overline{E}_{\mathrm{pot}} \geqq (h\nu/4)^2$ zu sehen, die zwischen der kinetischen und der potentiellen Energie wegen deren Inkommensurabilität besteht. Im Temperaturbereich $T \ll h\nu/k$ ist der mittlere Energieinhalt $\bar{\varepsilon}$ des quantenmechanischen Oszillators identisch mit der Energie $h\nu/2$ seines Grundzustandes, während der Energieinhalt des klassischen Oszillators mit kT verschwindet. Im Temperaturbereich $T \gg h\nu/k$ erreicht der mittlere Energieinhalt des quantenmechanischen Oszillators dagegen asymptotisch (von oben) den klassischen Wert (86). Bei $T = \Theta$ beträgt der quantenmechanische Wert des Energieinhaltes nach (92) etwa 108% des klassischen Wertes.

3.4. Wärmekapazität von Rotationsbewegungen

Ein starrer Körper beliebiger Form, der sich um eine feststehende Achse dreht, besitzt einen Freiheitsgrad, entsprechend seiner Bewegungsfreiheit um den Winkel φ. Die Hamilton-Funktion dieser Drehbewegung lautet

$$\mathscr{H} = \frac{1}{2I} p_\varphi^2 + \Phi(\varphi)\,, \tag{93}$$

wobei der erste Summand die kinetische und der zweite Summand die potentielle Energie beschreibt. $p_\varphi \equiv I\, d\varphi/dt$ ist der zur Winkelvariablen φ kanonisch konjugierte Impuls, I das Trägheitsmoment des Körpers um die Drehachse.[24]

Ist die Rotation des Körpers frei, d. h. besitzt die potentielle Energie, unabhängig von dem Winkel φ, überall den gleichen Wert, so genügt (93) den Voraussetzungen des Gleichverteilungssatzes (Abschn. II.3.1). Die klassische Wärmekapazität der Drehbewegung beträgt dann dementsprechend

$$c_V^{\mathrm{rot'}} = \frac{1}{2} k \mathrel{\hat{\approx}} 1 \text{ cal mol}^{-1}\,\text{Grad}^{-1}\,. \tag{94}$$

24 Das Trägheitsmoment eines beliebig geformten Körpers bezogen auf eine Achse ist definiert als

$$I \equiv \int_V \varrho(x;y;z)\, r^2(x;y;z)\, dx\, dy\, dz$$

mit $\varrho(x;y;z)$ als Massendichte am Ort $(y;x;z)$ und r als Abstand des Ortes $(x;y;z)$ von der betreffenden Achse. Zu integrieren ist über das gesamte Volumen V des Körpers. Handelt es sich um einen einzelnen Massenpunkt m, der im festen Abstand r um die Achse läuft, so gilt $I = mr^2$.

Faßt man (93) als quantenmechanischen Hamilton-Operator auf und wählt $\Phi = \text{const.} \equiv 0$ als Bezugsgröße der Energie, so erhält man als Energie-Eigenwerte der freien Rotation um eine feste Achse[25]

$$\varepsilon_n = \frac{h^2}{8\pi^2 I} n^2\,, \quad \text{mit } n = 0, 1, 2, 3, \ldots$$

Dabei sind alle Eigenwerte, mit Ausnahme des Grundzustandes, einfach entartet. Für die quantenmechanische Zustandssumme der freien Rotation um eine feste Achse folgt also nach (54c)

$$q_{\text{rot}'} = 2 \sum_{n=0}^{\infty} e^{-\frac{\Theta_{r'}}{T} n^2} - 1\,, \tag{95a}$$

$$\Theta_{r'} \equiv \frac{h^2}{8\pi^2 I k}\,. \tag{95b}$$

Die Summe (95a) läßt sich nun nicht mehr, wie das bei dem harmonischen Oszillator der Fall war, in geschlossener Form als Funktion der Temperatur ausdrücken. Man ist daher schon bei einem scheinbar so einfachen Problem, wie dem der freien Rotation um eine feste Achse, bei der Berechnung der Wärmekapazität auf Näherungen (z. B. Reihenentwicklungen) angewiesen.

Im Temperaturbereich $T \gg \Theta_{r'}$ kann man, da die Exponenten dann sehr dicht liegen, die Summe in (95a) durch ein unmittelbar auswertbares Integral ersetzen.[26] Für die Wärmekapazität erhält man dann auch aus (95) den klassischen Wert (94). Da $\Theta_{r'}$ bei molekularen Rotatoren oft sehr klein ist, erstreckt sich die Gültigkeit dieser Näherung meist bis zu recht tiefen Temperaturen herab.[27]

Molekulare Rotatoren mit fester Achse können im übrigen aber nur in wenigen Ausnahmefällen als wirklich frei behandelt werden. Im allgemeinen ist die potentielle Energie Φ in (93) auf Grund der Nachbarschaftsverhältnisse keine Konstante. Sie besitzt vielmehr als Funktion von φ meist mehrere Maxima und Minima. Man spricht dann von gehinderter Rotation. Zwei Grenzfälle führen im Falle der gehinderten Rotation zu einer einfachen Abschätzung der Wärmekapazität:

1. Ist $\Phi^A_{\max}$ der Betrag des absoluten Maximums und $\Phi^A_{\min}$ der Betrag des absoluten Minimums von $\Phi(\varphi)$, so kann die gehinderte Rotation im Temperaturbereich $T \gg (\Phi^A_{\max} - \Phi^A_{\min})/k$ in guter Näherung als frei

25 Vgl. z. B. Pauling-Wilson (1935).

26 Es gilt $\int_0^{+\infty} e^{-\frac{\Theta_{r'}}{T} n^2} dn = \frac{1}{2}\left(\frac{\pi T}{\Theta_{r'}}\right)^{1/2}$.

27 Setzt man in (95b) die Zahlenwerte für π, h und k in cgs-Einheiten ein und bezieht in I die Massen auf Atom- bzw. Molekulargewichte und r auf Ångström-Einheiten, so folgt $\Theta_{r'} = 24/I$. Ist also $I \geqq 1$, so gilt $\Theta_{r'} \leqq 24$ °K. Für eine um ihre Symmetrieachse rotierende CH_3-Gruppe z. B. ist in diesen Einheiten $I = 3.3$, d. h. $\Theta_{r'} \approx 7$ °K.

betrachtet werden. Ist darüber hinaus auch noch $(\Phi^A_{max} - \Phi^A_{min})/k \geqq \Theta_{r'}$, so ist der Beitrag der Rotation in diesem Temperaturbereich durch (94) gegeben.

2. Gilt für alle (relativen) Maxima und Minima $(\Phi_{max} - \Phi_{min})/k \gg T$, so hält sich der Körper mit großer Wahrscheinlichkeit in der Umgebung eines Minimums der potentiellen Energie auf. In dieser Umgebung kann der Verlauf der potentiellen Energie stets in guter Näherung durch eine Parabel beschrieben werden[28]. Es gilt dann $\Phi(\varphi) = a\varphi^2$. Einsetzen dieses Ausdruckes in (93) führt auf einen zu (84) gleichwertigen Hamilton-Operator. Die gehinderte Rotation „degeneriert" also in diesem Temperaturbereich zu Schwingungen um ein Minimum von Φ (Librationen). Der Beitrag der gehinderten Rotation zur Wärmekapazität ist bei genügend tiefen Temperaturen durch (89) gegeben.

Im Zwischenbereich ist schon die exakte Lösung der (93) zugeordneten Schrödinger-Gleichung nicht mehr möglich. Man ist daher hier vollständig auf numerische Verfahren angewiesen. Tabellen der Wärmekapazität der gehinderten Rotation für den relativ einfachen Potentialverlauf

$$\Phi(\varphi) = \Phi_{max} \sin^2\left(\frac{\sigma}{2}\varphi\right)$$

mit σ Maxima der gleichen Höhe Φ_{max}, finden sich z. B. bei Pitzer und Gwinn (1942). Der Verlauf der Wärmekapazität in Abhängigkeit von der Temperatur für $\sigma = 3$ und einige Werte von Φ_{max} als Parameter ist in Abb. III.6 dargestellt. Danach übersteigt die Wärmekapazität der gehinderten Rotation bei tieferen Temperaturen zunächst die Wärmekapazität der freien Rotation, fällt jedoch nach dem Durchlaufen eines Maximums bei höheren Temperaturen auf den klassischen Wert (94) ab. Die gehinderte Rotation gibt also ein Beispiel dafür, daß die Wärmekapazität eines Systems nach Erreichen eines Maximalwertes mit steigender Temperatur wieder abnehmen kann, auch wenn das System unendlich vieler, energetisch verschiedener Zustände ohne obere Grenze fähig ist. Die Ursache hierfür liegt darin begründet, daß der gehinderte Rotator, wie der Oszillator, zunächst Wärme sowohl in Form von kinetischer, als auch in Form von potentieller Energie speichert, bei höheren Temperaturen dagegen, bei denen das Hinderungspotential gegenüber der mittleren Energie des Rotators nicht mehr ins Gewicht fällt, weitere Wärmezufuhr nur noch eine Vermehrung der kinetischen Energie bewirken kann. Die Zahl der wirksamen mechanischen Freiheitsgrade wird dabei weder vermehrt noch vermindert.

Ist die Drehachse des Körpers nicht feststehend, so liegt ein Kreisel vor. Auf dessen Bewegungsmöglichkeiten und Beitrag zur Wärmekapa-

28 Das beruht auf der Möglichkeit $\Phi(\varphi)$ als Funktion von φ in der Umgebung eines Minimums in eine Taylor-Reihe zu entwickeln; vgl. Abschn. II.4.1.

zität sowie auch auf die mögliche Kopplung der Rotationsbewegungen von Molekülen mit den inneren Schwingungen und den Freiheitsgraden des Kernspins können wir hier nicht näher eingehen und müssen auf die Literatur verweisen.[29] Erwähnt sei nur, daß auch die Hamilton-Funktion des freien Kreisels den Bedingungen des Gleichverteilungssatzes genügt, so daß sein klassischer Beitrag zur Wärmekapazität, entsprechend seinen drei Rotations-Freiheitsgraden

$$c_V^{\text{top}} = 3k/2 \approx 3 \text{ cal mol}^{-1} \text{ Grad}^{-1}$$

beträgt. Ist das Trägheitsmoment um eine der Hauptträgheitsachsen verschwindend klein (das ist in Näherung z. B. bei starren linearen Molekülen der Fall), so reduziert sich der Beitrag zur Wärmekapazität auf

$$c_V^{\text{rot}} = k \approx 2 \text{ cal mol}^{-1} \text{ Grad}^{-1} .$$

4. Beitrag der Gitterschwingungen zur Wärmekapazität[30]

Section II.4 treats the spectra of lattice vibrations and the contribution of the lattice vibrations to the heat capacity. In the harmonic approximation (Section II.4.1) the complicated motion, carried out by the centers of masses of the coupled N lattice elements of a solid (the so-called lattice vibrations), is equivalent to the motion of $3N$ virtual, one-dimensional, harmonic oscillators which are independent of each other. The coordinates of these oscillators are called normal coordinates, their movements normal modes. The internal energy and thus the heat capacity of the solid are composed additively of the contributions made by the single normal modes. For the heat capacity one obtains within the classical theory the rule of Dulong and Petit, within the quantum mechanical theory the summation (112). The calculation of the heat capacity according to Eq. (112) requires the spectrum of the frequencies of the normal modes to be ascertained. This is theoretically possible by means of the so-called secular equation (106) and experimentally by the aid of inelastic scattering of thermal neutrons or by X-ray scattering.

In general, substantial simplifications which allow a solution of the secular equation are obtained only, however, if the lattice elements of the solid are arranged periodically (section II.4.2). In the case of a primitive Bravais lattice the secular equation generates three frequency branches which correspond to the three possible independent orientations of the polarization vectors of the lattice waves and are called acoustical branches since they come up to the relation (117) (with c_p as velocity of sound) in the limit of large wavelengths. In the case of a non-primitive lattice, the elementary cells of which contain n lattice units, $3(n\text{-}1)$ optical branches are to be added to the three acoustical branches which, in certain circumstances, are separated from each other as well as from the acoustical branches by energy gaps. The fact that a real solid has a finite heat capacity, while the (infinitely extended) periodic lattice shows an infinitely great heat capacity, is taken into account by

29 Zum Beispiel Mayer-Mayer (1940), Fowler-Guggenheim (1949), Herzberg (1945, 1950), Münster (1956). Zur reinen Mechanik komplizierter Rotationsbewegungen vgl. man z. B. Goldstein (1950), zur Quantenmechanik z. B. Pauling-Wilson (1935).

30 Vgl. Schrödinger (1926); Born, Bollnow (1927); Born, Huang (1954); Blackman (1955); Leibfried (1955); De Launay (1956); Maradudin, Montroll, Weiss (1963).

the periodic boundary condition and by normalizing the density of frequencies to $3N$ degrees of freedom. The vibrational spectrum of a periodic lattice is given its character by analytic singularities in the frequency distribution. They are due to the critical points of the surfaces $\omega(\mathfrak{k}) = \text{const.}$ in the wave number space which are necessarily caused by the discontinuity of the lattice and at which the group velocity $\mathfrak{v}$ of the lattice waves disappears.

The lattice vibration spectra of different isolated chains (Section II.4.3.1) represent most simple examples of the general theory and afford a first insight into the effect of the configuration and conformation on the spectrum of real polymer chains. For calculation of the heat capacity of polymers in the solid state they do not suffice, however; because the intermolecular interaction forces (also in first order approximation) play a non-negligible part, mainly at lower temperatures.

An insight into the circumstances with regard to polymers in the crystalline state is given by the Stockmayer-Hecht-model (Section II.4.3.2). Compared with the structure of real polymer crystals, the structure of this model is, no doubt, rather simple, but it comprises the two most important characteristica of all polymer-made crystals: The strong anisotropy and the stiffness of the chains. By means of the model it becomes evident that the intermolecular forces change completely the spectrum of an isolated chain in the lower part (i.e. according to the strength of the interaction forces and the amount of the vibrating masses up to some 10^{12} sec^{-1}). In the upper part, however, they can be considered (in certain circumstances) as perturbations. The strong anisotropy of the interaction forces which is due to the great difference between the intra- and intermolecular bonding of the chain units leads to the lattice waves in polymer crystals being polarized, in general, neither longitudinally nor transversely. If, however, the interaction between chain units and their second nearest neighbours in the adjacent chains is very small, compared to the interaction between nearest neighbours in adjacent chains, one can distinguish between the vibrations connected with displacements of the chain units along the direction of the chains (stretching modes) and the vibrations connected with displacements of the chain units perpendicular to the direction of the chains (bending modes). The trend of the heat capacity of a polymer with temperature is qualitatively described by the Eqs. (133)—(135).

The Stockmayer-Hecht-model deserves to be valued in consideration of the fact that the approximation methods of Debye and Tarasov (Section II.4.4) to estimate the lattice vibration spectrum and the heat capacity of polymers are useful only to a limited extent. The validity of the Debye approximation for polymers is confined to a temperature interval of about $0 \leq T \leq 10°$ K. This is due to the fact that, at higher temperatures, the dispersion of the lattice waves as well as the anisotropy of the polymer crystals take effect. The Tarasov approximation considers, no doubt, the anisotropy but neglects the stiffness of the chains. That is why it leads to erroneous statements as to the contribution of the bending modes to the heat capacity.

At higher temperatures the anharmonicity of the lattice vibrations has to be considered also (Section II.4.5). As far as substances with larger thermal expansion are concerned, the anharmonic terms Φ_3 and Φ_4 in the progression (98) for the potential energy lead to an increase of the heat capacity, linear with temperature, that exceeds the value of Dulong and Petit. The terms Φ_5 and Φ_6 (and the next higher powers of Φ_3 and Φ_4) cause a further increase of the heat capacity, proportional to T^2. With regard to polymers the effect of the anharmonicity has not been investigated yet. In consideration of the fact, however, that polymers, owing to their small entropy of melting, have a melting point which, in comparison to the intermolecular forces, is high, an influence on the heat capacity is to be expected.

Like the higher anharmonic terms in (98) defects (like chain branching, end-groups, gauche-conformations, vacancies, surfaces of the crystals, etc.) influence the heat capacity in a similar way.

The lattice vibration spectrum of a solid can already be understood and (at least in principle) be calculated by the aid of the classical mechanics. To the contrary, it is only possible on the basis of quantum mechanics to comprehend the relation between lattice vibrations and heat capacity. In case, however, that the harmonic approximation is gone beyond, some difficulties are connected with the quantum mechanics in the usual sense as well. This is due to the fact that, in general, difficulties will arise when solving the so-called many-body problem, as soon as a system of interacting particles can no longer be transformed to a system of interaction-free (quasi-)particles. In such case the methods of the quantum field theory offer new possibilities. As these methods are of fundamental importance also with regard to the anharmonic theory of the heat capacity of solids, the aspects of quantum field theory are touched in Section II.4.6.

4.1. Born-von Kármánsche Theorie (Harmonische Näherung)[31]

Im folgenden betrachten wir einen Festkörper als eine Ansammlung von N strukturlosen Massenpunkten. Wir nehmen also an, daß sich die inneren Freiheitsgrade und die Freiheitsgrade der Rotation seiner Bausteine vollständig von den Freiheitsgraden der Translation separieren lassen und interessieren uns ausschließlich für die Schwerpunktsbewegung der Bausteine, d. h. für die sog. Gitterschwingungen[32]. Über die Anordnung der Massenpunkte setzen wir zunächst nichts voraus. Die Resultate dieses Abschnittes (II.4.1) gelten daher, wenigstens im Prinzip, sowohl für Festkörper im kristallinen als auch im glasartigen Zustand.[33]

Bezeichnen wir mit M_j die Masse des j-ten Bausteines, mit $\mathfrak{s}_j$ die Verschiebung seines Schwerpunktes aus der Gleichgewichtslage und mit $\mathfrak{K}_j$ die (Zentral-) Kraft, die auf den j-ten Baustein einwirkt, so werden die möglichen Schwerpunktsbewegungen der Bausteine des Festkörpers nach dem zweiten Newtonschen Axiom beschrieben durch die Differentialgleichungen

$$M_j \frac{d^2 \mathfrak{s}_j}{dt^2} = \mathfrak{K}_j, \quad (j = 1 \ldots N). \tag{96a}$$

Bezeichnen wir mit s_j bzw. K_j die (kartesischen) Komponenten der Verschiebungs- bzw. Kraftvektoren und numerieren diese von 1 bis $3N$ fort-

31 Born, v. Kármán (1912, 1913).

32 Soweit die Rotationsbewegungen der Bausteine zu Schwingungen (Librationen) degenerieren (Abschn. II.3.4), lassen sie sich ohne weiteres in den folgenden Formalismus einfügen.

33 Der Glaszustand ist dann allerdings als gehemmter Quasi-Gleichgewichtszustand zu betrachten. Die gitterdynamischen Einheiten des Glases müssen sich in ihrer Mehrheit über genügend lange Zeiträume in meta-stabilen Zuständen aufhalten, die eine Entwicklung der Form (97)—(100) erlauben.

laufend durch, so können wir an Stelle von (96a) auch

$$M_j \frac{d^2 s_j}{dt^2} = K_j\,,\; (j = 1 \ldots 3N) \tag{96b}$$

schreiben.[34]

Sind äußere Kräfte nicht vorhanden, so rühren die Kraftkomponenten K_j allein von der Wechselwirkung der Bausteine untereinander her. Einen allgemeinen Ansatz für diese Wechselwirkungskräfte erhält man, wenn man annehmen darf, daß sie sich aus einem Potential

$$\Phi = \Phi(s_1 \ldots s_{3N})$$

herleiten lassen:[35]

$$K_j = -\frac{\partial \Phi}{\partial s_j}\,,\; (j = 1 \ldots 3N)\,. \tag{97}$$

Von Φ hat man zwar meist nur recht ungenügende Kenntnis. Sind jedoch die Auslenkungen s_j klein gegenüber dem Abstand der Massenpunkte, so läßt sich Φ in eine Taylor-Reihe

$$\Phi = \Phi_0 + \sum_\mu \Phi_\mu\,;\; \Phi_\mu \equiv \frac{1}{\mu!}\left[\sum_j s_j \left(\frac{\partial}{\partial s_j}\right)_0\right]^\mu \Phi \tag{98}$$

um die Gleichgewichtslage der Massenpunkte entwickeln, die nach endlich vielen Gliedern abgebrochen werden kann. Der Index „0" bezieht hierin die betreffenden Größen auf den Gleichgewichtszustand. $\Phi_0 = \Phi(0 \ldots 0)$ ist die potentielle Gleichgewichtsenergie des Systems der Massenpunkte. Sie spielt in den Bewegungsgleichungen keine Rolle und kann gleich Null gesetzt werden.

Bei sehr tiefen Temperaturen müssen ferner die Ableitungen $(\partial\Phi/\partial s_j)_0$ verschwinden, da die Gleichgewichtslage dort durch ein Minimum der potentiellen Energie gekennzeichnet ist. In der Umgebung von $T = 0$ wird also auch

$$\Phi_1 \equiv \sum_j \left(\frac{\partial \Phi}{\partial s_j}\right)_0 s_j = 0\,.$$

Die Reihe (98) beginnt mit Φ_2 und die erste Näherung lautet

$$\Phi = \Phi_2 \equiv \frac{1}{2}\sum_j \sum_k \Phi_{jk}\, s_j\, s_k\,;\quad \Phi_{jk} = \Phi_{kj} \equiv \left(\frac{\partial^2 \Phi}{\partial s_j\, \partial s_k}\right)_0. \tag{99}$$

Dieser Ansatz führt auf harmonische Schwingungen der Bausteine des Festkörpers. Er wird daher als *harmonische Näherung* bezeichnet. Die

34 Für eine allgemeine Betrachtung ist die fortlaufende Numerierung bequem. Es ist dann $M_1 = M_2 = M_3$, $M_4 = M_5 = M_6$ usw. zu setzen. Im Falle einer periodischen Anordnung der Massenpunkte ist dagegen eine andere Numerierung vorteilhafter (vgl. weiter unten, Abschn. II.4.2).

35 Die Existenz eines solchen Potentials fordert, daß sich die Elektronen der Bausteine sämtlich im Grundzustand befinden. Bei elektrischen Isolatoren, die im Abschn. III vor allem betrachtet werden, ist diese Forderung auf Grund der hohen Anregungsenergien der Elektronen in guter Nährung erfüllt.

Kräfte (97) werden mit (99) proportional zur Auslenkung der Bausteine aus ihrer Ruhelage:

$$K_j = -\sum_k \Phi_{jk}\, s_k\,, \quad (j = 1 \ldots 3N)\,, \tag{100}$$

entsprechen also dem Hookeschen Gesetz der Elastizitätstheorie. Die Bindung zwischen dem j-ten und k-ten Baustein wird durch eine idealelastische, masselose Feder beschrieben, deren charakteristische Federkonstante unmittelbar mit Φ_{jk} verknüpft ist.

Bei höheren Temperaturen ist die Gleichgewichtslage der Bausteine nicht mehr durch ein Minimum von Φ, sondern durch ein Minimum der freien Energie F gekennzeichnet. Es gilt dann sicher $\Phi_1 \neq 0$. Die Größenordnung von Φ_1 überschreitet jedoch im allgemeinen nicht die von Φ_3, so daß die harmonische Näherung auch noch bei mäßig hohen Temperaturen gültig bleibt. Die sog. anharmonischen Glieder Φ_3, Φ_4, ... der Reihe (98) und Φ_1 spielen erst bei höheren Temperaturen eine Rolle (vgl. Abschn. II.4.5). In gleicher Weise kann man schließlich auch in der Quantenmechanik von der harmonischen Näherung ausgehen, obwohl hier, auf Grund der Inkommensurabilität der kinetischen und potentiellen Energie (vgl. Abschn. II.3.3), die Gleichgewichtslage schon bei $T = 0$ nicht mehr durch ein Minimum der potentiellen Energie gegeben ist.

Setzt man (100) in (96b) ein, so erhält man zur Beschreibung der Schwerpunktsbewegung der Bausteine eines Festkörpers das System gekoppelter Differentialgleichungen

$$M_j \frac{d^2 s_j}{dt^2} = -\sum_k \Phi_{jk}\, s_k\,, \quad (j = 1 \ldots 3N)\,. \tag{101}$$

Durch einmalige Integration über die Zeit folgt daraus die Hamilton-Funktion

$$\mathcal{H} = \sum_j \frac{1}{2M_j} p_j^2 + \frac{1}{2} \sum_j \sum_k \Phi_{jk}\, s_j s_k\,. \tag{102}$$

$\mathcal{H}$ ist also eine homogene quadratische Funktion sowohl der Impulse $p_j \equiv M_j\, ds_j/dt$, als auch der Koordinaten s_j. Wir können daraus nach Abschn. II.3.1 unmittelbar schließen, daß der klassische Beitrag der Gitterschwingungen zur Wärmekapazität eines Festkörpers, sofern nur die Auslenkungen seiner Bausteine aus der Gleichgewichtslage klein genug sind,

$$C_V = 3Nk \approx 6 \text{ cal mol}^{-1}\,\text{Grad}^{-1} \tag{103}$$

beträgt. Das ist die bekannte Dulong-Petitsche Regel.

Die einfachsten Lösungsansätze der Bewegungsgleichungen (101) lauten

$$s_j = a_j \sin(\omega t + \alpha) \text{ bzw. } s_j = a_j \cos(\omega t + \alpha)\,. \tag{104}$$

Sie beschreiben stationäre harmonische Schwingungen (mit den Amplituden a_j und der Phase α), bei denen alle Massenpunkte die gleiche Frequenz $\nu \equiv \omega/2\pi$ besitzen. Setzt man (104) in (101) ein, so folgt als Bedingungsgleichung für die Gültigkeit der Ansätze (104) das Gleichungssystem

$$\sum_k (\Phi_{jk} - M_j \omega^2 \delta_{jk})\, a_k = 0, \quad (j = 1 \ldots 3N) \tag{105a}$$

mit

$$\delta_{jk} = \begin{cases} 1, & \text{wenn } j = k \\ 0, & \text{wenn } j \neq k \end{cases}$$

oder, wenn man noch

$$M \equiv \frac{1}{3N} \sum_j M_j \quad \text{und} \quad a_k \equiv \left(\frac{M}{M_k}\right)^{1/2} b_k$$

setzt, das in j und k symmetrische Gleichungssystem

$$\sum_k \left(\frac{M}{(M_j M_k)^{1/2}} \Phi_{jk} - M\omega^2 \delta_{jk}\right) b_k = 0, \quad (j = 1 \ldots 3N). \tag{105b}$$

Sollen nicht alle Amplituden a_k bzw. b_k zugleich verschwinden (was dem Zustand absoluter Ruhe entspräche, der uns gar nicht interessiert), so hat (105b) nur dann eine Lösung, wenn die Determinate (mit $3N$ Zeilen und $3N$ Spalten)

$$\left|\frac{M}{(M_j M_k)^{1/2}} \Phi_{jk} - M\omega^2 \delta_{jk}\right| = 0 \tag{106}$$

verschwindet[36]. (106) stellt die sog. *Säkular-Gleichung* des Bewegungs-Problems dar. Sie ist eine Gleichung $3N$-ter Ordnung für ω^2 und liefert im allgemeinen für die Schwingungen (104) $3N$ mögliche reelle (Eigen-) Frequenzen $\nu > 0$. Die allgemeine Bewegung der Massenpunkte setzt sich aus einer Überlagerung dieser Schwingungen zusammen. Durch die Kopplung der Massenpunkte untereinander und ihre unter Umständen gegebene periodische Anordnung im Raum bilden sich dabei Beziehungen unter den Schwingungsamplituden benachbarter Massenpunkte aus, die zu stehenden oder fortlaufenden Wellen im Festkörper führen.

Zu jeder Lösung ω_l^2 ($l = 1 \ldots 3N$) von (106) ist durch (105b) ein ganz bestimmter Satz von Amplituden $b_1^l \ldots b_{3N}^l$ gegeben, so daß dann

$$\sum_k \left(\frac{M}{(M_j M_k)^{1/2}} \Phi_{jk} - M\omega_l^2 \delta_{jk}\right) b_k^l = 0 \tag{107}$$

gilt. Ferner kann man zeigen, daß die b_k^l die Gleichung

$$\sum_k b_k^i b_k^l = \sum_k b_i^k b_l^k = \delta_{il} \tag{108}$$

36 Vgl. z. B. Margenau, Murphy (1956) oder jedes andere Buch über lineare Transformationen und Eigenwert-Probleme. (105b) ist die sog. Eigenwert-Gleichung der Matrix mit den Elementen $M\Phi_{jk}/(M_j M_k)^{1/2}$, $M\omega^2$ sind ihre Eigenwerte, $(b_1 \ldots b_{3N})$ ihre Eigenvektoren.

erfüllen[37]. Mit Hilfe dieser b_k^l lassen sich nun die Bewegungsgleichungen (101) auf eine weit einfachere Form bringen: Führen wir über

$$s_j = \left(\frac{M}{M_j}\right)^{1/2} \sum_l b_j^l S_l \tag{109}$$

neue Koordinaten S_l ein, so folgt damit zunächst aus (101)

$$M \sum_l b_j^l \frac{d^2 S_l}{dt^2} = - \sum_l \sum_k \frac{M}{(M_j M_k)^{1/2}} \Phi_{jk} b_k^l S_l$$

und daraus mit (107)

$$M \sum_l b_j^l \frac{d^2 S_l}{dt^2} = - \sum_l M \omega_l^2 b_j^l S_l .$$

Multiplizieren wir diese Gleichung mit b_j^k und summieren über j so folgt weiter

$$M \sum_l \left(\sum_j b_j^l b_j^k\right) \frac{d^2 S_l}{dt^2} = - \sum_l M \omega_l^2 \left(\sum_j b_j^l b_j^k\right) S_l$$

oder mit (108)

$$M \frac{d^2 S_k}{dt^2} = - M \omega_k^2 S_k \, , \ (k = 1 \ldots 3N) \, . \tag{110}$$

Die Gl. (110) sind die Gleichungen der Bewegung von $3N$ untereinander völlig unabhängigen linearen harmonischen Oszillatoren mit der „reduzierten" Masse $M \equiv \sum_j M_j / 3N$ [vgl. (80) und (83) in Abschn. II.3.3]. Unabhängig von der speziellen Struktur des Festkörpers ist also die Schwerpunktsbewegung seiner untereinander durch Wechselwirkung gekoppelten N Bausteine in der harmonischen Näherung stets äquivalent der Bewegung von $3N$ untereinander völlig wechselwirkungsfreien linearen harmonischen Oszillatoren.

Als Hamilton-Funktion des Gesamtsystems der Massenpunkte erhält man mit (109) aus (102)

$$\left.\begin{aligned} \mathscr{H} &= \sum_{k=1}^{3N} \mathscr{H}_k \\ \mathscr{H}_k &= \frac{1}{2M} P_k^2 + \frac{1}{2} M \omega_k^2 S_k^2 \\ P_k &\equiv M \, dS_k/dt \end{aligned}\right\} \tag{111}$$

Die Energie des Gesamtsystems setzt sich additiv aus der Energie der einzelnen Oszillatoren (110) zusammen. Die Koordinaten S_k, in denen die Energie additiv erscheint, nennt man die *Normalkoordinaten*, die aus (110) resultierenden Schwingungen die *Normalschwingungen* des Systems. Sie beziehen sich nicht auf die einzelnen Bausteine des Festkörpers,

37 Als Komponenten der Eigenvektoren einer Matrix bilden die b_k^l nach geeigneter Normierung eine sog. Orthogonalmatrix; vgl. Margenau, Murphy (1956).

sondern, wie ohne weiteres aus der Inversion von (109) ersichtlich ist, auf den Festkörper als Ganzes.

Die Additivität der Energie überträgt sich natürlich unmittelbar auch auf die Wärmekapazität. Aus (111) folgt daher mit (89) als quantenmechanischer Beitrag der Gitterschwingungen zur Wärmekapazität eines Festkörpers (in der harmonischen Näherung)

$$C_V = k \sum_{j=1}^{3N} \left(\frac{\hbar\omega_j}{kT}\right)^2 \frac{e^{\frac{\hbar\omega_j}{kT}}}{\left(e^{\frac{\hbar\omega_j}{kT}}-1\right)^2} . \text{[38]} \qquad (112\text{a})$$

Liegen die Frequenzen ω_j sehr dicht (mit $3N$ ist auch die Zahl der Eigenfrequenzen ω_j sehr groß), so daß die Frequenzverteilung durch eine kontinuierliche Funktion $\varrho(\omega)$ beschrieben werden kann, wobei $\varrho(\omega)\,d\omega$ die Zahl der Frequenzen im Intervall $\langle\omega;\,\omega+d\omega\rangle$ angibt, so kann man an Stelle von (112a) auch

$$C_V = k \int \left(\frac{\hbar\omega}{kT}\right)^2 \frac{e^{\frac{\hbar\omega}{kT}}}{\left(e^{\frac{\hbar\omega}{kT}}-1\right)^2}\, \varrho(\omega)\, d\omega \qquad (112\text{b})$$

schreiben. Die Dichte der Schwingungszustände $\varrho(\omega)$ ist dabei so zu normieren, daß

$$\int \varrho(\omega)\, d\omega = 3N$$

wird. Auf jeden Fall ist der Beitrag der Gitterschwingungen zur Wärmekapazität errechenbar, sobald das Frequenz-Spektrum bzw. die Zustandsdichte $\varrho(\omega)$ bekannt ist.

Theoretisch ist das Frequenzspektrum eines Festkörpers aus der Säkular-Gleichung (106) zu ermitteln, sofern die Massen M_j und die Wechselwirkungsparameter Φ_{jk} bekannt sind. (106) stellt jedoch, wie bereits bemerkt, eine Gleichung $3N$-ten Grades in ω^2 dar, ist also für größere N, wenn überhaupt, im allgemeinen nur näherungsweise zu lösen. Wesentliche Vereinfachungen, die unter Umständen sogar eine exakte Lösung erlauben, ergeben sich nur bei periodischer Anordnung der Massenpunkte (vgl. Abschn. II.4.2). Im übrigen spiegeln sich aber Feinheiten des Frequenzspektrums in der Wärmekapazität gar nicht wider, da C_V nach (112) nur summativ von der Frequenzverteilung abhängt. Häufig genügen daher zur theoretischen Berechnung des Beitrages der Gitterschwingungen zur Wärmekapazität schon recht grobe Näherungen (vgl. Abschn. II.4.4).

Die experimentelle Ermittlung des Spektrums der Gitterschwingungen eines Festkörpers kann vor allem mit Hilfe der Streuung thermischer Neutronen [in bezug auf Polymere vgl. Safford, Naumann (1967),

38 $\hbar \equiv h/2\pi$

Trevino, Boutin (1967)] oder der Streuung von Röntgenstrahlung erfolgen. Der Einfluß der Gitterschwingungen auf die Röntgen-Streuung äußert sich in einer temperaturabhängigen Verminderung der Intensität der Bragg-Reflexionen (Debye-Waller-Theorie) und dem Erscheinen zusätzlicher Anhäufungen der Streustrahlung in der Umgebung der Interferenzrichtungen (Faxén-Waller-Effekt) [vgl. Born (1943) (Theorie) und Lonsdale (1943, 1948) (Experiment)]. Hieraus können im allgemeinen mittelbar Rückschlüsse auf das Spektrum der Gitterschwingungen gezogen werden.[39] Zur Ermittlung des Frequenzspektrums von Festkörpern, die aus Polymeren aufgebaut sind, eignet sich die Streuung von Röntgenstrahlen allerdings weniger, da hier den genannten Effekten die diffuse Streuung der meist vorhandenen amorphen Anteile überlagert ist [vgl. Ruland (1961)]. Bei bekannter Wärmekapazität lassen sich durch Inversion natürlich auch aus (112) einige Abschätzungen über das Frequenzspektrum gewinnen; ebenso aus der Temperaturabhängigkeit der sog. Debye-Temperatur (Abschn. II.4.4).

4.2. Gitterwellen in periodischen Strukturen

Wesentliche Vereinfachungen zur Lösung der Säkular-Gleichung (106) ergeben sich, wie gesagt, nur, wenn die Massenpunkte periodisch angeordnet sind, wenn man also unendlich ausgedehnte, ideale Kristalle betrachtet.

Im Falle eines primitiven (Bravaisschen) Kristallgitters, dessen Elementarzellen nur einen einzigen Gitterbaustein enthalten, kann man den Ort der Schwerpunkte der Gitterbausteine durch den Vektor

$$\mathfrak{r}^{\mathfrak{m}} = m_1\, \mathfrak{a}_1 + m_2\, \mathfrak{a}_2 + m_3\, \mathfrak{a}_3 \tag{113}$$

beschreiben, worin $\mathfrak{a}_1$, $\mathfrak{a}_2$, $\mathfrak{a}_3$ drei nicht-koplanare Grundtranslationsvektoren des Gitters und m_1, m_2, m_3 ganze Zahlen sind.[40] Nach Festlegung der $\mathfrak{a}_i$ und Auszeichnung eines Gitterbausteines als Bezugspunkt kann also jeder beliebige Gitterbaustein eindeutig durch ein Werte-Tripel $\mathfrak{m} \equiv (m_1;\, m_2;\, m_3)$ gekennzeichnet werden. Die Verschiebungen eines Gitterbausteines aus seiner Gleichgewichtslage können entsprechend mit $\mathfrak{s}^{\mathfrak{m}}$, deren Komponenten mit $s_j^{\mathfrak{m}}$ $(j = 1, 2, 3)$ und die Koeffizienten aus (99) mit $\Phi_{jk}^{\mathfrak{m},\mathfrak{n}} \equiv \partial^2 \Phi / \partial s_j^{\mathfrak{m}}\, \partial s_k^{\mathfrak{n}}$ bezeichnet werden.

Eine fortlaufende ebene Verschiebungswelle, die sich in einem solchen periodischen Gitter in einer bestimmten Richtung ausbreitet (vgl.

---

39 Der erste Versuch, mit Hilfe der Röntgenstreuung das Spektrum der Gitterschwingungen experimentell zu bestimmen, wurde von Olmer (1948) an Aluminium unternommen. Weitere Literatur hierzu findet sich in Maradudin, Montroll, Weiss (1963).

40 Vgl. jedes Buch über Kristallographie, z. B. Ewald (1927), Jagodzinski (1955).

Abb. II.4), wird beschrieben durch

$$s_j^{\mathfrak{m}} = A_j e^{i(\mathfrak{k}\mathfrak{r}^{\mathfrak{m}} - \omega t)}. \tag{114}$$

$\mathfrak{k}$ ist der sog. Ausbreitungs- oder Wellenzahlvektor, $\mathfrak{k}\mathfrak{r}^{\mathfrak{m}}$ das Skalarprodukt der beiden Vektoren $\mathfrak{k}$ und $\mathfrak{r}^{\mathfrak{m}}$.[41] Die Richtung des Wellenzahlvektors stimmt überein mit der Ausbreitungsrichtung der ebenen Welle. Sein Betrag (die Länge des Vektors) ist gegeben durch

$$|\mathfrak{k}| = 2\pi/\lambda,$$

ist also umgekehrt proportional zur Wellenlänge λ der Welle. Zu beachten ist dabei, daß Wellen mit Wellenlängen, die kleiner sind als der doppelte Abstand benachbarter Gitterbausteine in der Ausbreitungsrichtung, zu physikalischen Situationen führen, die bereits durch die Wellen beschrieben werden, deren Wellenlängen größer oder gleich dem doppelten Abstand der Gitterbausteine sind. Um Eindeutigkeit zu erzielen, ist daher der Wertebereich von $|\mathfrak{k}|/2\pi$ auf die erste Brillouin-Zone im reziproken Gitter zu beschränken[42]. Bei einem kubisch primitiven Gitter mit der Gitterkonstanten a bedeutet das z. B. eine Beschränkung des Wertebereiches der Komponenten k_i von $\mathfrak{k}$ auf das Intervall

$$-\frac{\pi}{a} < k_i \leqq +\frac{\pi}{a}.$$

Durch Einsetzen von (114) in (101) (nach entsprechender Umnumerierung der Koordinaten und Potentialkoeffizienten und Gleichsetzen der Massen) erhält man das (105a) entsprechende Gleichungssystem

$$\sum_k \left(\sum_{\mathfrak{n}} \Phi_{jk}^{\mathfrak{m}\,\mathfrak{n}} e^{i\mathfrak{k}(\mathfrak{r}^{\mathfrak{n}} - \mathfrak{r}^{\mathfrak{m}})} - M\omega^2 \delta_{jk}\right) A_k = 0, \quad (j = 1,2,3), \tag{115}$$

---

41 An Stelle der Lösungen (104) kann man auch deren komplexe Zusammenfassung

$$s_j = B_j e^{-i\omega t} \tag{104'}$$

verwenden. B_j ist eine komplexe Zahl und $i \equiv (-1)^{1/2}$ die imaginäre Einheit. Die komplexe Schreibweise dient jedoch lediglich der Bequemlichkeit. Von physikalischer Bedeutung bleiben allein der Real- und Imaginärteil von (104'), d.h. die Lösungen (104). Die Periodizität des Gitters verlangt für die Amplitude B_j die Darstellung $B_j = A_j \exp(i\mathfrak{k}\mathfrak{r}^{\mathfrak{m}})$, wobei in A_j noch ein beliebiger Phasenfaktor $\exp(i\alpha)$ verbleibt. Der Realteil $\cos(\mathfrak{k}\mathfrak{r}^{\mathfrak{m}} - \omega t)$ und der Imaginärteil $\sin(\mathfrak{k}\mathfrak{r}^{\mathfrak{m}} - \omega t)$ von $\exp i(\mathfrak{k}\mathfrak{r}^{\mathfrak{m}} - \omega t)$ beschreiben bis auf die Phase die gleiche ebene Welle. Zerlegt man diese beiden Teile in die Summen

$$\cos(\mathfrak{k}\mathfrak{r}^{\mathfrak{m}} - \omega t) = \cos\mathfrak{k}\mathfrak{r}^{\mathfrak{m}} \cdot \cos\omega t + \sin\mathfrak{k}\mathfrak{r}^{\mathfrak{m}} \cdot \sin\omega t,$$
$$\sin(\mathfrak{k}\mathfrak{r}^{\mathfrak{m}} - \omega t) = \sin\mathfrak{k}\mathfrak{r}^{\mathfrak{m}} \cdot \cos\omega t - \cos\mathfrak{k}\mathfrak{r}^{\mathfrak{m}} \cdot \sin\omega t,$$

so beschreiben die einzelnen Summanden stehende Wellen. Die fortlaufenden Wellen entstehen also durch Überlagerung stehender Wellen.

42 Vgl. z. B. Kittel (1963).

das eine von Null verschiedene Lösung (A_1; A_2; A_3) nur besitzt, wenn die Determinante (mit 3 Zeilen und 3 Spalten)

$$|\Xi_{jk}^{\mathfrak{m}}(\mathfrak{k}) - M\omega^2 \delta_{jk}| = 0 \tag{116a}$$

verschwindet. Zur Abkürzung wurde dabei

$$\Xi_{jk}^{\mathfrak{m}}(\mathfrak{k}) \equiv \sum_{\mathfrak{n}} \Phi_{jk}^{\mathfrak{m}\,\mathfrak{n}} e^{i\mathfrak{k}(\mathfrak{r}^{\mathfrak{n}} - \mathfrak{r}^{\mathfrak{m}})} \tag{116b}$$

gesetzt. An Stelle der einen $3N$-zeiligen Determinante (106) erhält man also im Falle eines primitiven Gitters zur Bestimmung des Frequenz-

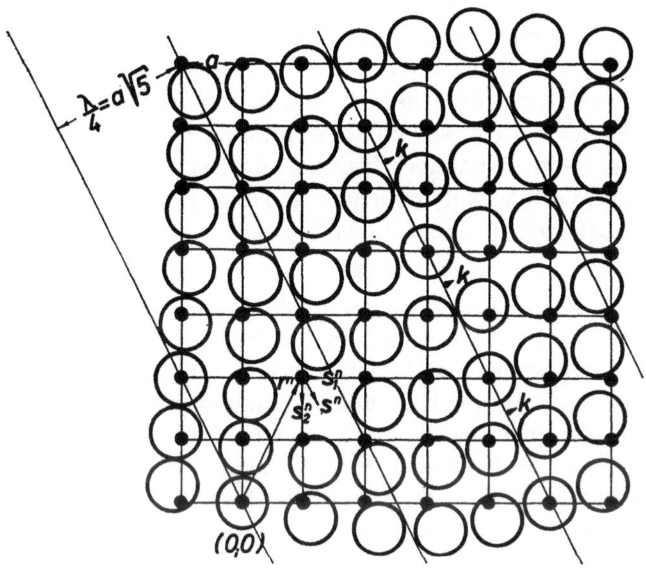

Abb. II.4. Momentanbild der (0 0 1)-Ebene eines kubisch primitiven Gitters, durch das eine transversal polarisierte ebene Gitterwelle läuft. Schwarze Punkte: Gleichgewichtslagen der Schwerpunkte der Gitterbausteine; Kreise: Momentane Lagen der Gitterbausteine. Die ebenen Wellenfronten stehen senkrecht auf der Zeichenebene und durchstoßen sie bei den schrägen dünnen Linien [d. h. verlaufen parallel zu den (2 1 0)-Ebenen].

k : Ausbreitungsrichtung der Wellen (Wellenzahlvektor),
a : Gitterabstand,
λ : Wellenlänge,
(0; 0) : beliebig ausgewählter Bezugspunkt,
r^n : Abstand des Schwerpunktes des n-ten Gitterbausteines von diesem Bezugspunkt,
s^n : Auslenkung des Schwerpunktes des n-ten Gitterbausteines,
s_1^n, s_2^n : deren Komponenten in der (0 0 1)-Ebene ($s_3^n = 0$)

spektrums des Festkörpers für jeden Gitterbaustein $\mathfrak{m}$ (d. h. für jede Elementarzelle des Gitters) eine 3-zeilige Determinante (116). Da alle Gitterbausteine identisch sind und eine identische Umgebung besitzen, genügt es eine einzige dieser Determinanten zu lösen, etwa die für $\mathfrak{m} = (0; 0; 0)$.[43]

(116) liefert für jeden möglichen Ausbreitungsvektor $\mathfrak{k}$ drei Frequenzen $\omega_p(\mathfrak{k})$, $(p = 1, 2, 3)$. Aus (115) folgt dann für jede dieser Frequenzen ein bis auf den Betrag genau festgelegter Amplitudenvektor $\mathfrak{A}_p(\mathfrak{k}) \equiv (A_{1p}; A_{2p}; A_{3p})$, der die Polarisation der Welle bestimmt. Sind die drei Frequenzen $\omega_p(\mathfrak{k})$ untereinander verschieden, so stehen die drei Vektoren $\mathfrak{A}_p(\mathfrak{k})$ aufeinander senkrecht.[44] Ist einer der Vektoren $\mathfrak{A}_p$, z. B. $\mathfrak{A}_1$, mit $\mathfrak{k}$ gleichgerichtet, so schwingen die Gitterbausteine parallel zur Ausbreitungsrichtung, die Welle mit der Frequenz $\omega_1(\mathfrak{k})$ ist longitudinal polarisiert. $\mathfrak{A}_2$ und $\mathfrak{A}_3$ stehen dann senkrecht auf der Ausbreitungsrichtung und beschreiben transversale Schwingungen der Gitterbausteine mit der Frequenz $\omega_2(\mathfrak{k})$ bzw. $\omega_3(\mathfrak{k})$. Das durch die Vektoren $\mathfrak{A}_p(\mathfrak{k})$ gebildete „Dreibein" hat jedoch nicht notwendig diese Orientierung; die Gitterwellen sind im allgemeinen weder longitudinal noch transversal polarisiert.

Für sehr kleine Werte von $|\mathfrak{k}|$ reduziert sich die durch (116) gegebene Funktion $\omega_p = \omega_p(\mathfrak{k})$ auf die Proportionalität

$$\omega_p = c_p\,|\mathfrak{k}| \text{ bzw. } \nu\lambda = c_p\,. \qquad (117)$$

Der noch von der Polarisation und der Ausbreitungsrichtung $\mathfrak{k}/|\mathfrak{k}|$ abhängige, von dem Betrag $|\mathfrak{k}|$ aber unabhängige Proportionalitätsfaktor c_p erweist sich als identisch mit der Geschwindigkeit, mit der Schallsignale den Kristall in der betreffenden Richtung durchlaufen. Die fortlaufenden Gitterwellen sind also nichts anderes als Schallwellen. Für größere Beträge $|\mathfrak{k}|$, d. h. kleinere Wellenlängen besteht dagegen dieser einfache Zusammenhang nicht mehr (vgl. z. B. Abb. II.6 in Abschn. II.4.3.1). Die sog. Gruppengeschwindigkeit

$$\mathfrak{v} = \left(\frac{\partial\omega}{\partial k_1}; \frac{\partial\omega}{\partial k_2}; \frac{\partial\omega}{\partial k_3}\right),$$

mit der sich Signale ausbreiten, wird von $|\mathfrak{k}|$ abhängig, und die Gitterwellen unterliegen einer Dispersion.[45] Der funktionelle Zusammenhang $\omega_p = \omega_p(\mathfrak{k})$ wird daher auch als *Dispersionsrelation* bezeichnet.

43 Der Index $\mathfrak{m}$ kann also in (115) und (116) ebensogut auch unterdrückt werden. Es genügt von vornherein Gl. (115) und (116) für eine der Elementarzellen aufzustellen.

44 Sind zwei Frequenzen gleich, so liegen die zugehörigen Amplitudenvektoren in einer Ebene, stehen aber nicht mehr notwendig senkrecht aufeinander. Der dritte Amplitudenvektor steht dann jedoch senkrecht auf dieser Ebene. Sind alle drei Frequenzen gleich, so liegen die Amplitudenvektoren beliebig im Raum.

45 Die einzelne Gitterwelle ist unendlich ausgedehnt, d. h. ohne Anfang und Ende. Mit ihr können keine Signale vermittelt werden. Ein reales Signal setzt sich stets aus mehreren Wellen mit verschiedenen Wellenzahlen $|\mathfrak{k}|$ zusammen (Fourier-Zerlegung des Signals). Besteht eine Abhängigkeit der Gruppengeschwindigkeit von der Wellenzahl $|\mathfrak{k}|$, so bedeutet dies, daß das Signal nach einer gewissen Zeit zerläuft. Außerdem stimmen dann im allgemeinen die Richtungen von $\mathfrak{v}$ und $\mathfrak{k}$ nicht überein. Davon unberührt bleibt die Geschwindigkeit, mit der sich die Phasen der einzelnen Wellen fortpflanzen, stets gleich dem Verhältnis $\omega_p/|\mathfrak{k}|$.

Die Summation in (116b) wäre im Prinzip über alle nur möglichen Tripel $\mathfrak{n}$ von ganzen Zahlen auszuführen. Praktisch genügt es jedoch, wenn nicht gerade weitreichende ionische Bindungen im Gitter wirksam sind, nur über die nächsten und übernächsten Nachbarn des Gitterbausteines $\mathfrak{m}$ und evtl. auch noch über etwas weiter entfernte Nachbarn zu summieren. Die Berechnung der Matrix Ξ_{jk} birgt daher bei bekannten Potentialkoeffizienten Φ_{jk} keine Schwierigkeiten. Die Ermittlung der verbleibenden Koeffizienten Φ_{jk}, die unmittelbar mit den die Bindungen beschreibenden Federkonstanten zusammenhängen, kann z. B. über die experimentelle Ermittlung der elastischen Konstanten des Gitters bzw. der Schallausbreitung, der Ultrarot- und Raman-Spektren des betreffenden Festkörpers und durch Neutronen- oder Röntgen-Streuexperimente erfolgen.

Im Falle eines nicht-primitiven Gitters müssen den Bausteinen jedes darin enthaltenen primitiven Gitters eigene Schwingungsamplituden zugeordnet werden. Sind in der Elementarzelle des nicht-primitiven Gitters insgesamt n Gitterbausteine enthalten, so treten an Stelle des Ansatzes (114) die n Lösungsansätze

$$\overset{\mathfrak{m}}{\underset{j}{s^{\mu}}} = A_j^{\mu} e^{i(\mathfrak{k}\mathfrak{r}_{\mu}^{\mathfrak{m}} - \omega t)}, \quad (\mu = 1 \ldots n; j = 1,2,3)\,. \tag{118}$$

Mit $\mathfrak{m} = (m_1; m_2; m_3)$ werden hierin die Elementarzellen, mit μ die Gitterbausteine innerhalb einer Elementarzelle und mit j die drei Raumrichtungen numeriert.

(118) liefert an Stelle von (116) eine Säkular-Determinante mit $3n$ Zeilen und $3n$ Spalten. Im Falle eines nicht-primitiven Gitters mit n Bausteinen pro Elementarzelle erhält man folglich zu jedem $\mathfrak{k}$-Wert im allgemeinen $3n$ Schwingungsfrequenzen. Unter diesen $3n$ Schwingungen befinden sich, wie im Falle des primitiven Gitters, wiederum drei Schwingungen, für die mit $|\mathfrak{k}| \to 0$ die einfachen Beziehungen (117) gelten. Man nennt diese Schwingungen daher akustische Schwingungen. Die drei entsprechenden Funktionen $\omega_p = \omega_p(\mathfrak{k})$ bezeichnet man als „akustische Zweige" des Gitterspektrums. Die restlichen $3(n - 1)$ Schwingungen nennt man optische Schwingungen und spricht davon, daß sie den „optischen Zweigen" des Gitterspektrums zugehören. Diese etwas irreführende Bezeichnung rührt daher, daß im Grenzfalle kleiner $|\mathfrak{k}|$-Werte die optischen Zweige Bewegungen beschreiben, bei denen die einzelnen im nicht-primitiven Gitter enthaltenen primitiven Gitter unter sich starr gegeneinander schwingen. Handelt es sich um Ionen-Kristalle, bei denen die primitiven Gitter verschiedene elektrische Ladungen tragen, so wird durch diese Bewegungen ein mit der Frequenz sich zeitlich änderndes Dipolmoment erzeugt. Das heißt die Schwingungen sind mit der Ausstrahlung elektro-magnetischer Wellen verbunden und können umgekehrt durch Einstrahlung elektro-magnetischer Wellen der gleichen Frequenz

erregt werden; die Schwingungen sind optisch aktiv. Die Bezeichnungen „optische Schwingungen“ und „optische Zweige“ behält man nun auch im Falle nicht-ionischer Kristalle bei, obwohl hier die Frage nach der optischen Aktivität stets einer zusätzlichen Untersuchung bedarf.

Im übrigen aber sind in einem unendlich ausgedehnten Kristall alle nur möglichen $\mathfrak{k}$-Werte aus der ersten Brillouin-Zone, d. h. unendlich viele $\mathfrak{k}$-Werte, zugelassen. Aus der Säkular-Gleichung folgen somit, entsprechend der Zahl der Freiheitsgrade, $3n$ Scharen unendlich vieler Eigenfrequenzen. Außerdem besitzt der unendlich ausgedehnte Festkörper eine unendlich große Wärmeaufnahmefähigkeit und ist keinerlei Randbedingungen zu unterwerfen. Ein solches Gebilde scheint zunächst im Hinblick auf die Berechnung der Wärmekapazität realer Festkörper uninteressant. Einen Angleich an die wahren Verhältnisse kann man jedoch durch den folgenden Kunstgriff erreichen: Man teilt den fiktiven unendlich ausgedehnten Kristall in gleich große, periodisch angeordnete Volumina ein, die vergrößerte Abbilder seiner Elementarzellen darstellen und nur endlich viele Gitterbausteine enthalten. Von den Auslenkungen (114) bzw. (118) der Gitterbausteine aus ihrer Gleichgewichtslage verlangt man, daß sie die gleiche Periodizität besitzen, wie die Anordnung der Volumina (sog. *periodische Randbedingung*). Wird dann die Zahl N_c der im Periodizitätsvolumen enthaltenen Elementarzellen nicht zu klein gewählt, so entspricht die periodische Randbedingung ziemlich weitgehend (wenn auch nicht exakt) der Randbedingung eines konstanten Volumens. Insbesondere beschränkt sie die Zahl der zulässigen $\mathfrak{k}$-Werte aus der ersten Brillouin-Zone auf N_c, so daß aus der Säkular-Gleichung, entsprechend der endlichen Zahl der Freiheitsgrade des Periodizitätsvolumens, insgesamt $3nN_c$ Eigenfrequenzen folgen. Ein einzelnes Periodizitätsvolumen wird damit vergleichbar mit einem realen, der Randbedingung konstanten Volumens unterworfenen Kristall, bei dem Defekte und Oberflächen nur eine untergeordnete Rolle spielen. Für große N_c stimmen die Frequenzspektren beider praktisch überein. Die Dichte der Schwingungszustände, die man mit der periodischen Randbedingung errechnet, stimmt bei großen N_c aber auch bis auf einen Normierungsfaktor mit der Zustandsdichte des unendlich ausgedehnten Kristalles überein. Zur Berechnung der Wärmekapazität eines realen Kristalles kann daher durchaus die Zustandsdichte des unendlich ausgedehnten idealen Kristalles herangezogen werden, wenn nur der reale Kristall nicht zu klein ist und die Zustandsdichte auf eine endliche Zahl von Freiheitsgraden normiert wird (vgl. das Beispiel des linearen primitiven Gitters in Abschn. II.4.3.1).

Das Schwingungsspektrum eines unendlich ausgedehnten Gitters ist innerhalb der einzelnen Frequenzzweige dicht und daher mit einer kontinuierlichen Funktion $\varrho(\omega)$ zu beschreiben. Zwischen den Zweigen können jedoch Lücken mit $\varrho(\omega) = 0$ entstehen. Sein charakteristisches Gepräge erhält das Spektrum durch die Null-, Unendlichkeits- und Unstetigkeitsstellen der Funktionen $\varrho(\omega)$ und $d\varrho/d\omega$, die man als *Singularitäten* bezeichnet. Sie rühren von den auf Grund der Diskontinuität des Gitters notwendig auftretenden kritischen Punkten (wie Maxima, Minima und Sattelpunkte) der Flächen $\omega(\mathfrak{k}) = \text{const.}$ her[46], an denen die Gruppengeschwindigkeit $\mathfrak{v}$ verschwindet [vgl. van Hove (1953)]. Im Gegensatz zum Schwingungsspektrum eines kontinuierlichen Mediums besitzt $\varrho(\omega)$ eines Gitters stets eine endliche obere Grenze ω_{max}. Wellen mit Frequenzen, die außerhalb des Spektrums liegen, breiten sich im Gitter nicht aus, sondern unterliegen einer starken Dämpfung.

Auch die gegenüber (106) stark vereinfachte Säkular-Gleichung (116) (bzw. die dem Ansatz (118) entsprechende Säkular-Gleichung) liefert allerdings nur in wenigen Fällen einen in allgemeiner Form auswertbaren, geschlossenen analytischen Ausdruck für das Spektrum der Gitterschwingungen. Man ist daher fast stets auf weitere Näherungen oder numerische Lösungsverfahren angewiesen. Die logisch einfachste Methode zur Berechnung des Frequenzspektrums (die jedoch, wenn sie brauchbare Resultate liefern soll, eine umfangreiche Rechnung erfordert) besteht darin, daß man eine möglichst große Zahl von zulässigen $\mathfrak{k}$-Werten vorgibt, für diese $\mathfrak{k}$-Werte die Frequenzen ω aus der Säkular-Gleichung numerisch errechnet und aus den so erhaltenen Punkten $\omega = \omega(\mathfrak{k})$ die Funktion $\omega = \omega(\mathfrak{k})$ bzw. die Dichte $\varrho(\omega)$ interpoliert (sog. *root sampling method*). Dabei kann der Bereich, aus dem die vorzugebenden $\mathfrak{k}$-Werte zu wählen sind, häufig schon von vornherein durch Symmetriebetrachtungen stark eingeschränkt werden. Der Nachteil dieser Methode ist, daß kritische Punkte der Flächen $\omega(\mathfrak{k}) = \text{const.}$ bzw. Singularitäten des Spektrums unter Umständen verlorengehen.

4.3. Gitterspektren von Kettenmolekülen

4.3.1. Spektren isolierter Ketten

Den einfachsten Fall eines Gitters bildet die eindimensionale, unendlich lange, lineare Kette, bei der gleiche Massen M in gleichem Abstand a auf einer Geraden angeordnet sind (Abb. II.5)[47]. Im streng eindimensionalen Fall ist diese Kette nur longitudinaler Schwingungen fähig. Der Wellenzahlvektor degeneriert zu einem Skalar k, das positives oder negatives Vorzeichen besitzt, je nachdem die Gitterwellen von rechts nach links oder von links nach rechts laufen. Bei alleiniger Berücksichtigung

46 $\mathfrak{k}$ ist ein (dreidimensionaler) Vektor. Daher beschreibt die skalare Funktion $\omega(\mathfrak{k}) \equiv \omega(k_1; k_2; k_3) = \text{const.}$ eine Fläche im dreidimensionalen $\mathfrak{k}$-Raum.

47 Vom rein mechanischen Standpunkt kann man die eindimensionale lineare Kette zugleich auch als das einfachste Beispiel eines Kristalles ansehen. Vom thermodynamischen Standpunkt aus ist das jedoch nicht möglich, da eine eindimensionale Kette keine Phasenumwandlung und auch keine Umwandlung höherer Ordnung durchlaufen kann [vgl. Münster (1956), § 7.7, dort weitere Literatur].

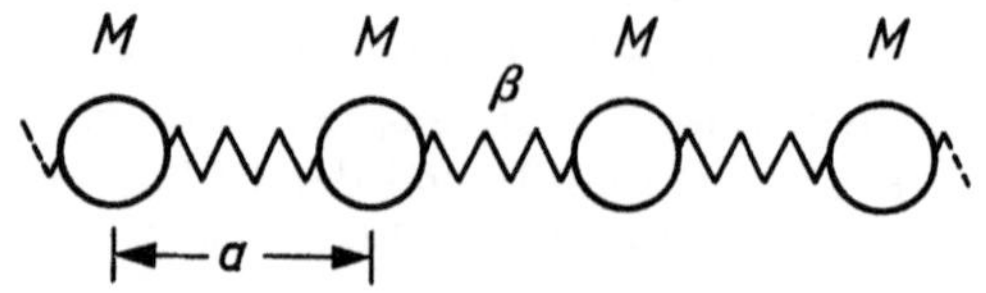

Abb. II.5. Ausschnitt aus einer linearen Kette aus gleichen Massenkugeln M, die im Abstand a angeordnet und mit Federn der Stärke β verbunden sind

der Wechselwirkung zwischen den nächsten Nachbarn (Approximation der Bindungen zwischen den direkt benachbarten Kettengliedern durch Hookesche Federn mit der Federkonstanten β) erhält man an Stelle der Säkular-Gleichung den einfachen Zusammenhang

$$\omega(k) = \left(\frac{4\beta}{M}\right)^{1/2} \left|\sin\frac{ka}{2}\right|, \tag{119}$$

wobei die Werte von k auf die erste Brillouin-Zone der Kette, d. h. auf das Intervall

$$-\frac{\pi}{a} < k \leqq +\frac{\pi}{a}$$

beschränkt sind. Dieser Zusammenhang ist in Abb. II.6 dargestellt. Für kleine k-Werte gilt $\sin(ka/2) \approx ka/2$, d. h. (119) reduziert sich auf (117), mit der Schallgeschwindigkeit $c_l = a(\beta/M)^{1/2}$.

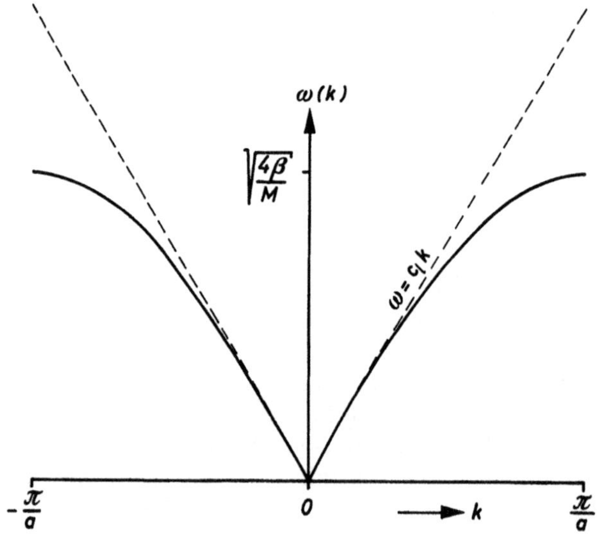

Abb. II.6. Abhängigkeit der Frequenz ω von der Wellenzahl k (Dispersionsrelation). *Ausgezogene Kurve:* für die Longitudinalschwingungen einer unendlich langen, linearen Kette mit diskreter Massenverteilung (Abb. II.5), nach Gl. (119); *gestrichelte Linie:* für die Longitudinalschwingungen eines unendlich ausgedehnten, eindimensionalen, dispersionslosen Kontinuums (Abschn. II.4.4); c_l: Schallgeschwindigkeit. (Negative Wellenzahlen bedeuten, daß die Wellen entlang der Kette von links nach rechts, positive, daß die Wellen von rechts nach links laufen)

Aus (119) bzw. Abb. II.6 erkennt man unmittelbar, daß es (auf Grund der Symmetrie der Kette) genügt, sich bei der Ermittlung der Zustandsdichte $\varrho(\omega)$ auf den Wertebereich $0 \leqq k \leqq \pi/a$ zu beschränken, wenn man nur den Beitrag jedes von Null verschiedenen k-Wertes zu $\varrho(\omega)$ doppelt zählt. Weiterhin ist ersichtlich, daß sich das Spektrum von der Frequenz $\omega = 0$ bis zu einer Maximalfrequenz $\omega_{\max} = (4\beta/M)^{1/2}$ erstreckt[48]. Da die Zahl der möglichen Schwingungen pro Intervall $\langle k; k + dk \rangle$ unabhängig von dem speziellen k-Wert stets dieselbe ist und folglich

$$\varrho(\omega)\, d\omega = C\, dk \tag{120}$$

gilt, muß ferner die Frequenzdichte $\varrho(\omega)$ bei kleinen Frequenzen praktisch konstant sein und bei $\omega_{\max}$ eine Häufungsstelle besitzen. Explizite

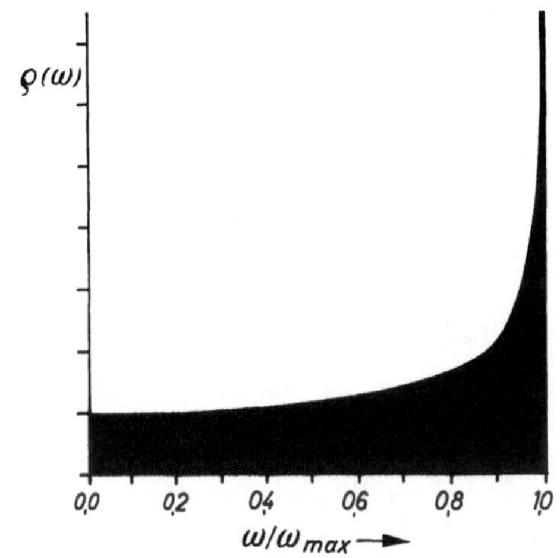

Abb. II.7. Zustandsdichte $\varrho(\omega)$ der Longitudinalschwingungen einer unendlich langen, linearen Kette aus gleichen Massen (Abb. II.5), nach Gl.(121)

folgt aus (119) und (120) für das Frequenzspektrum der longitudinalen Schwingungen einer unendlich langen, eindimensionalen, linearen Kette mit gleichen Massen bis auf einen Normierungsfaktor die Dichte[49]

$$\varrho(\omega) = C \left(\frac{d\omega}{dk}\right)^{-1} = \frac{2C}{a} (\omega_{\max}^2 - \omega^2)^{-1/2} \tag{121}$$

(vgl. Abb. II.7).

48 Die Maximalfrequenz ist nach (83) die Frequenz eines harmonischen Oszillators mit der Federstärke 2β und den Massen $m_1 = m_2 \equiv M$. Mit der Federkonstanten $\beta = 2.3 \cdot 10^5$ dyn cm^{-1}, wie sie nach Tasumi, Shimanouchi, Miyazawa (1962) der C–C-Bindung in Polymethylen entspricht, und der Masse $M = 23.4 \cdot 10^{-24}$ gr einer CH_2-Gruppe folgt z. B. als Maximalfrequenz $\omega_{\max} = 2.0 \cdot 10^{14}$ sec^{-1} bzw. $\nu_{\max} = 3.2 \cdot 10^{13}$ sec^{-1}.

49 $\varrho(\omega)$ ist also umgekehrt proportional zur Gruppengeschwindigkeit $d\omega/dk$ der Wellen. Im Prinzip gilt ein analoger Zusammenhang auch im Falle eines dreidimen-

Im Falle des eindimensionalen Gitters bestehen im übrigen keine Schwierigkeiten bei der Lösung des „endlichen" Problems mit Randbedingungen [vgl. z. B. Zbinden (1964)]. Ist eine lineare Kette mit $N+2$ gleichen Gliedern vorgegeben, bei der das Anfangs- und das Endglied festgehalten werden (diese Randbedingung entspricht der Bedingung

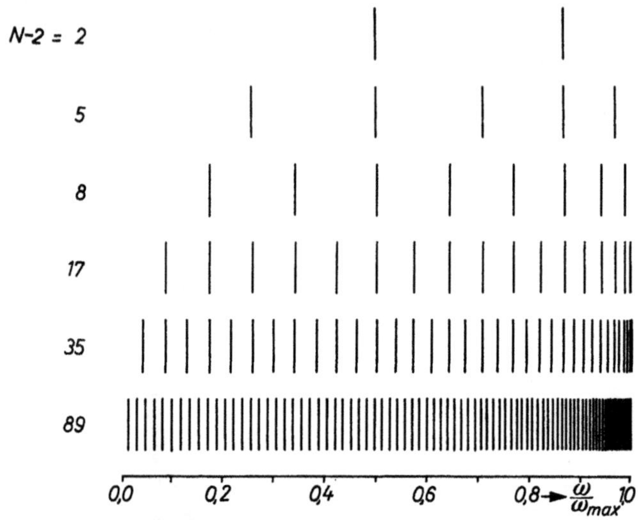

Abb. II.8. Frequenzspektrum der Longitudinalschwingungen endlich langer, linearer Ketten (Abb. II.5) mit festgehaltenen Endgliedern. N: Zahl der Kettenglieder.

konstanten Volumens im dreidimensionalen Fall), so gilt neben (119) für die möglichen k-Werte die Einschränkung

$$k = \frac{\pi}{(N+1)a} j; \quad j = 1, 2, \ldots N .$$

Das hieraus über (119) resultierende Frequenzspektrum ist für einige Werte von N in Abb. II.8 dargestellt. Man sieht, daß mit wachsender Zahl der Kettenglieder die Schwingungsfrequenzen immer dichter liegen und die Frequenzspektren der endlich langen Ketten mit festem Rand ebenfalls durch (121) beschrieben werden können, wenn nur N groß genug ist. Zu dem gleichen Resultat gelangt man für große N auch bei N-gliedrigen Ketten mit freien Enden und bei der unendlich langen Kette, wenn sie der periodischen Randbedingung mit der Periodizitätslänge Na unterworfen wird. In allen drei Fällen ist das Frequenzspektrum, wenn die Ketten lang genug sind, durch (121) beschreibbar. Entsprechend der Zahl

---

sionalen Gitters. Dort werden jedoch aus praktischen Gründen meist andere Beziehungen zur Ermittlung der Zustandsdichte aus der Dispersionsrelation $\omega = \omega(\mathfrak{k})$ verwendet, auf die wir im folgenden jedoch nicht näher eingehen können [vgl. Maradudin, Montroll, Weiss (1963)].

der „longitudinalen" Freiheitsgrade sind jedoch nur N k-Werte und damit N longitudinale Schwingungen möglich[50]; $\varrho(\omega)$ ist dementsprechend auf

$$\int_0^{\omega_{\max}} \varrho(\omega)\, d\omega = N$$

zu normieren. Hieraus folgt für die Konstante C in (121) der Wert

$$C = Na/\pi\,.$$

Die Kette Abb. II.5 bildet ein eindimensionales primitives Gitter. Das einfachste Beispiel eines komplizierteren Gitters bildet die lineare Kette vom Typ ... ABAB ..., bei der zwei verschiedene Bausteine A und B mit den Massen M_A und $M_B < M_A$ alternierend angeordnet sind (Abb. II.9).

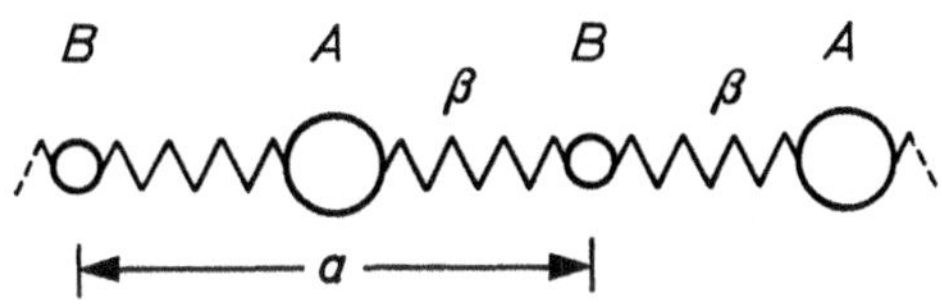

Abb. II.9. Ausschnitt aus einer linearen Kette, bei der zwei verschiedene Massenkugeln A und B alternierend angeordnet sind. a: nächster Abstand gleicher Massenkugeln (Länge der Elementarzelle); β: Federkonstante

Sie enthält je ein lineares primitives A-Gitter und ein lineares primitives B-Gitter. Ihre Elementarzellen enthalten je eine AB-Gruppe. Sind die benachbarten Bausteine der Kette wiederum durch Hookesche Federn mit der Federkonstanten β verbunden und beträgt die Länge der Elementarzelle wiederum a (vgl. Abb. II.9), so folgt für die longitudinalen Schwingungen aus der Säkular-Gleichung die Beziehung

$$\omega(k) = \left[\frac{\beta}{M_A M_B}\{M_A + M_B \pm (M_A^2 + M_B^2 + 2M_A M_B \cos ak)^{1/2}\}\right]^{1/2}. \tag{122}$$

Mit den beiden Vorzeichen in dieser Gleichung erhält man zwei Frequenzzweige (Abb. II.10), die (aus Gründen, die in Abschn. II.4.2 näher erläutert wurden) als akustischer und optischer Zweig bezeichnet werden.

Der dem negativen Vorzeichen entsprechende, stets bei den niedrigeren Frequenzen liegende akustische Zweig enthält alle Schwingungen, bei denen die Auslenkungen benachbarter Kettenglieder die gleiche Richtung besitzen. Der Grenzfall $\omega = 0$; $k = 0$ beschreibt die Translation der ganzen Kette; der Grenzfall $\omega = (2\beta/M_A)^{1/2}$, $k = \pi/a$, der zugleich

50 Im Falle eines freien Randes oder der periodischen Randbedingung ist stets auch der Wert $k = 0$ (d. h. $\omega = 0$ und $\lambda = \infty$) erlaubt. Er entspricht der Translationsbewegung der ganzen Kette. Für $k \neq 0$ $(-\pi/a < k \leqq +\pi/a)$ bleibt dagegen der Schwerpunkt der Kette in Ruhe.

die Maximalfrequenz des akustischen Zweiges bestimmt, beschreibt eine Bewegung, bei der das B-Gitter ruht, während die benachbarten A-Einheiten mit entgegengesetzt gleicher Amplitude schwingen. Für kleine

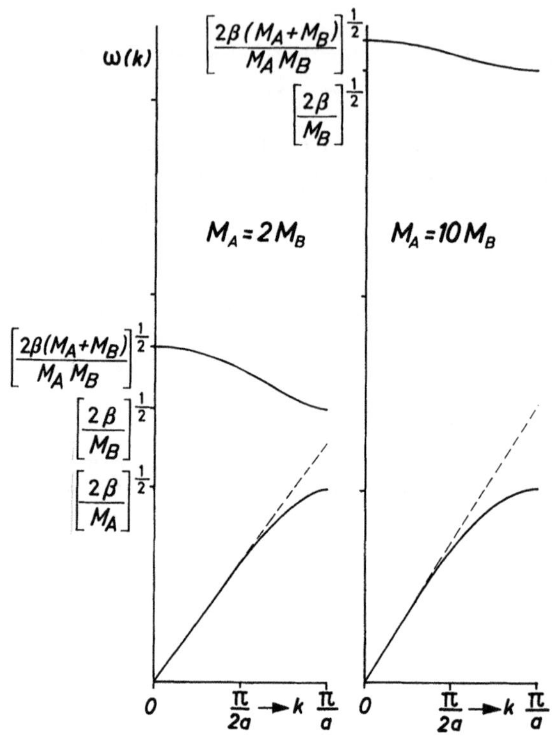

Abb. II.10. Dispersionsrelation $\omega = \omega(k)$ der Longitudinalschwingungen einer unendlich langen, linearen Kette mit alternierender Massenanordnung (Abb. II.9), für zwei verschiedene Massenverhältnisse $M_A/M_B = 2$ und $M_A/M_B = 10$, nach Gl. (122). M_A wurde in beiden Fällen gleich angenommen. Oben: optischer Zweig; unten: akustischer Zweig. Die gestrichelten Linien entsprechen dem dispersionslosen Kontinuum (Abschn. II.4.4)

k-Werte folgt aus (122) wieder eine lineare Beziehung der Form (117), wobei die Schallgeschwindigkeit nun durch

$$c_l = \frac{a}{2}\left(\frac{2\beta}{M_\mathrm{A} + M_\mathrm{B}}\right)^{1/2}$$

gegeben ist.

Der optische Zweig [mit dem positiven Vorzeichen in (122)] enthält alle Schwingungen, bei denen die Auslenkungen der A-Einheiten den Auslenkungen der ihnen benachbarten B-Einheiten entgegengesetzt gerichtet sind. Bei der Minimalfrequenz $\omega = (2\beta/M_\mathrm{B})^{1/2}$, $k = \pi/a$ ruht das A-Gitter, während die benachbarten B-Einheiten mit entgegengesetzt gleicher Amplitude schwingen. Bei der Maximalfrequenz $\omega = [2\beta(M_A+M_B)/M_A M_B]^{1/2}$, $k = 0$, die zugleich die Maximalfrequenz des Gesamtspektrums darstellt, schwingen das A- und das B-Gitter starr gegeneinander. Die Lücke zwischen akustischem und optischem Zweig ist um so größer und der optische Zweig um so schmaler, je größer das Massenverhältnis M_A/M_B ist (vgl. Abb. II.10).

Die Zustandsdichte $\varrho(\omega)$ der Longitudinalschwingungen erhält man aus (122) bis auf den Normierungsfaktor wiederum durch Bildung des

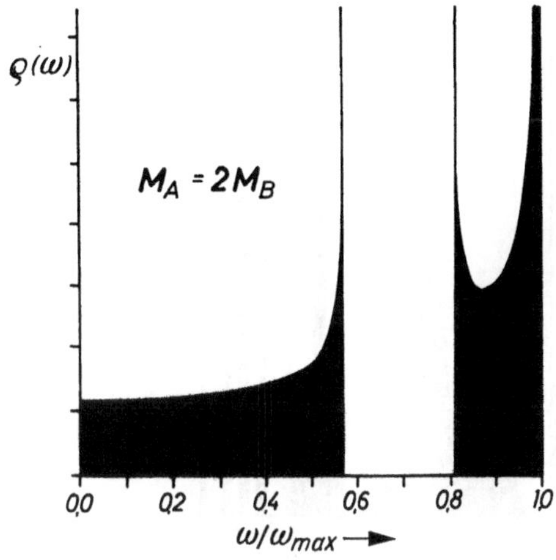

Abb. II.11

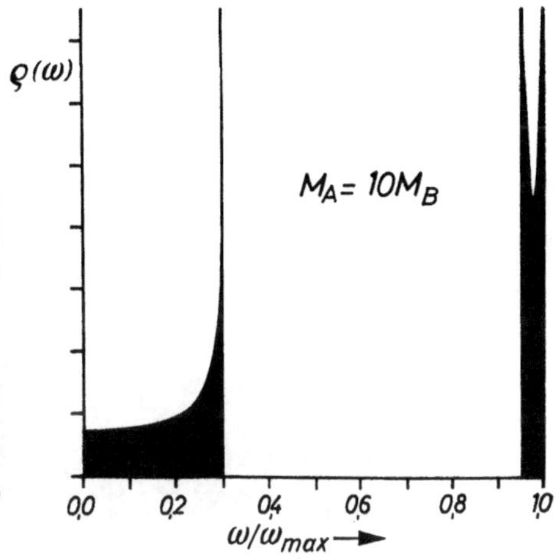

Abb. II.12

Abb. II.11. Zustandsdichte $\varrho(\omega)$ der Longitudinalschwingungen einer unendlich langen, linearen Kette mit alternierender Anordnung zweier verschiedener Massen M_A und M_B für das Verhältnis $M_A/M_B = 2$

Abb. II.12. Zustandsdichte $\varrho(\omega)$ der Longitudinalschwingungen einer unendlich langen, linearen Kette mit alternierender Anordnung zweier verschiedener Massen M_A und M_B für das Verhältnis $M_A/M_B = 10$

Differentialquotienten $(d\omega/dk)^{-1}$ [vgl. Gl. (120)][51]. Sie ist für das Massenverhältnis $M_A/M_B = 2$ in Abb. II.11 und für das Massenverhältnis $M_A/M_B = 10$ in Abb. II.12 dargestellt.

Ein in seinem Charakter gleiches Spektrum besitzt die lineare Kette, bei der gleiche Massen M alternierend in zwei verschiedenen Abständen angeordnet sind bzw. bei der zwischen gleichen Massen M alternierend zwei verschiedene Federkonstanten β_1 und $\beta_2 < \beta_1$ wirksam sind. Der akustische Zweig wird dann begrenzt durch die Frequenzen $\omega = 0$ und

51 Von Bedeutung sind dabei für uns nur die reellen Teile der Funktion $(d\omega/dk)^{-1}$. Die komplexen Teile entsprechen Wellen, die einer starken Dämpfung unterliegen und sich folglich nicht frei über die Kette ausbreiten können.

$\omega = (2\beta_2/M)^{1/2}$, der optische Zweig durch $\omega = (2\beta_1/M)^{1/2}$ und $\omega = [2(\beta_1 + \beta_2)/M]^{1/2}$.

Sind in der Elementarzelle einer aus A- und B-Einheiten und gleichen Federn aufgebauten Kette mehr als zwei Einheiten enthalten, so tritt im Frequenzspektrum der longitudinalen Schwingungen für jede weitere Einheit ein weiterer optischer Zweig auf. Eine ... AABAAB ... Kette

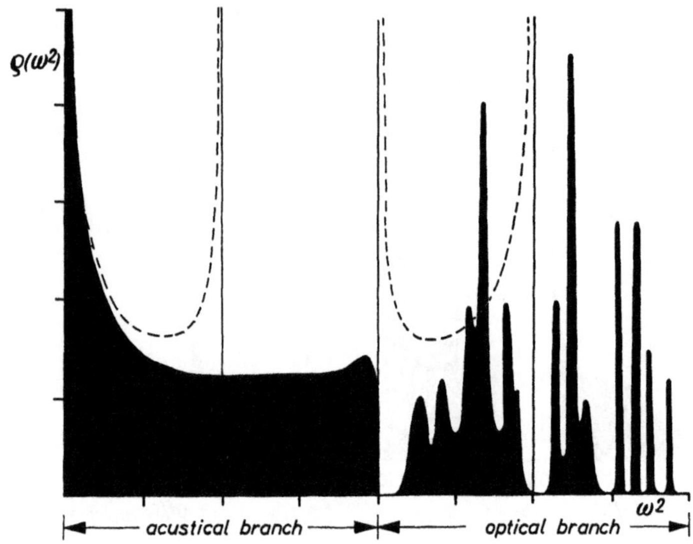

Abb. II.13. Dichte $\bar{\varrho}(\omega^2)$ der quadrierten Frequenzen der Longitudinalschwingungen einer unendlich langen, linearen Kette aus zwei verschiedenen, statistisch verteilten Massen mit dem Massenverhältnis 1 : 2, nach Dean (1960). Zum Vergleich geben die gestrichelten Kurven die Dichte der quadrierten Frequenzen des Spektrums Abb. II.11 (Kette mit alternierender Massenanordnung) wieder

besitzt also einen longitudinalen akustischen und zwei longitudinale optische Zweige, eine ... AAABAAAB ...-Kette oder eine ... AABBAABB ...-Kette einen longitudinalen akustischen und drei longitudinale optische Zweige. Dabei zeigen die einzelnen Zweige alle das charakteristische Aussehen, daß sie schon im Falle der ... ABAB ... Kette haben [vgl. Maradudin, Weiss (1958)].

Einen Grenzfall stellt die aus gleich vielen A- und B-Einheiten aufgebaute lineare Katte dar, bei der die A- und B-Einheiten statistisch verteilt sind. Diese Kette bildet den einfachsten Fall eines ungeordneten Gitters. Der Vergleich ihres Spektrums mit dem der geordneten ...ABAB...-Kette erlaubt einen ersten Einblick in die Wirkung der Unordnung und der Defekt-Strukturen auf die Frequenzverteilung. Die Zustandsdichte der statistischen AB-Kette bzw. $\bar{\varrho}(\omega^2)$ ist nach Dean (1960) in Abb. II.13

dargestellt[52] [vgl. auch Martin (1960, 1961); Dean (1961); Matsuda, Ogita (1967)[52a]]. Gegenüber dem Spektrum der Kette mit Alternation wird die Lücke zwischen dem akustischen und dem optischen Zweig praktisch geschlossen, die Frequenzanhäufung am oberen Ende des akustischen Zweiges wird stark herabgedrückt und im optischen Zweig entsteht eine Vielzahl neuer Maxima, die z. T. auf sog. local modes zurückzuführen sind (vgl. Abschn. II.4.5).

Eine andere Differenzierung erfährt das Spektrum der linearen Kette mit gleichen Massen, wenn die Kette mehr und mehr von ihrer gestreckten Konformation abweicht [Jannink (1968)]. Mit steigender Zahl von statistisch verteilten gauche-Konformationen in der Kette wird die Zustandsdichte an beiden Enden des Spektrums vermindert und schließlich um den Wert $\omega = (1/2)^{1/2}\omega_{max}$ herum zusammengedrängt. In den dadurch entstehenden Lücken erscheinen local modes, die mit den noch verbleibenden trans-Folgen verbunden sind.

Das streng eindimensionale Problem der Gitterschwingungen linearer Ketten dient vor allem als mathematisch einfaches Modell für die Theorie der Gitterschwingungen im allgemeinen. In bezug auf reale Kettenmoleküle gibt seine Lösung nur ein unvollständiges Bild. Zumindest ist zu berücksichtigen, daß reale Ketten nicht nur longitudinaler, sondern auch transversaler Schwingungen fähig sind. Eine aus $N + 2$ Schwingungseinheiten aufgebaute lineare Kette mit festen Enden besitzt neben den N longitudinalen Schwingungsmöglichkeiten noch insgesamt $2N$ transversale Schwingungsmöglichkeiten. Letztere bilden im allgemeinen im Diagramm $\omega = \omega(\mathfrak{k})$ zwei Zweige mit je N Schwingungen, wobei die Amplitudenvektoren der Schwingungen des einen Zweiges auf den Amplitudenvektoren der Schwingungen des anderen Zweiges senkrecht stehen [entsprechend den beiden in der zur Ausbreitungsrichtung (d. h. zur Kette) senkrechten Ebene gegebenen, voneinander unabhängigen Raumrichtungen]. Die Zweige fallen zusammen und die transversalen Schwingungen sind jeweils einfach entartet, wenn die Kette Rotationssymmetrie um ihre Achse besitzt.

Die Transversalschwingungen beanspruchen in erster Linie die Biegesteifigkeit der Kette, die dadurch entsteht, daß der Verformung der Valenzwinkel eine Kraft entgegenwirkt. Beschreibt man die Valenzwinkelbeanspruchung durch eine Hookesche Kraft mit der Federkon-

52 $\bar{\varrho}(\omega^2)\,d\omega^2$ ist die Anzahl der quadrierten Frequenzen im Intervall $\langle\omega^2; \omega^2 + d\omega^2\rangle$ und hängt mit $\varrho(\omega)$ über $\varrho(\omega) = 2\,\omega\,\bar{\varrho}(\omega^2)$ zusammen. Wegen $\varrho(0) =$ endlich, erscheint in $\bar{\varrho}(\omega^2)$ für $\omega \to 0$ eine zusätzliche Unendlichkeitsstelle. Sonst spiegelt $\bar{\varrho}(\omega^2)$ aber die charakteristischen Merkmale eines Spektrums in der gleichen Weise wider wie $\varrho(\omega)$.

52a Anm. b. d. Korrektur: Weitere Beispiele finden sich in J. Hori: Spectral Properties of Disordered Chains and Lattices, Pergamon Press, London 1968.

stanten $\varkappa$, so erhält man für die Transversalschwingungen einer rotationssymmetrischen linearen Kette mit gleichen Massen M an Stelle von (119)

$$\omega(k) = \left(\frac{16\varkappa}{M}\right)^{1/2} \sin^2 \frac{ka}{2}. \tag{123}$$

Die daraus resultierende Zustandsdichte $\varrho_t(\omega)$ (Abb. II.14) ist im hochfrequenten Teil qualitativ der Zustandsdichte $\varrho_l(\omega)$ der longitudinalen Schwingungen sehr ähnlich. Wegen $\varkappa < \beta$ liegt die Häufungsstelle bei der Maximalfrequenz $\omega_{max} = (16\,\varkappa/M)^{1/2}$ jedoch meist bei tieferen Frequenzen, als die der longitudinalen Schwingungen. Im niederfrequenten Be-

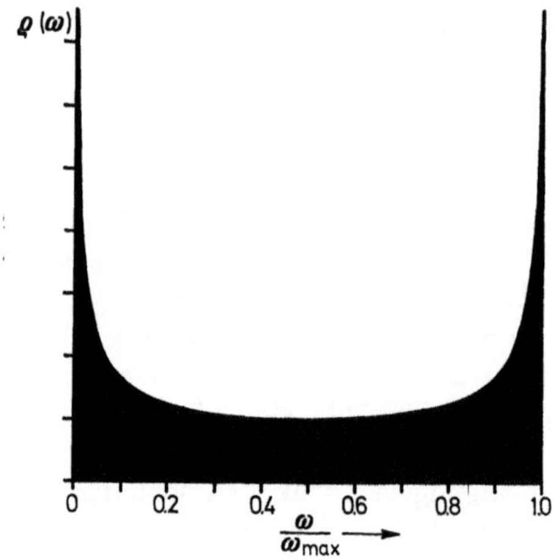

Abb. II.14. Zustandsdichte $\varrho(\omega)$ der Transversalschwingungen einer unendlich langen, linearen Kette aus gleichen Massen (Abb. II.5), nach Gl. (123)

reich erscheint dagegen in der Zustandsdichte der Transversalschwingungen noch eine zusätzliche Häufungsstelle bei $\omega = 0$. Außerdem folgt aus (123) für die niederfrequenten Wellen keine Beziehung der Form (117). D. h. die transversal polarisierten Schallsignale sind stets einer Dispersion unterworfen[53].

Das vollständige Spektrum der Gitterschwingungen einer linearen, rotations-symmetrischen Kette mit gleichen Massen und gleichen Bindungen zwischen den Massen setzt sich additiv aus den Teilspektren (119) und (123) zusammen. Seine Dichte ist gegeben durch

$$\varrho(\omega) = \varrho_l(\omega) + 2\varrho_t(\omega),$$

wenn man sowohl die Dichte $\varrho_l(\omega)$ der longitudinalen Schwingungen als auch die Dichte $\varrho_t(\omega)$ der transversalen Schwingungen auf N Freiheitsgrade normiert.

53 Das gilt jedoch nur für die isolierte Kette; vgl. Abschn. II.4.3.2.

Sind in der Elementarzelle der Kette mehr als eine Schwingungseinheit enthalten, so spalten auch die Transversalschwingungen der Kette in akustische und optische Zweige auf. Eine Kette mit zwei Schwingungseinheiten pro Elementarzelle besitzt im allgemeinen einen longitudinalen akustischen und zwei transversale akustische Zweige, einen longitudinalen optischen und zwei transversale optische Zweige. Ist die Kette rotationssymmetrisch, so besitzt sie je einen longitudinalen akustischen und longitudinalen optischen Zweig und je einen einfach entarteten transversalen akustischen und transversalen optischen Zweig. Allgemein enthält das Schwingungsspektrum einer linearen Kette mit n Kettengliedern pro Elementarzelle einen longitudinalen akustischen und zwei transversale akustische Zweige, $(n - 1)$ longitudinale optische und $2(n - 1)$ transversale optische Zweige; zusammen also drei akustische und $3(n - 1)$ optische Zweige, in Übereinstimmung mit Abschn. II.4.2.

Schließlich besitzt eine *nicht-lineare* Kette (deren Schwingungseinheiten nicht auf der Kettenachse liegen, z. B. eine ebene Zickzack-Kette), im Gegensatz zur linearen Kette (mit Valenzwinkeln von 180°), ein Trägheitsmoment um ihre Achse. Sie ist daher auch noch zu Torsionsschwingungen um ihre Achse fähig, wobei der energetisch tiefste Zustand dieser Schwingungen der Rotation der starren Kette um ihre Achse entspricht. In der isolierten Kette bilden die Torsionsschwingungen einen akustischen Zweig (d. h. aus $k \to 0$ folgt $\omega \to 0$). Es sind daher vier akustische und $3n-4$ optische Zweige gegeben. Im Festkörper gehen jedoch die Torsionsschwingungen unter dem Einfluß der zwischenmolekularen Wechselwirkungskräfte in einen optischen Zweig über, so daß die Einteilung von Abschn. II.4.2 auch für den aus nicht-linearen Ketten aufgebauten Festkörper gültig bleibt.

Das Spektrum einer realen Kette wird natürlich noch komplizierter, wenn man die Feinstruktur der hier als Massenpunkte approximierten Kettenglieder berücksichtigt. Die Berechnung der Normalschwingungen einer unendlich langen Polymethylen-Kette unter Berücksichtigung der Feinstruktur findet sich z. B. bei Tasumi, Shimanouchi, Miyazawa (1962).

4.3.2. Spektren kondensierter Ketten

In bezug auf das Schwingungsspektrum und die Wärmekapazität von Molekülen im kondensierten Zustand spielen, wie bereits bemerkt, die zwischenmolekularen Wechselwirkungskräfte eine nicht zu vernachlässigende Rolle. Da Polymere stets im kondensierten Zustand vorliegen, kann die Betrachtung einer isolierten Kette, auch in der zuletzt in Abschn. II.4.3.1 angedeuteten vollständigeren Form, nur orientierenden Charakter haben.

Ein erstes, einfaches Modell zur Berechnung des Schwingungsspektrums von Polymeren und dessen Beitrag zur Wärmekapazität, das die zwischenmolekulare Wechselwirkung benachbarter Kettenglieder berücksichtigt, wurde von Stockmayer und Hecht (1953) gegeben und von Genensky und Newell (1957) vervollständigt.

Stockmayer und Hecht betrachten einen unendlich großen Kristall aus parallel gerichteten, linearen Ketten, deren Glieder ein tetragonales Bravais-Gitter bilden. Die Massen der Kettenglieder werden alle gleich M angenommen. Der Abstand der Kettenglieder in Kettenrichtung be-

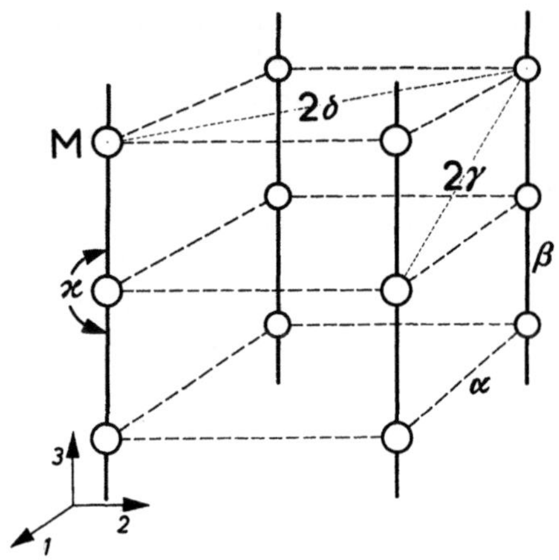

Abb. II.15. Anordnung der Ketten und Federkonstanten im Stockmayer-Hecht-Modell

trägt c, der senkrecht zu den Ketten $a = b$. Zur Beschreibung der Wechselwirkung der Kettenglieder untereinander werden die folgenden Federkonstanten eingeführt (vgl. Abb. II.15):

β für die hauptvalenten Bindungen der Kettenglieder in Kettenrichtung,
α für die Wechselwirkung der Kettenglieder mit ihren nächsten Nachbarn in den Nachbarketten,
γ, δ für die Wechselwirkung der Kettenglieder mit ihren übernächsten Nachbarn in den Nachbarketten,
$\varkappa$ für die Valenzwinkelbeanspruchung in den Ketten.

Vorausgesetzt wird $\beta > \varkappa \gg \alpha \gg \gamma = \delta$.

Die Struktur des Modelles ist zwar gegenüber der realen Geometrie von Polymer-Kristallen sehr einfach (keines der organischen Polymeren bildet z. B. ein primitives tetragonales Gitter), es enthält jedoch die beiden wichtigsten Charakteristika aller aus Polymeren aufgebauten Kristalle: die starke Anisotropie, die durch $\beta \gg \alpha$ hervorgerufen wird, und die zusätzliche Kraftkonstante $\varkappa$, die ein Maß für die Kettensteifigkeit ist.

Wir gehen im folgenden auf dieses Modell näher ein, da es gestattet, in verhältnismäßig einfacher Weise einen allgemeingültigen, qualitativen Einblick in die bei Polymeren gegebenen Verhältnisse zu gewinnen.

Bei Vernachlässigung der Nicht-Diagonalglieder Ξ_{jk} $(j \neq k)$ erhalten Stockmayer und Hecht aus der Säkular-Determinante (116a) die drei Frequenzzweige[54]

$$\omega_1 = \left\{\frac{4}{M}\left[\frac{\alpha}{2}(1-\cos ak_1) + \gamma(2-\cos ak_1\cos ak_2 - \cos ak_1 \cos ck_3) + \varkappa(1-\cos ck_3)^2\right]\right\}^{1/2}, \tag{124a}$$

$$\omega_2 = \left\{\frac{4}{M}\left[\frac{\alpha}{2}(1-\cos ak_2) + \gamma(2-\cos ak_2\cos ak_1 - \cos ak_2 \cos ck_3) + \varkappa(1-\cos ck_3)^2\right]\right\}^{1/2}, \tag{124b}$$

$$\omega_3 = \left\{\frac{4}{M}\left[\frac{\beta}{2}(1-\cos ck_3) + \gamma(2-\cos ck_3\cos ak_1 - \cos ck_3 \cos ak_2)\right]\right\}^{1/2}. \tag{124c}$$

Die $\mathfrak{k}$-Werte sind dabei auf die erste Brillouin-Zone des Gitters, d. h. auf

$$-\frac{\pi}{a} < k_1 \leqq +\frac{\pi}{a}\,; \quad -\frac{\pi}{a} < k_2 \leqq +\frac{\pi}{a}\,; \quad -\frac{\pi}{c} < k_3 \leqq +\frac{\pi}{c}$$

beschränkt. Wählt man als Periodizitätsvolumen ein Teilvolumen des unendlich ausgedehnten Gitters, das N_1N_2 parallele Ketten mit je N_3 Kettengliedern enthält, so werden die $\mathfrak{k}$-Werte durch die periodische Randbedingung weiter eingeschränkt auf

$$k_1 = \frac{2\pi}{aN_1}j\,; \quad k_2 = \frac{2\pi}{aN_2}l\,; \quad k_3 = \frac{2\pi}{cN_3}m\,,$$

mit j, l, m als ganze Zahlen, die in den Intervallen

$$-\frac{N_1}{2} < j \leqq +\frac{N_1}{2}\,; \quad -\frac{N_2}{2} < l \leqq +\frac{N_2}{2}\,; \quad -\frac{N_3}{2} < m \leqq +\frac{N_3}{2}$$

liegen.

Da das Modell-Gitter nur aus einem primitiven Gitter besteht, handelt es sich in (124) um drei akustische Zweige; optische Zweige fehlen auf Grund der Voraussetzungen. Die Symmetrie des Modell-Gitters bewirkt, daß die Gln. (124a) und (124b) identisch werden, so daß die beiden Zweige $\omega_1(\mathfrak{k})$ und $\omega_2(\mathfrak{k})$ zusammenfallen. Setzt man (124a) oder (124b) in (115) ein, so erhält man mit (116) bei Vernachlässigung der Nichtdiagonalglieder $\Xi_{jk}(j \neq k)$ Amplitudenvektoren der Form $\mathfrak{A} = (A_1; A_2; 0)$. Die untereinander entarteten Zweige $\omega_1(\mathfrak{k})$ und $\omega_2(\mathfrak{k})$ enthalten also

54 Stockmayer und Hecht bzw. Genensky und Newell verwenden an Stelle des Wellenzahlvektors $\mathfrak{k} = (k_1; k_2; k_3)$ das Phasen-Tripel $(\Phi_1; \Phi_2; \Phi_3) \equiv (ak_1; bk_2; ck_3)$. – Die Vernachlässigung der Nicht-Diagonalglieder Ξ_{jk} $(j \neq k)$ gegenüber den Diagonalgliedern Ξ_{jj} in der Säkular-Determinante ist näherungsweise erlaubt, solange $\beta > \varkappa > \alpha \gg \gamma, \delta$ ist.

nur Eigenschwingungen, bei denen die Kettenglieder senkrecht zur Kettenrichtung ausgelenkt werden. Das sind die sog. *bending modes*. In gleicher Weise folgen mit (124c) aus (115) und (116) Amplitudenvektoren der Form $\mathfrak{A} = (0; 0; A_3)$. Der Zweig $\omega_3(\mathfrak{k})$ enthält die sog. *stretching modes*, bei denen die Kettenglieder in Kettenrichtung ausgelenkt werden. Die angegebenen Auslenkungsrichtungen sind dabei streng mit der Voraussetzung $\alpha \gg \gamma, \delta$ verknüpft und gelten nur näherungsweise, solange die Nicht-Diagonalelemente der Säkular-Determinante vernachlässigt werden können. Im übrigen sagen sie allein noch nichts über die Polarisation der Gitterwellen aus. Weiter unten werden wir sehen, daß die Gitterwellen im allgemeinen weder longitudinal noch transversal polarisiert sind.

Das Frequenzspektrum der stretching modes (124c) entspricht formal dem Spektrum eines kubisch primitiven Gitters mit β als Parameter der Wechselwirkung zwischen nächsten Nachbarn und γ als Parameter der Wechselwirkung zwischen übernächsten Nachbarn (Rosenstock, Newell, 1953; Newell, 1953; vgl. auch Blackmann, 1935). Es besitzt (vom Nullpunkt abgesehen) insgesamt fünf Singularitäten an den Stellen

$$\left.\begin{aligned}
\omega &= \left[\frac{4(\beta+4\gamma)}{M}\right]^{1/2} && \mathrel{\hat{=}} (\beta\gamma)'' \\
\omega &= \left[\frac{4(\beta+2\gamma)}{M}\right]^{1/2} && \mathrel{\hat{=}} (\beta\gamma)' \\
\omega &= \left[\frac{4\beta}{M}\right]^{1/2} && \mathrel{\hat{=}} (\beta) \\
\omega &= \left[\frac{16\gamma}{M}\right]^{1/2} && \mathrel{\hat{=}} (\gamma)'' \\
\omega &= \left[\frac{8\gamma}{M}\right]^{1/2} && \mathrel{\hat{=}} (\gamma)',
\end{aligned}\right\} \qquad (125)$$

von denen $(\beta\gamma)''$ zugleich die Maximalfrequenz $\omega_3^{\max}$ liefert. Wegen $\beta \gg \gamma$ fallen jedoch die Singularitäten (β), $(\beta\gamma)'$ und $(\beta\gamma)''$ praktisch zusammen, so daß das Spektrum oberhalb $(\gamma)''$ mehr dem Spektrum der Longitudinalschwingungen einer isolierten linearen Kette gleicht. Für $\gamma \to 0$ geht (124c) sogar exakt in (119) über. Für sehr kleine $\gamma \neq 0$ besteht bei höheren Frequenzen der Unterschied zwischen (124c) und (119) hauptsächlich darin, daß nach (124c) die Zustandsdichte für $\omega \to \omega_3^{\max}$ verschwindet, während sie nach (119) einen unendlichen Wert erreicht. Dieser Unterschied ist mehr mathematischer Natur und im Hinblick auf die Wärmekapazität unerheblich.

In Abb. II.16 ist die aus (124c) folgende Zustandsdichte $\varrho_3(\omega)$ für die Stockmayer-Hechtschen Parameterverhältnisse

$$\varkappa = 0.100\,\beta\,;\ \alpha = 0.040\,\beta\,;\ \gamma = 0.002\,\beta \qquad (126)$$

nach Genensky und Newell dargestellt. Ein Vergleich mit Abb. II.7 zeigt, daß es in diesem Falle in bezug auf die stretching modes genügt, oberhalb der Frequenz $\omega = 0.2\,\omega_3^{\max}$ die Kettenmoleküle als isoliert zu betrachten bzw. γ allenfalls als Störungsparameter einzuführen[55]. Der Vergleich zeigt aber auch deutlich, daß das im niederfrequenten Bereich $\omega < 0.2\,\omega_3^{\max}$ nicht möglich ist. Hier unterscheiden sich die Zustandsdichten Abb. II.7 und Abb. II.16 wesentlich: Während $\varrho_3(\omega)$ auf Grund der zwischenmolekularen Wechselwirkung zwei Singularitäten $(\gamma)'$ und $(\gamma)''$

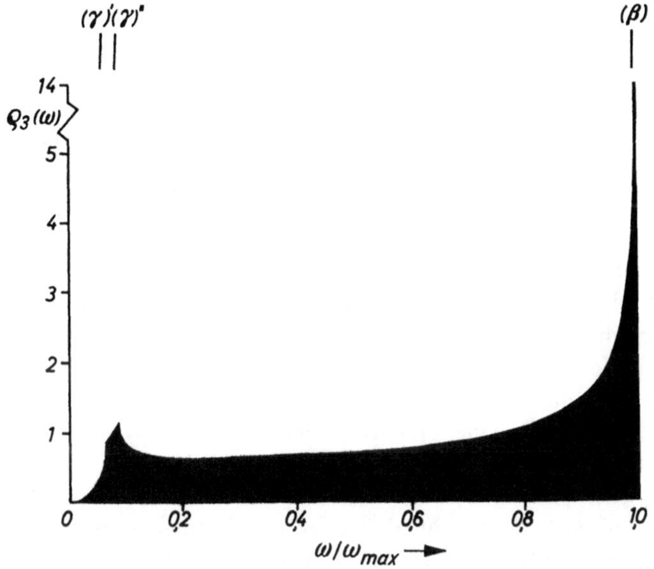

Abb. II.16. Zustandsdichte $\varrho_3(\omega)$ der stretching modes im Stockmayer-Hecht-Modell mit $\gamma/\beta = 0.002$, nach Genensky und Newell (1957). Das Strich-Spektrum (oben) gibt die Lage der Singularitäten Gl.(125) an

aufweist und dann parabolisch gegen Null abfällt, bleibt die Zustandsdichte der isolierten Kette bis zur Frequenz $\omega = 0$ hin konstant. Ein ebenso wesentlicher Unterschied entsteht dadurch in der Wärmekapazität bei tieferen Temperaturen: Der parabolische Abfall $\varrho_3(\omega) \sim \omega^2$ führt über (112b) auf einen Beitrag

$$C_V(\text{stretch}) \sim T^3\,, \tag{127}$$

entsprechend dem allgemein bei tiefen Temperaturen für dreidimensionale Festkörper gültigen Debyeschen T^3-Gesetz. Der konstante Teil der Zustandsdichte einer isolierten Kette liefert dagegen bei tieferen Temperaturen einen Beitrag

$$C_V(\text{stretch}) \sim T \tag{128}$$

(vgl. Abschn. II.4.4).

55 Von einem allgemeinen Standpunkt aus ist jedoch die Berücksichtigung eines, wenn auch noch so kleinen Parameters $\gamma \neq 0$ notwendig, um die Stabilität des Gitters zu gewährleisten.

Der parabolische Verlauf der Zustandsdichte $\varrho_3(\omega)$ ist auf das Intervall $0 \leqq \omega \ll (8\gamma/M)^{1/2}$ beschränkt. Daraus ergibt sich eine Beschränkung für die Gültigkeit von (127) auf das Temperaturintervall $0 \leqq T \ll \hbar\,(8\gamma/M)^{1/2}/k$. Wählen wir für β einen Wert, wie er etwa den C-C-Skelettschwingungen in Polymeren entspricht und setzen für M die Masse einer CH_2-Gruppe ein, d. h. setzen wir[56]

$$\beta = 2.08 \cdot 10^5 \text{ dyn cm}^{-1}; \; M = 23.4 \cdot 10^{-24} \text{ gr}, \tag{129}$$

so folgt mit (126) als Einschränkung für (127): $0° \leqq T \ll 90$ °K. Innerhalb des Frequenzintervalles $(16\gamma/M)^{1/2} \ll \omega \ll (4\beta/M)^{1/2}$ kann dagegen $\varrho_3(\omega)$ in erster Näherung als konstant angesehen werden, so daß hier, wie bei der isolierten Kette, der Beitrag zur Wärmekapazität zunächst proportional zur Temperatur verläuft. (128) sollte allgemein im Intervall $\hbar\,(16\gamma/M)^{1/2}/k \ll T \ll \hbar\,(4\beta/M)^{1/2}/k$ und speziell mit (126) und (129) im Intervall $130° \ll T \ll 1440$ °K gelten. Zu beachten ist jedoch, daß diese Abschätzung nur innerhalb der harmonischen Näherung gilt. Tatsächlich macht sich z. B. bei Polyäthylen oberhalb von etwa −200 °C auch schon die Anharmonizität der (γ)-Schwingungen bemerkbar, so daß (128) entsprechend zu korrigieren ist (vgl. Abschn II.4.5). Der harmonische Beitrag zur Wärmekapazität einer einzelnen (γ)-Schwingung mit der mittleren Frequenz $\nu = 2.29 \cdot 10^{12}$ sec^{-1} und der einer einzelnen (β)-Schwingung mit der Frequenz $\nu = 3.00 \cdot 10^{13}$ sec^{-1} nach Gl. (89) ist in Abb. II.3 darstellt. Man sieht, daß z. B. bei Zimmertemperatur die (γ)-Schwingungen schon voll angeregt sind, während die (β)-Schwingungen gerade erst beginnen aufzutauen.

Die soeben über die stretching modes gewonnenen Aussagen sind insofern nicht allgemein für alle Polymeren gültig, als in (124c) und Abb. II.16 auch die vorausgesetzte einfache Geometrie des Gitters eingeht. Speziell gilt die Unabhängigkeit des Spektrums der stretching modes von dem Parameter α nur, wenn jedes Kettenglied mit seinen nächsten Nachbarn in den Nachbarketten in einer Ebene liegt, die senkrecht zur Kettenrichtung orientiert ist und die Wechselwirkung dieser Kettenglieder durch Zentralkräfte beschrieben werden kann. Bei Auslenkungen der Kettenglieder in Kettenrichtung, wie sie im Zweig $\omega = \omega_3(\mathfrak{k})$ angenähert gegeben sind, heben sich dann die Wechselwirkungskräfte zwischen den direkten Nachbarn im Mittel heraus. Ist das nicht der Fall, so erscheinen in $\varrho_3(\omega)$ zwischen den (γ)- und (β)-Singularitäten auch noch Singularitäten, deren Frequenzlage durch den Parameter α be-

56 Die C–C-Skelettschwingungen von Polymeren liegen in der Gegend von $\nu = 3 \cdot 10^{13}$ sec^{-1} bzw. $\omega = 1.9 \cdot 10^{14}$ sec^{-1} (vgl. Krimm, Liang, Sutherland, 1956 oder Zbinden, 1964). Identifikation der (β)-Singularität in (125) mit dieser Frequenz führt auf den oben angegebenen Wert der Federkonstanten β. Er entspricht etwa dem Wert, der von Tasumi, Shimanouchi und Miyazawa (1962) für Polymethylen berechnet wurde [vgl. Anm. 48 auf S. 217].

stimmt werden. Die Abschätzung für den Gültigkeitsbereich von (128) wird dann hinfällig.

Die (124a) bzw. (124b) entsprechende Zustandsdichte $\varrho_1(\omega) = \varrho_2(\omega)$ der bending modes ist in Abb. II.17 dargestellt. Sie enthält (wiederum

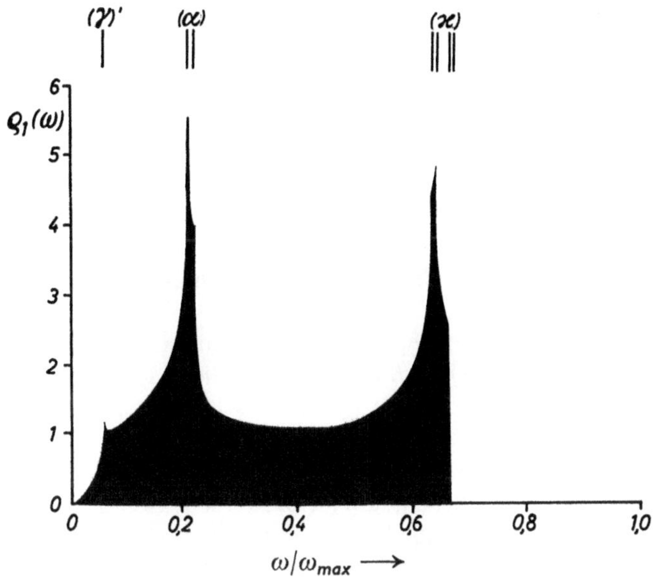

Abb. II.17. Zustandsdichte $\varrho_1(\omega) = \varrho_2(\omega)$ der bending modes im Stockmayer-Hecht-Modell mit $\varkappa/\beta = 0.100$, $\alpha/\beta = 0.040$ und $\gamma/\beta = 0.002$, nach Genensky und Newell (1957). Das Strich-Spektrum (oben) gibt die Lage der Singularitäten Gl.(130) an

vom Nullpunkt abgesehen) insgesamt neun Singularitäten, von denen sich jedoch nur sieben ausgeprägt bemerkbar machen. Die Frequenzlage der sieben Singularitäten ist gegeben durch

$$\left.\begin{aligned}
\omega &= \left[\frac{4(4\varkappa + \alpha + 2\gamma)}{M}\right]^{1/2} && \mathrel{\widehat{=}} (\varkappa\alpha\gamma)\\
\omega &= \left[\frac{4(4\varkappa + \alpha)}{M}\right]^{1/2} && \mathrel{\widehat{=}} (\varkappa\alpha)\\
\omega &= \left[\frac{4(4\varkappa + 4\gamma)}{M}\right]^{1/2} && \mathrel{\widehat{=}} (\varkappa\gamma)''\\
\omega &= \left[\frac{4(4\varkappa + 2\gamma)}{M}\right]^{1/2} && \mathrel{\widehat{=}} (\varkappa\gamma)'\\
\omega &= \left[\frac{4(\alpha + 4\gamma)}{M}\right]^{1/2} && \mathrel{\widehat{=}} (\alpha\gamma)''\\
\omega &= \left[\frac{4(\alpha + 2\gamma)}{M}\right]^{1/2} && \mathrel{\widehat{=}} (\alpha\gamma)'\\
\omega &= \left[\frac{8\gamma}{M}\right]^{1/2} && \mathrel{\widehat{=}} (\gamma)'\,.
\end{aligned}\right\} \qquad (130)$$

$(\varkappa\alpha\gamma)$ liefert zugleich die Maximalfrequenz $\omega_1^{\max} = \omega_2^{\max}$ der bending modes. Die $(\varkappa)$-Singularitäten entsprechen der Singularität, die bei der Maximalfrequenz der Transversalschwingungen einer isolierten linearen (rotationssymmetrischen) Kette (Abb. II.14) auftritt. Wegen $\varkappa \gg \alpha, \gamma$ ist ihre Aufspaltung nur gering und ihre Frequenzlage annähernd mit der Lage der Maximalfrequenz $\omega_{\max} = (16\varkappa/M)^{1/2}$ der Transversalschwingungen der isolierten Kette identisch. Für $\alpha, \gamma \to 0$ gehen (124a) und (124b) exakt in (123) über. Auf den niederfrequenten Teil des Spektrums haben dagegen die zwischenmolekularen Wechselwirkungskräfte wieder einen entscheidenden Einfluß. Die Häufungsstelle der Frequenzen der isolierten Kette bei $\omega = 0$ wird völlig unterdrückt. Dafür erscheinen zwei Singularitäten $(\alpha\gamma)''$ und $(\alpha\gamma)'$, deren Frequenzlage hauptsächlich durch den Parameter α bestimmt wird, und eine weitere Singularität $(\gamma)'$, die mit der gleichbezeichneten Singularität der stretching modes übereinstimmt.

Für $\omega \to 0$ fallen auch $\varrho_1(\omega)$ und $\varrho_2(\omega)$ mit ω^2 ab. Der Frequenzbereich $0 \leqq \omega \ll (2\gamma/M)/(4\varkappa/M)^{1/2}$, in dem diese Proportionalität gilt, ist aber weit kleiner als der von $\varrho_3(\omega)$. Das Debyesche T^3-Gesetz (127) gilt daher höchstens in einem Temperaturbereich $0 \leqq T \ll \hbar(2\gamma/M)/k\,(4\varkappa/M)^{1/2}$, d. h. mit (126) und (129) in einem Bereich $0° \leqq T \ll 5$ °K. Allgemein kann man schließen, daß das Debyesche Gesetz für Festkörper, die aus Kettenmolekülen aufgebaut sind, in einem weit kleineren Temperaturbereich oberhalb des absoluten Nullpunktes erfüllt ist, als dies bei anderen Festkörpern der Fall ist[57]. Anschließend an den „Debyeschen Bereich" ist $\varrho_1(\omega)$ annähernd proportional zu $\omega^{3/2}$. Im Bereich $\hbar(2\gamma/M)/k\,(4\varkappa/M)^{1/2} \ll T \ll \hbar(8\gamma/M)^{1/2}/k$ [d. h. mit (126) und (129) im Bereich $5° \ll T \ll 90$ °K] liefern daher nach (112b) die bending modes einen Beitrag

$$C_V(\text{bend}) \sim T^{5/2} \tag{131}$$

zur Wärmekapazität. Zwischen den (α)- und $(\varkappa)$-Singularitäten kann man schließlich $\varrho_1(\omega)$ durch eine zu $\omega^{-1/2}$ proportionale Funktion approximieren, so daß im Intervall $\hbar(4\alpha/M)^{1/2}/k \ll T \ll \hbar(16\varkappa/M)^{1/2}/k$ [d. h. mit (126) und (129) im Intervall $290° \ll T \ll 910$ °K] der Beitrag durch

$$C_V(\text{bend}) \sim T^{1/2} \tag{132}$$

gegeben ist. Der harmonische Beitrag zur Wärmekapazität einer einzelnen (α)-Schwingung der mittleren Frequenz $\nu = 6.25 \cdot 10^{12}$ sec^{-1} und

---

57 Im strengen Sinne der Debyeschen Theorie gilt das T^3-Gesetz auch bei allen anderen Festkörpern eigentlich nur in einem sehr kleinen Bereich oberhalb $T = 0$°K. Daß die T^3-Abhängigkeit der Wärmekapazität tatsächlich häufig in einem größeren Temperaturintervall gegeben ist, wird innerhalb der Debyeschen Kontinuumstheorie erst nach einer Erweiterung der Theorie verständlich (vgl. Abschn. II.4.4). Bei Polymeren bleibt jedoch die T^3-Abhängigkeit prinzipiell auf einen kleinen Bereich oberhalb $T = 0$ beschränkt.

einer einzelnen ($\varkappa$)-Schwingung der mittleren Frequenz $\nu = 1.96 \cdot 10^{13} \mathrm{sec}^{-1}$ ist in Abb. II.3 dargestellt.

Der gesamte Beitrag der akustischen Gitterschwingungen

$$C_V(\mathrm{acust}) = C_V(\mathrm{stretch}) + C_V(\mathrm{bend})$$

sollte also

$$C_V(\mathrm{acust}) = a_1 T^3 \qquad \text{für } 0 \leqq T \ll \hbar(2\gamma/M)/k(4\varkappa/M)^{1/2}, \tag{133}$$

$$C_V(\mathrm{acust}) = a_2 T^3 + a_3 T^{5/2} \quad \text{für } \hbar(2\gamma/M)/k(4\varkappa/M)^{1/2} \ll T \ll \hbar(8\gamma/M)^{1/2}/k, \tag{134}$$

$$C_V(\mathrm{acust}) = a_4 T + a_5 T^{1/2} \quad \text{für } \hbar(4\alpha/M)^{1/2}/k \ll T \ll \hbar(16\varkappa/M)^{1/2}/k \tag{135}$$

betragen. Die von den Parametern β, $\varkappa$, α, γ und M abhängigen Proportionalitätsfaktoren a_i können dabei ebenfalls errechnet werden [Genensky, Newell (1957)]. Bei einem Vergleich mit dem Experiment ist jedoch zu

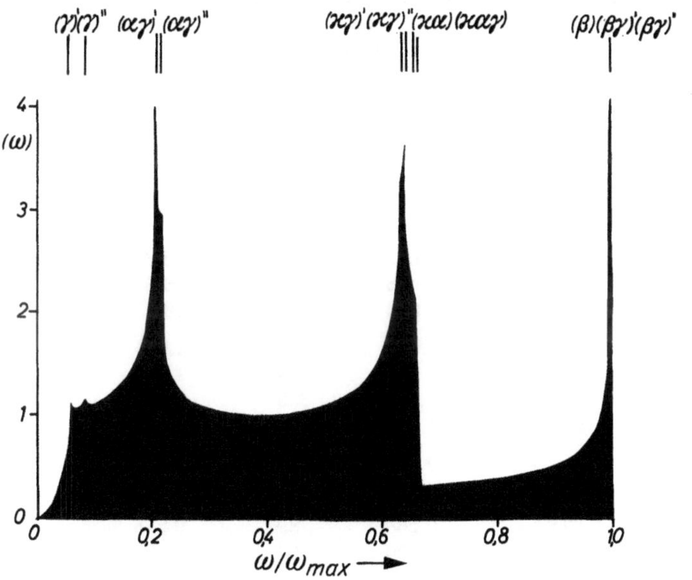

Abb. II.18. Vollständige Zustandsdichte der Gitterschwingungen im Stockmayer-Hecht-Modell mit $\varkappa/\beta = 0.100$, $\alpha/\beta = 0.040$ und $\gamma/\beta = 0.002$, nach Genensky und Newell (1957). Das Strich-Spektrum (oben) gibt die Lage der Singularitäten Gl. (125) und (130) an

bedenken, daß es sich um Abschätzungen handelt, die nur einen qualitativen Überblick über den allgemeinen Trend der Wärmekapazität idealer Polymer-Kristalle verschaffen können. So zeigen z. B. (134) und (135), daß eine Allgemeingültigkeit der sog. Tarasov-Näherung (Abschn. II.4.4) für Polymere ohne weiteres nicht zu erwarten ist. Im Falle des kristallinen Polyäthylens ist nach Tab. III.8 (133) zwischen 0 °K und etwa 10 °K und (135) zwischen 100 °K und 200 °K gegeben, während (134) höchstens in einem kleinen Bereich um 30 °K erfüllt wird [vgl. Baur (1970)].

Einen genaueren Ausdruck (in tabellarischer Form) für C_V(acust) als Funktion der Temperatur erhält man natürlich (vgl. weiter unten in diesem Abschnitt), wenn man gleich das Gesamtspektrum

$$\varrho(\omega) = \frac{1}{3}\left[2\varrho_1(\omega) + \varrho_3(\omega)\right] \tag{136}$$

als numerisch gegebene Funktion in (112b) einsetzt[58]. Auf jeden Fall ist aber zu berücksichtigen, daß bei höheren Temperaturen auch die Anharmonizität der Gitterschwingungen und die meist vorhandenen Defekt-Strukturen eine Rolle spielen (vgl. Abschn. II.4.5).

Tabelle II.2. *Frequenzen und Θ-Werte der Singularitäten des tetragonalen Gitters Abb.* II.15, *mit* $\beta = 2.08 \cdot 10^5$ [*dyn* cm^{-1}], $M = 23.4 \cdot 10^{-24}$ *gr und* $\varkappa = 0.100\,\beta$, $\alpha = 0.040\,\beta$, $\gamma = 0.002\,\beta$

Bezeichnung der Singularitäten		$M\omega^2/4$	$\nu \equiv \omega/2\pi$ [10^{13} sec^{-1}]	optische Wellenzahl ν/c [cm^{-1}][a]	Grundschwingungsquant $h\nu$ [Kcal mol^{-1}][b]	$\Theta \equiv h\nu/k$ [°K (°C)]
$(\beta\gamma)''$		$\beta + 4\gamma$	3.013	1004	28.69	1446 (+1173)
$(\beta\gamma)'$	(β)	$\beta + 2\gamma$	3.006	1002	28.63	1442 (+1169)
(β)		β	3.000	1000	28.57	1439 (+1166)
$(\varkappa\alpha\gamma)$		$4\varkappa + \alpha + 2\gamma$	2.000	666	1.904	959 (+ 686)
$(\varkappa\alpha)$	$(\varkappa)$	$4\varkappa + \alpha$	1.990	663	1.895	955 (+ 682)
$(\varkappa\gamma)''$		$4\varkappa + 4\gamma$	1.916	639	1.825	919 (+ 646)
$(\varkappa\gamma)'$		$4\varkappa + 2\gamma$	1.907	636	1.816	915 (+ 642)
$(\alpha\gamma)''$	(α)	$\alpha + 4\gamma$	0.657	219	0.626	315 (+ 42)
$(\alpha\gamma)'$		$\alpha + 2\gamma$	0.629	210	0.599	302 (+ 29)
$(\gamma)''$	(γ)	4γ	0.268	89	0.255	129 (— 144)
$(\gamma)'$		2γ	0.190	63	0.181	91 (— 182)

[a] Die optischen Wellenzahlen stimmen nicht mit den mechanischen Wellenzahlen überein. Mit der Angabe der optischen Wellenzahl ν/c (c = Lichtgeschwindigkeit) ist keine Aussage über die optische Aktivität der Schwingungen verbunden.
[b] Das Grundschwingungsquant ist gleich der doppelten Nullpunktsenergie.

Das Gesamtspektrum (136) ist in Abb. II.18 dargestellt. Die Frequenzlage der einzelnen Singularitäten und deren Θ-Temperaturen nach (90) sind für die speziellen Werte (126) und (129) in Tab. II.2 angegeben. Wie

58 Der Faktor 1/3 in (136) rührt von der speziellen Normierung der Einzelspektren Abb. II.16 und II.17 her.

sich diese Frequenzlagen verändern, wenn die Parameterverhältnisse $\beta/\varkappa$, β/α, β/γ und die Masse M geändert werden, geht aus den Abb. II.19 und II.20 hervor.

In Abb. II.19 ist in der untersten Zeile die Lage der Singularitäten mit den Verhältnissen (126) angegeben. Die mittleren Zeilen zeigen, daß bei Vergrößerung der Masse der Kettenglieder das gesamte Schwingungsspektrum zu tieferen Frequenzen hin zusammenschrumpft. In bezug auf

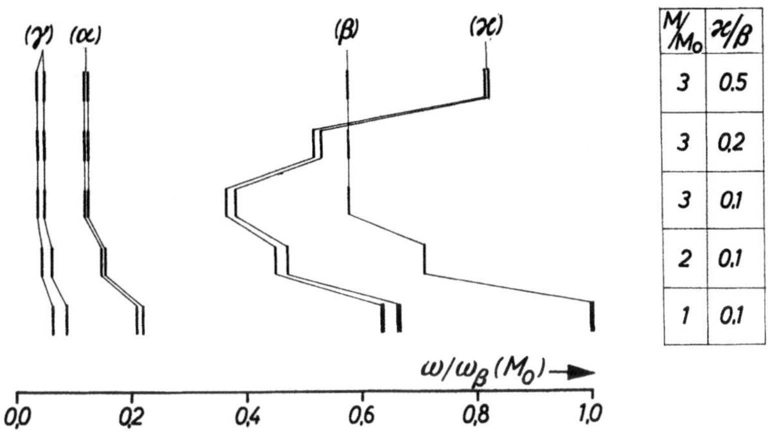

Abb. II.19. Abhängigkeit der Frequenzlage der Singularitäten Gl.(125) und (130) von der Masse M der Kettenglieder und der „Kettensteifigkeit" $\varkappa$; $\gamma/\beta = 0.002$, $\alpha/\beta = 0.040$. Die unterste Zeile entspricht den Parameterverhältnissen Gl.(126) und dem Strich-Spektrum Abb. II.18 (oben). Die Frequenzen wurden auf die Lage der (β)-Singularität bei $M = M_0$ bezogen

die Wärmekapazität bedeutet das eine Anhebung des Niveaus bei tieferen Temperaturen. Wird zugleich die Kettensteifigkeit vergrößert (vgl. die oberen Zeilen in Abb. II.19), so kann der Fall eintreten, daß an Stelle der (β)-Schwingungen die ($\varkappa$)-Schwingungen die Maximalfrequenz der akustischen Zweige bestimmen, auch wenn noch $\beta > \varkappa$ gilt. Eine Vergrößerung der Massen, verbunden mit einer Vergrößerung der Kettensteifigkeit, ist z. B. beim Übergang von Polyäthylen zu Polytetrafluoräthylen gegeben. Dabei erleiden die (α)- und (γ)-Singularitäten noch eine zusätzliche Verschiebung zu tieferen Frequenzen hin, da in Polytetrafluoräthylen auf Grund der speziellen Elektronenkonfiguration in den Fluoratomen die zwischenmolekularen Wechselwirkungskräfte schwächer sind als in Polyäthylen.

In Abb. II.20 findet sich in der untersten Zeile wiederum die Lage der Singularitäten mit (126). Die oberen Zeilen entsprechen von unten nach oben einer sukzessiven Vergrößerung zunächst des Verhältnisses γ/α, dann des Verhältnisses α/β und schließlich auch des Verhältnisses $\varkappa/\beta$.

Die Abb. II.20 zeigt damit die Tendenz der Verschiebungen und Aufspaltungen an, die man erhält, wenn die zwischenmolekulare Dispersionswechselwirkung in eine (stärkere) Dipolwechselwirkung übergeht[59]. Die Änderung des Schwingungsspektrums von der unteren zur oberen Zeile in Abb. II.20 bedeutet eine Verringerung des Niveaus der Wärmekapazität bei tieferen Temperaturen.

In Abb. II.21 sind schließlich die Ausbreitungsrichtungen, d. h. die Richtungen der Wellenzahlvektoren $\mathfrak{k}$, der zu den Singularitäten (125)

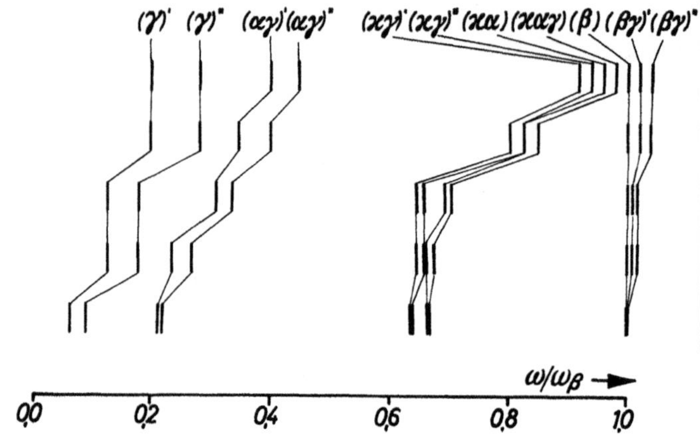

ϰ/β	α/β	γ/β
0,200	0,120	0,020
0,150	0,080	0,020
0,100	0,080	0,008
0,100	0,040	0,008
0,100	0,040	0,002

Abb. II.20. Abhängigkeit der Frequenzlage der Singularitäten Gl.(125) und (130) von den Verhältnissen γ/β, α/β und $\varkappa/\beta$ (vgl. Anm. 59 unten). Die unterste Zeile entspricht den Parameterverhältnissen Gl.(126) und dem Strich-Spektrum Abb. II.18 (oben). Die Frequenzen wurden auf die Lage der (β)-Singularität bezogen

und (130) gehörenden Gitterwellen dargestellt. Man erkennt, daß im allgemeinen die Wellen weder longitudinal noch transversal polarisiert sind. Das ist eine Folge der starken Anisotropie des Gitters. Lediglich die $(\beta\gamma)''$- und $(\alpha\gamma)''$-Schwingungen können in Näherung als longitudinal polarisiert und die $(\varkappa\gamma)'$- und $(\gamma)''$-Schwingungen in Näherung als transversal polarisiert angesehen werden. Ferner erkennt man, daß mit Ausnahme der $(\beta\gamma)''$- und $(\varkappa\gamma)'$-Schwingungen keine der Wellen den Einzelketten zugeordnet werden kann, da ihre Ausbreitung quer zur Kettenrichtung erfolgt.

59 Bei der Berechnung der Abb. II.19 und II.20 wurde vorausgesetzt, daß die Lage der Singularitäten durch (125) und (130) bestimmt wird. Bei größeren Abweichungen von der Voraussetzung $\beta > \varkappa \gg \alpha \gg \gamma$ ist das jedoch nicht mehr notwendig der Fall. Insbesondere können die Nicht-Diagonalglieder in der Säkular-Determinante (116a) bei größeren γ-Werten nicht mehr vernachlässigt werden. Abb. II.20 kann daher nur zur groben Orientierung dienen.

Unter Voraussetzung der realen, orthorhombischen Struktur mit $n = 4$ CH_2-Gruppen pro Elementarzelle und den CH_2-Gruppen als dynamische Einheiten haben Miyazawa, Kitagawa (1964) das vollständige Gitterspektrum des Polyäthylens im Frequenzbereich von $\nu = 0$ bis

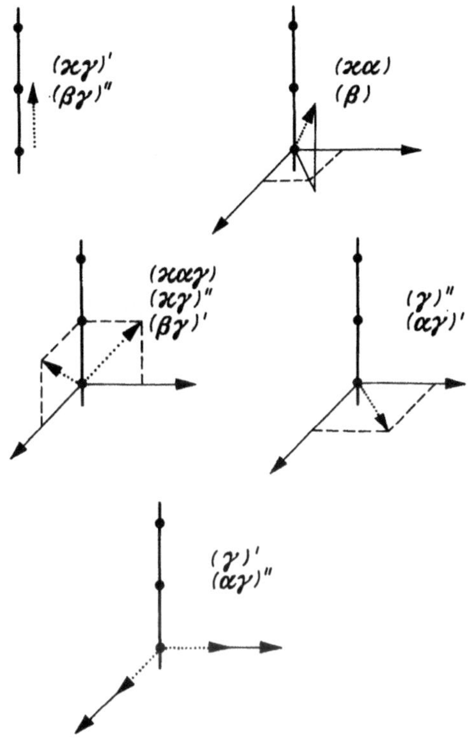

Abb. II.21. *Gepunktete Pfeile:* Orientierung der den Singularitäten Gl. (125) und (130) zugeordneten Wellenausbreitungsrichtungen. Der Einfachheit halber wurde $a = b = c$ angenommen; im anderen Falle ist der Maßstab der c-Achse (Kettenrichtung) zu stauchen oder zu strecken

$\nu = 1.5 \cdot 10^{13}$ sec^{-1} berechnet. Das Spektrum enthält insgesamt $3n = 12$ Zweige (drei akustische und neun optische Zweige), von denen jedoch vier außerhalb des betrachteten Frequenzbereiches liegen. Die Wärmekapazität des auf 100% Kristallinität extrapolierten Polyäthylens (Tab. III.8) läßt sich damit im Bereich von $T = 0$ bis $T = 150°$ K gut approximieren.

Bemerkenswert ist, daß die von Miyazawa und Kitagawa für Polyäthylen errechnete Zustandsdichte, obwohl sie einige Schwingungsformen enthält, die im Stockmayer-Hecht-Modell nicht vorkommen (z. B. die torsional modes, die in einer eindimensionalen gestreckten Kette mit

Valenzwinkeln von 180° nicht möglich sind), doch von $\nu = 0$ an bis hin zur Maximalfrequenz der bending-modes in ihren charakteristischen Zügen ziemlich weitgehend mit der von Genensky und Newell berechneten Zustandsdichte übereinstimmt [vgl. Abb. II.18 und Tab. II.2 mit Abb. 2 in Miyazawa, Kitagawa (1964)]. Das gilt auch dann noch, wenn man die Schwingungsfreiheitsgrade der Wasserstoffatome innerhalb der einzelnen CH_2-Gruppen berücksichtigt (vgl. Kitagawa, Miyazawa, 1965 bzw. Abb. III. 15A). Man kann daher vermuten, daß nach geeigneter Korrektur der Verhältnisse (126) auch das weit einfachere Stockmayer-Hecht-Modell zu quantitativen Aussagen herangezogen werden kann, sofern nur die Gitterbausteine sich als dynamische Einheiten mit gleicher Masse auffassen lassen und in einer gestreckten, ebenen Zick-Zack-Kette angeordnet sind (Starkweather, 1960; Wunderlich, 1962; Baur, 1970). Zu beachten ist dabei allerdings, daß bei realen Polymeren einerseits der hochfrequente Teil der stretching modes mit den (β)-Singularitäten einem optischen Zweig angehört, der außerhalb des von Miyazawa und Kitagawa berücksichtigten Frequenzintervalles liegt und unter Umständen von diesem durch eine Lücke getrennt ist. Andererseits existiert aber, unabhängig von der Stärke der kovalenten Bindungskräfte längs der Kette, auch noch ein akustischer Zweig der stretching modes, so daß den dynamischen Einheiten bis hinunter zu $\nu = 0$ drei Schwingungsfreiheitsgrade zukommen (vgl. Abschn. III.4.1). Das Stockmayer-Hecht-Modell liefert jedoch sicher keine quantitativen Aussagen mehr, wenn die Ketten stark mit gauche-Konformationen durchsetzt sind oder eine Helix bilden. Das zeigen die Untersuchungen von Jannink (1968) und die von Kitagawa, Miyazawa (1966) bzw. Matsuura, Miyazawa (1966) berechneten Spektren von Polyoxymethylen (Abb. III.20) und Polyäthylenglykol.

Eine vollständige Berechnung der Dispersions-Relationen der Gitterwellen in Polyäthylen für die Werte $\mathfrak{k} = (0; 0; k_3)$ wurde unter Berücksichtigung der inneren Struktur der CH_2-Gruppen von Tasumi, Shimanouchi (1965) und Tasumi, Krimm (1967) durchgeführt. In der zweiten Arbeit wurde auch die Variation der Zell-Dimensionen und der Federkonstanten mit der Temperatur in Betracht gezogen. Berechnungen des Wirkungsquerschnittes für die Wechselwirkung der Gitterwellen in Polyäthylen mit thermischen Neutronen finden sich bei Kitagawa, Miyazawa (1967, 1968) und Lynch, Summerfield, Feldkamp, King (1968).

4.4. Einstein- und Debye-Näherung

Da die Berechnung des Schwingungsspektrums eines Festkörpers meist eine schwierige und zeitraubende Angelegenheit ist, ist es nützlich, einige Näherungen zu kennen, die eine einfache Abschätzung des Beitrages der Gitterschwingungen zur Wärmekapazität erlauben. Hierzu gehören im allgemeinen die Einsteinsche und die Debyesche Näherung, die beide ursprünglich ein erstes Verständnis für das Verhalten der Wärmekapazität der Festkörper bei tieferen Temperaturen gaben[60].

Einstein (1907) nahm an, daß die thermische Bewegung der N Gitterbausteine eines Kristalles äquivalent sei mit der Bewegung von $3N$ unabhängig voneinander schwingenden linearen harmonischen Oszillatoren, die alle die gleiche Frequenz ω_E besitzen. Mit Hilfe der Planckschen Theorie der Strahlung gelangte er damit über (89) für den Beitrag der Gitterschwingungen zur Wärmekapazität zu dem Ausdruck

$$C_V = 3Nk \left(\frac{\hbar\omega_E}{kT}\right)^2 \frac{e^{\frac{\hbar\omega_E}{kT}}}{\left(e^{\frac{\hbar\omega_E}{kT}}-1\right)^2} . \qquad (137\,a)$$

Hierfür schreibt man heute häufig

$$C_V = 3Nk\, E\left(\frac{\Theta_E}{T}\right) \qquad (137\,b)$$

und bezeichnet

$$E\left(\frac{\Theta_E}{T}\right) \equiv \left(\frac{\Theta_E}{T}\right)^2 \frac{e^{\Theta_E/T}}{(e^{\Theta_E/T}-1)^2} \qquad (138)$$

als Einstein-Funktion,

$$\Theta_E \equiv \hbar\,\omega_E/k \qquad (139)$$

als Einstein-Temperatur und ω_E als Einstein-Frequenz.

In der allgemeinen Formulierung (112b) entspricht die Einsteinsche Beziehung (137) einem Spektrum[61]

$$\varrho(\omega) = 3N\,\delta(\omega - \omega_E)\,, \qquad (140)$$

das aus einer einzelnen Linie besteht (Abb. II.22). Nach dem in den Abschnitten II.4.1–4.3 Gesagten ist klar, daß ein derart einfacher Ansatz die wahren Verhältnisse auf keinen Fall widerspiegeln kann. Immerhin gelang es Einstein als erstem, mit (137) die seinerzeit noch rätselhaft erscheinenden Abweichungen von der Dulong-Petitschen Regel (103) bei tieferen Temperaturen wenigstens qualitativ zu erklären. Quantitativ führt (137) im allgemeinen aber gerade bei tieferen Temperaturen zu keiner befriedigenden Übereinstimmung mit dem Experiment[62]. Die Einstein-Funktion (138) eignet sich jedoch ausgezeichnet zur Berücksichtigung

---

60 Die weiter unten zitierten Arbeiten von Einstein (1907) und Debye (1912) sowie die in Abschn. II.4.1 zitierten Arbeiten von Born und v. Kármán (1912, 1913) finden sich als Nachdruck zusammengefaßt, mit einer historischen Einleitung versehen bei Hermann (1967).

61 δ bezeichnet die sog. Diracsche Delta-Funktion; vgl. z. B. Dirac (1958).

62 Für $T \ll \Theta_E$ liefert (137) einen nahezu exponentiellen Verlauf der Wärmekapazität mit der Temperatur. Für $T \gg \Theta_E$ folgt aus (137) die Dulong-Petitsche Regel.

der Beiträge von schmalen Teilbereichen eines Spektrums zur Wärmekapazität, z. B. einzelner optischer Zweige (Abb. II.12) oder einzelner local modes (Abb. II.13).

Debye (1912) betrachtete den Festkörper als ein homogenes isotropes und dispersionsloses Kontinuum, vernachlässigte also zunächst ganz die

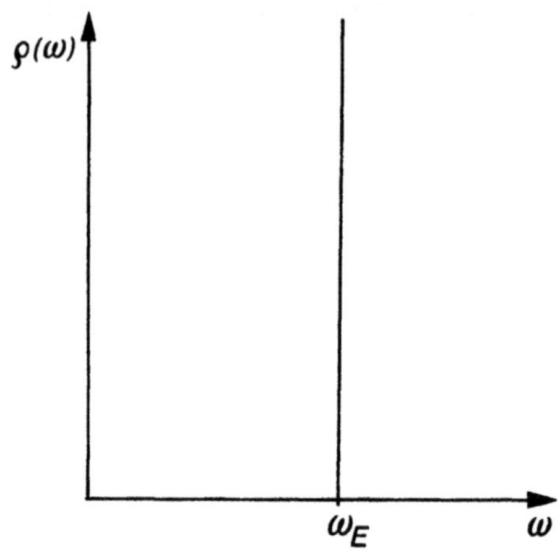

Abb. II.22. Einstein-Spektrum, nach Gl. (140)

atomare Struktur. Nach der Elastizitätstheorie sind in einem solchen Medium zu jedem Ausbreitungsvektor $\mathfrak{k}$ ein longitudinaler und zwei untereinander entartete transversale Zweige elastischer Wellen (Schallwellen) mit den Frequenzen $\omega = c_l\,|\mathfrak{k}|$ und $\omega = c_t\,|\mathfrak{k}|$ gegeben. Die Ausbreitungsgeschwindigkeit der Longitudinalwellen c_l bzw. der Transversalwellen c_t beträgt

$$c_l = \left[\frac{E\,(1-\sigma)}{\bar{\varrho}\,(1+\sigma)\,(1-2\sigma)}\right]^{1/2} \quad \text{bzw.} \quad c_t = \left[\frac{E}{2\bar{\varrho}\,(1+\sigma)}\right]^{1/2} \tag{141}$$

(E: Elastizitätsmodul, σ: Poissonsche Zahl, $\bar{\varrho}$: Massendichte des Mediums). Da ein kontinuierliches Medium, auch wenn es ein endliches Volumen einnimmt, unendlich viele Freiheitsgrade besitzt, ist die Zahl seiner Eigenfrequenzen unbeschränkt. Ferner hat das Frequenzspektrum keine obere Schranke.

Um einen Angleich an den realen Festkörper zu erzielen, der nur endlich vieler Eigenschwingungen fähig ist, brach Debye das Frequenzspektrum $\varrho(\omega)$ des Kontinuums bei einer endlichen Frequenz ω_{D3} ab und normierte es so, daß

$$\int_0^{\omega_{D3}} \varrho(\omega)\,d\omega = 3N \tag{142}$$

wird, wenn N die Zahl der Bausteine des realen Festkörpers ist. Für die Anzahl Z der Freiheitsgrade eines elastischen Körpers vom Volumen V, dessen Schwingungsspektrum bei einer (zunächst beliebigen) Frequenz ω_{D3} abgeschnitten wird, konnte Debye den Ausdruck

$$Z = \frac{V}{6\pi^2}\left(\frac{1}{c_l^3} + \frac{2}{c_t^3}\right)\omega^3$$

herleiten. Daraus folgt unmittelbar für die Zustandsdichte

$$\varrho(\omega) = \frac{V}{2\pi^2}\left(\frac{1}{c_l^3} + \frac{2}{c_t^3}\right)\omega^2, \quad 0 \leqq \omega \leqq \omega_{D3}. \qquad (143\text{a})$$

Die Grenzfrequenz ω_{D3} wird dann durch die Normierung (142) festgelegt auf

$$\omega_{D3} = \left[\frac{18\pi^2 N}{V}\,\frac{c_l^3 c_t^3}{c_t^3 + 2c_l^3}\right]^{1/3}. \qquad (144)$$

Sie ist also über (141) durch die elastischen Daten des Mediums bestimmt[63]. An Stelle von (143a) kann man damit auch

$$\varrho(\omega) = \frac{9N}{\omega_{D3}^3}\,\omega^2, \qquad 0 \leqq \omega \leqq \omega_{D3} \qquad (143\text{b})$$

schreiben. Dieses Spektrum ist in Abb. II.23 dargestellt.

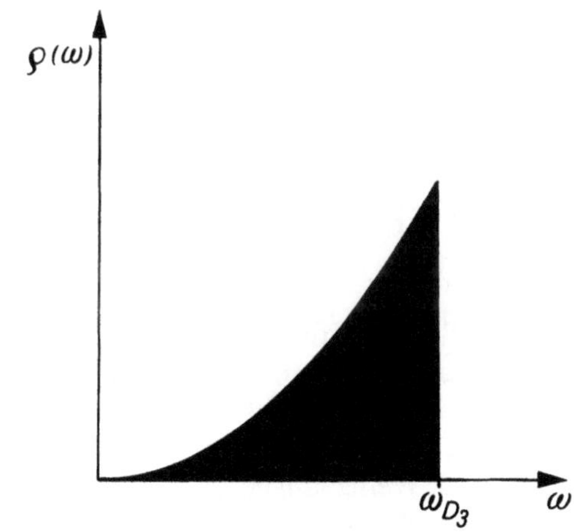

Abb. II.23. Debye-Spektrum des dreidimensionalen, dispersionslosen Kontinuums, nach Gl.(143)

Setzt man (143b) in (112b) ein, so folgt als Beitrag der akustischen Schwingungen zur Wärmekapazität

$$C_V = 3Nk\,\frac{3}{\omega_{D3}^3}\int_0^{\omega_{D3}} \left(\frac{\hbar\omega}{kT}\right)^2 \frac{e^{\frac{\hbar\omega}{kT}}}{\left(e^{\frac{\hbar\omega}{kT}}-1\right)^2}\,\omega^2 d\omega \qquad (145\text{a})$$

63 Mit $E = 8\cdot 10^{10}$, $\sigma = 0.33$ und $\bar{\varrho} = 1$ (in cgs-Einheiten), wie sie bei tieferen Temperaturen etwa für Polyäthylen zutreffen, erhält man nach (141) $c_l \approx 2\,c_t$, $c_t \approx 1.7\cdot 10^5$ und über (129) und (144) $\omega_{D3} \approx 2.6\cdot 10^{13}$. Die der Abschneidefrequenz

oder

$$C_V = 3Nk\, D_3\left(\frac{\Theta_3}{T}\right), \tag{145 b}$$

wenn man mit

$$D_3\left(\frac{\Theta_3}{T}\right) \equiv 3\left(\frac{T}{\Theta_3}\right)^3 \int\limits_0^{\Theta_3/T} \frac{\left(\frac{\Theta}{T}\right)^4 e^{\Theta/T}}{(e^{\Theta/T}-1)^2}\, d\left(\frac{\Theta}{T}\right) \tag{146}$$

die (auf das dreidimensionale Problem bezügliche) sog. Debye-Funktion und mit

$$\Theta_3 \equiv \hbar\, \omega_{D3}/k \tag{147}$$

die (auf das dreidimensionale Problem bezügliche) sog. Debye-Temperatur bezeichnet.

Das Integral in (145) ist nun allerdings nicht geschlossen auswertbar. Man ist daher in jedem Falle auf Näherungsrechnungen angewiesen, deren Resultate jedoch tabelliert vorliegen [Simon (1926), Beattie (1926/27)]. Für $T \leqq \Theta_3/12$ erhält man aus (145) mit einem (theoretischen) Fehler von höchstens 1% das berühmte Debyesche T^3-Gesetz

$$C_V = 3Nk\,\frac{4\pi^4}{5}\left(\frac{T}{\Theta_3}\right)^3. \tag{148}$$

Ist $T > \Theta_3$, so liefert eine Reihenentwicklung nach Potenzen von Θ_3/T den Näherungsausdruck

$$C_V = 3Nk\left[1 - \frac{1}{20}\left(\frac{\Theta_3}{T}\right)^2 + \frac{1}{560}\left(\frac{\Theta_3}{T}\right)^4 - \frac{1}{18144}\left(\frac{\Theta_3}{T}\right)^6 + \cdots\right]. \tag{149}$$

Für $T \gg \Theta_3$ führt demnach auch (145) auf die Dulong-Petitsche Regel.

Von vornherein ist klar, daß die Debyesche Formel (145) nur dann eine gute Näherung darstellen kann, wenn es erlaubt ist, die atomare Struktur des Festkörpers zu vernachlässigen. Das ist sicher in demjenigen Temperaturbereich der Fall, in dem nur solche Gitterschwingungen angeregt sind, deren Wellenlängen sehr groß sind gegenüber den Gitterabständen, also bei tiefen Temperaturen. Dementsprechend erweist sich (148) als ein bei tiefen Temperaturen generell für alle Festkörper gültiges Gesetz. Die Grenze der Gültigkeit liegt jedoch meist bei weit tieferen Temperaturen als die von Debye angegebene (vgl. weiter unten). Bei höheren Temperaturen weicht (145) stets von der Erfahrung ab. Unter Preisgabe der Konsistenz der Theorie kann man jedoch auf mannigfache Weise einen Angleich der Debyeschen Formel an das Experiment auch bei

---

entsprechenden Wellenlängen $2\pi c_l/\omega_{D3}$ bzw. $2\pi c_t/\omega_{D3}$ liegen in der Größenordnung der Gitterabstände. Durch das Abschneiden des Frequenzspektrums bei ω_{D3} wird also zugleich annähernd berücksichtigt, daß im realen Festkörper, im Gegensatz zum Kontinuum, Wellenlängen, die kleiner sind als der doppelte Abstand der Gitterbausteine, physikalisch keine Bedeutung haben (vgl. Abschn. II.4.2).

höheren Temperaturen erzielen. Der einfachste Weg ist der, daß man den Zusammenhang (144) fallen läßt und ω_{D3} bzw. Θ_3 als Anpassungsparameter betrachtet. Eine weitere Möglichkeit besteht darin, ω_{D3} bzw. Θ_3 als eine Funktion der Temperatur anzusehen. Wählt man für jede Temperatur T den Parameter Θ_3 so, daß (145) mit dem experimentell bestimmten Wert $C_V(T)$ übereinstimmt, so wird natürlich der Angleich komplett. Ein solches Vorgehen ist zwar vom theoretischen Standpunkt aus ausgesprochen unbefriedigend, es ist aber doch keineswegs so sinnlos, wie es auf den ersten Blick erscheinen mag. Die Funktion $\Theta_3 = \Theta_3(T)$, die die Abweichungen des wahren Gitterspektrums von der (allerdings ziemlich willkürlich) vorgegebenen Norm (143) enthält, erweist sich für die einzelnen Substanzen als durchaus charakteristisch. Ist man sich sicher, daß in $C_V(T)$ nur Beiträge der Gitterschwingungen enthalten sind, so können aus dem Verlauf von $\Theta_3(T)$ orientierende Aussagen sowohl über die Wechselwirkungskräfte der Gitterbausteine untereinander und die elastischen Kenngrößen des Gitters, als auch über das wahre Gitterspektrum selbst gewonnen werden.

Eine größere Abweichung der Funktion $\Theta_3(T)$ von ihrem Ausgangswert $\Theta_3(0)$ findet sich bei den meisten Substanzen schon bei sehr tiefen Temperaturen. D. h. im strengen Sinne der Theorie ist das Debyesche T^3-Gesetz tatsächlich nur in einem auf wenige Grade oberhalb $T = 0$ beschränkten Temperaturintervall erfüllt. Es kann aber sein, daß $\Theta_3(T)$ nach der ersten Veränderung oberhalb einer gewissen Temperatur T' wieder einen mehr oder minder konstanten Wert Θ_3' annimmt. Setzt man dann Θ_3' in die Debyesche Formel (145) ein, so erhält man oberhalb T' eine gute Übereinstimmung mit dem Experiment und je nach Lage von T' wird die Gültigkeit des T^3-Gesetzes von T' an bis zu der theoretisch zu erwartenden Grenze vorgetäuscht. Man weiß heute, daß diese Verhältnisse gerade auch bei jenen Substanzen (Aluminium, Kupfer, Silber usw.) vorliegen, die Debye ursprünglich zur Stützung seiner Theorie herangezogen hat. Debye konnte nur deshalb eine gute Übereinstimmung mit dem Experiment über einen verhältnismäßig großen Temperaturbereich erzielen, weil er bei der Berechnung der Abschneidefrequenz (144) aus (141) von den elastischen Daten ausging, die man bei höheren Temperaturen findet, während streng genommen in (141) die bei sehr tiefen Temperaturen gegebenen Daten einzusetzen wären. Aus den Untersuchungen von Genensky und Newell (Abschn. II.4.3.2) geht hervor, daß bei Polymeren oberhalb des sehr kleinen Intervalles (133) keine Konstanz von $\Theta_3(T)$ zu erwarten ist.

Die Debyesche Theorie enthält übrigens insofern einen unlogischen Schritt, als zwar bei der Herleitung von (143) zwischen longitudinalen und transversalen Zweigen der Schwingungen unterschieden, dem Faktum aber, daß im realen Festkörper die Zweige verschiedene Grenzfrequenzen besitzen, durch die Annahme einer einzigen Abschneidefrequenz und durch die Nomierung (142) in keiner Weise Rechnung getragen wird. Für isotrope Materialien könnte man daher eine Verbesserung der Debyeschen Theorie erwarten, wenn man die Zustandsdichte (143) in zwei Anteile

$$\varrho(\omega) = \varrho_l(\omega) + 2\varrho_t(\omega) \tag{150}$$

mit

$$\varrho_l(\omega) = \frac{V}{2\pi^2 c_l^3}\,\omega^2 \quad \text{und} \quad \varrho_t(\omega) = \frac{V}{2\pi^2 c_t^3}\,\omega^2 \tag{151}$$

aufteilt und jeden Teil für sich durch

$$\int_0^{\omega_{D3}^l} \varrho_l(\omega)\,d\omega = N \quad \text{bzw.} \quad \int_0^{\omega_{D3}^t} \varrho_t(\omega)\,d\omega = N \tag{152}$$

normiert. Als Abschneidefrequenzen erhält man dann

$$\omega_{D3}^l = \left(\frac{6\pi^2 N}{V}\right)^{1/3} c_l\,; \quad \omega_{D3}^t = \left(\frac{6\pi^2 N}{V}\right)^{1/3} c_t\,. \tag{153}$$

Definiert man

$$\Theta_{3l} \equiv \hbar\,\omega_{D3}^l/k\,; \quad \Theta_{3t} \equiv \hbar\,\omega_{D3}^t/k\,,$$

so folgt mit (150)—(153) aus (112b)

$$C_V = Nk\,D_3\left(\frac{\Theta_{3l}}{T}\right) + 2\,Nk\,D_3\left(\frac{\Theta_{3t}}{T}\right). \tag{154}$$

Tatsächlich führt nun aber diese Aufspaltung ohne weiteres zu keiner besseren, eher zu einer schlechteren Übereinstimmung mit dem Experiment. Die Ursache hierfür ist im folgenden zu sehen: Einerseits gilt wegen $c_l > c_t$ nach (144) und (153) stets[64]

$$\omega_{D3}^t < \omega_{D3} < \omega_{D3}^l\,.$$

D. h. die $3N$ Freiheitsgrade werden mit der Aufspaltung (150)—(153) auf einen größeren Frequenzbereich verteilt, als mit dem Debyeschen Ansatz. Andererseits werden die höheren Frequenzen der akustischen Wellen, bei gleicher Wellenlänge, beim Übergang von einem kontinuierlichen Medium mit homogener Massenverteilung zu einem diskontinuierlichen Medium mit gitterartiger Massenverteilung stets zu kleineren Werten hin verschoben[65]. Das heißt, die $3N$ Freiheitsgrade des realen Festkörpers sind auf einen kleineren Frequenzbereich konzentriert, als den durch

---

64 Dabei liegt ω_{D3} näher an ω_{D3}^t als an ω_{D3}^l. Für $c_l = 2c_t$ folgt z. B. aus (144) und (153): $\omega_{D3}^l = 1.78\,\omega_{D3}$ und $\omega_{D3}^t = 0.89\,\omega_{D3}$.

65 Vgl. z. B. Abb. II.6 und II.10 unten. Die gestrichelten Linien in diesen Abbildungen entsprechen einer homogenen, kontinuierlichen Massenverteilung, die ausgezogenen Kurven der diskreten Massenverteilung Abb. II.5 bzw. II.9. Die Relation $\omega = c_l\,|\,k\,|$, die bei homogener kontinuierlicher Massenverteilung für alle Frequenzen gültig ist, wird beim Übergang zur diskreten Massenverteilung bei größeren Frequenzen gestaucht.

ω_{D3}^l begrenzten. Man kommt daher zu dem merkwürdigen Resultat, daß die Debyesche Näherung (145) deshalb eine bessere Übereinstimmung mit dem Experiment liefert, weil sie das elastische Spektrum bei einer kleineren Frequenz abschneidet, als es die logische Konsistenz verlangt.

Ignoriert man den Zusammenhang (153) und betrachtet Θ_{3l} und Θ_{3t} als Anpassungsparameter, so ist natürlich in all den Fällen, in denen das wahre Gitterspektrum mehrere ausgeprägte Häufungsstellen aufweist, mit (154) der bessere Angleich zu erreichen. Sinnvoll ist der Ansatz (154) jedoch nur für Kristalle, deren Anisotropie nur wenig ausgeprägt ist. Stark anisotrope Kristalle, wie z. B. die aus organischen Kettenmolekülen aufgebauten Kristalle, müssen dagegen mit einem anisotropen Kontinuum verglichen werden. Im anisotropen Kontinuum sind die elastischen Wellen im allgemeinen weder longitudinal noch transversal polarisiert und die Schallgeschwindigkeit ist in jeder Raumrichtung eine andere. Zur Raumrichtung $\mathfrak{k}/|\mathfrak{k}|$ gehören drei Frequenzzweige, deren Wellen sich im allgemeinen sowohl in ihrer Polarisation als auch in ihrer Ausbreitungsgeschwindigkeit unterscheiden. Dementsprechend hat man jeder einzelnen Raumrichtung drei Debye-Spektren mit drei verschiedenen Abschneidefrequenzen bzw. drei verschiedenen Debye-Temperaturen $\Theta_{31}(\mathfrak{k}/|\mathfrak{k}|), \Theta_{32}(\mathfrak{k}/|\mathfrak{k}|), \Theta_{33}(\mathfrak{k}/|\mathfrak{k}|)$ zuzuordnen. An Stelle von (154) tritt dann eine Summe

$$\sum_{\mathfrak{k}/|\mathfrak{k}|} \left\{ \sum_{p=1}^{3} D_3 [\Theta_{3p}(\mathfrak{k}/|\mathfrak{k}|)/T] \right\}$$

über alle Raumrichtungen (bzw. ein entsprechendes Integral über alle Raumwinkel-Elemente), wobei so zu normieren ist, daß die Gesamtzahl der berücksichtigten $\mathfrak{k}$-Werte gleich N wird.

Eine andere, einfachere Methode zur Approximation der Wärmekapazität stark anisotroper Kristalle innerhalb der Kontinuums-Theorie wurde von Tarasov (1950, 1953) vorgeschlagen. Sie bezieht sich speziell auf Kristalle, in denen schichtförmige Teilstrukturen oder, wie im Falle der Polymeren, kettenförmige Teilstrukturen vorliegen und die Wechselwirkungskräfte zwischen den Schichten bzw. Ketten um einige Größenordnungen kleiner sind als die Wechselwirkungskräfte in den Schichten bzw. Ketten. Die Zustandsdichte der Gitterschwingungen solcher Kristalle ist bei sehr tiefen Frequenzen $0 \leqq \omega \leqq \omega_{D3}$, bei denen die schwachen Wechselwirkungskräfte zwischen den Schichten bzw. Ketten energetisch noch zur Geltung kommen und die Wellenlängen groß sind gegenüber den Abständen der Gitterbausteine, wie bei jedem dreidimensionalen Festkörper proportional zu ω^2. Auch Kristalle mit Schicht- oder Kettenstrukturen folgen daher bei sehr tiefen Temperaturen zunächst dem Debyeschen T^3-Gesetz (148). Bei den höheren Frequenzen spielen dagegen die schwachen Wechselwirkungskräfte zwischen den Schichten bzw. Ketten nur noch eine untergeordnete Rolle. Das Schwingungsspektrum entartet mehr und mehr in ein Spektrum, wie es einer monomolekularen Schicht oder einer eindimensionalen Kette entspricht (vgl. Abschn. II.4.3.2). Sind die Frequenzen jedoch noch nicht zu hoch, d. h. die ihnen zugeordneten Wellenlängen immer noch groß gegenüber den Gitterabständen, so kann man erwarten, daß nach wie vor die Kontinuums-Theorie zu einer brauchbaren Näherung führt. Tarasov

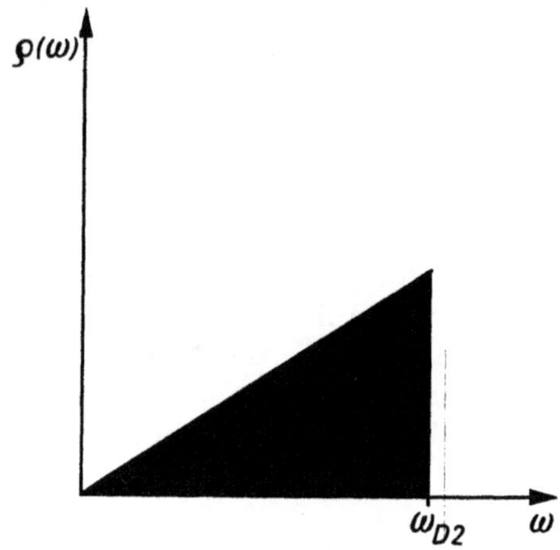

Abb. II.24. Debye-Spektrum des zweidimensionalen, dispersionslosen Kontinuums, nach Gl.(155)

nimmt daher an, daß es, um die Zustandsdichte in einem gewissen Frequenzband oberhalb ω_{D3} abzuschätzen, genügt, die Schichten als zweidimensionale und die Ketten als eindimensionale Kontinua aufzufassen.

Im Falle des zweidimensionalen Kontinuums liefert die Elastizitätstheorie eine Zustandsdichte der Schwingungen, die proportional zu ω ist. Schneidet man das Schwingungsspektrum bei der Frequenz ω_{D2} ab und normiert mit (142), nimmt also an, daß sich jeweils N Gitterbausteine in einer Schicht befinden, so folgt

$$\varrho(\omega) = \frac{6N}{\omega_{D2}^2}\,\omega\,, \quad 0 \leqq \omega \leqq \omega_{D2} \tag{155}$$

(Abb. II.24). Über (112b) erhält man damit als Beitrag jeder Schicht zur Wärmekapazität

$$C_V = 3NkD_2\left(\frac{\Theta_2}{T}\right). \tag{156}$$

Hierin bezeichnet

$$D_2\left(\frac{\Theta_2}{T}\right) \equiv 2\left(\frac{T}{\Theta_2}\right)^2 \int\limits_0^{\Theta_2/T} \frac{\left(\frac{\Theta}{T}\right)^3 e^{\Theta/T}}{(e^{\Theta/T}-1)^2}\, d\left(\frac{\Theta}{T}\right) \tag{157}$$

die sog. „zweidimensionale" Debye-Funktion und

$$\Theta_2 = \hbar\omega_{D2}/k$$

die „zweidimensionale" Debye-Temperatur. Die Werte der Debye-Funktion (157) für verschiedene Verhältnisse Θ_2/T finden sich tabelliert bei Tarasov (1959). Sie führen bei tiefen Temperaturen an Stelle von (148) auf ein T^2-Gesetz.

Den bei tieferen Frequenzen gelegenen Teil des akustischen Gitterspektrums eines aus monomolekularen Schichten aufgebauten Kristalles sollte man also in einem Bereich $0 \leqq \omega \leqq \omega_{D3}$ durch (143b) und in einem daran anschließenden Bereich $\omega_{D3} < \omega \leqq \omega_{D2}$ durch (155) approximieren können[66]. Dementsprechend sollte die Wärmekapazität dieser Kristalle zunächst mit T^3, dann mit T^2 und schließlich weiterhin mit der „zweidimensionalen" Debye-Funktion ansteigen.

Zum gleichen Ergebnis gelangen auch Krumhansl, Brooks (1953) auf Grund rein gitter-theoretischer Überlegungen. Speziell für Graphit schätzen Krumhansl und Brooks ab, daß die Dichte der Schwingungszustände unterhalb der Frequenz $\omega = (2\alpha/M)^{1/2}$ (α: Federkonstante für die Wechselwirkung zwischen zwei direkt benachbarten C-Atomen in zwei benachbarten Schichten; M: Masse eines C-Atoms) proportional zu ω^2 ist, während oberhalb dieser Frequenz (wegen $\alpha \ll \beta$; β: Federkonstante für die C–C-Bindung in den Schichten) eine Proportionalität zu ω besteht. Daraus kann gefolgert werden, daß ein Graphit-Kristall sich in bezug auf die Wärmekapazität unterhalb etwa 10° K wie ein dreidimensionales isotropes Medium verhält und, sofern man von dem Beitrag der Leitungselektronen absieht, das Debyesche T^3-Gesetz erfüllt. Bei höheren Temperaturen sollte sich dagegen die Wärmekapazität von Graphit in guter Näherung auf zwei „zweidimensionale" Debye-Funktionen zurückführen lassen:

$$C_V = Nk\left[D_2\left(\frac{\Theta_2^z}{T}\right) + 2D_2\left(\frac{\Theta_2^{xy}}{T}\right)\right], \tag{158}$$

von denen $D_2(\Theta_2^z/T)$ den Schwingungen zuzuordnen ist, bei denen die Auslenkungen der Gitterbausteine (näherungsweise) senkrecht zu den Schichten erfolgen (bending modes) und $D_2(\Theta_2^{xy}/T)$ den Schwingungen, bei denen die Auslenkungen der Gitterbausteine (näherungsweise) in den Schichtebenen liegen (stretching modes).

Nach Ausweis zahlreicher experimenteller Untersuchungen liefern nun die Gitterschwingungen in Graphit tatsächlich einen Beitrag zur Wärmekapazität, der bei sehr tiefen Temperaturen zunächst proportional zu T^3 verläuft und dann nach einem gewissen Übergangsbereich der Temperatur-Funktion (158) folgt (vgl. Abschn. III.2.3). Die Tarasov-Näherung

66 Zu normieren ist dabei jeweils auf die Zahl der in den einzelnen Bereichen effektiv wirksamen Freiheitsgrade.

beschreibt also zumindest den phänomenologischen Sachverhalt richtig. Ob sie allerdings auch den physikalisch gegebenen Sachverhalt trifft, kann, wegen der Unempfindlichkeit der Wärmekapazität gegenüber den Feinheiten des Schwingungsspektrums, aus dieser Übereinstimmung allein nicht geschlossen werden. Einzuwenden ist gegen den Tarasovschen Ansatz, wie auch gegen die Abschätzungen von Krumhansl und Brooks, daß dort die Biegesteifigkeit der einzelnen Schichten bzw. die damit verbundene Steifigkeit der C–C–C-Valenzwinkel unberücksichtigt bleibt. Die Kräfte, die einer Valenzwinkelbeanspruchung entgegen wirken, prägen ganz wesentlich das Spektrum der bending modes und führen auf einen Beitrag zur Wärmekapazität, der nicht durch eine „zweidimensionale" Debye-Funktion wiedergegeben werden kann [vgl. Newell (1955, 1956, 1957)]. Ein Vergleich mit dem von Young und Koppel (1965) berechneten vollständigen Spektrum der Gitterschwingungen in Graphit (Abb. III.4) legt die Vermutung nahe, daß eine Übereinstimmung der Tarasov-Näherung und des Ansatzes (158) mit dem Experiment nur deshalb zu erzielen ist, weil die verhältnismäßig schwach ausgeprägten Häufungsstellen zwischen $1 \cdot 10^{13}$ und $4 \cdot 10^{13}$ $\sec^{-1}$ in bezug auf die Wärmekapazität relativ gut durch eine Gerade mit positivem Anstieg gemittelt werden können.

Eine weitere Anwendungsmöglichkeit der „zweidimensionalen" Debye Funktion ist gegeben, wenn es notwendig wird, Beiträge von Oberflächenwellen zur Wärmekapazität zu berücksichtigen, die vor allem bei sehr kleinen Kristallen und bei polykristallinen Materialien eine Rolle spielen (vgl. Abschn. II.4.5).

Im Falle des eindimensionalen Kontinuums folgt aus der Elastizitätstheorie als Zustandsdichte der Schwingungen in den Grenzen $0 \leqq \omega \leqq \omega_{D1}$ eine Konstante. An die Stelle von (143b) bzw. (155) tritt daher das „eindimensionale" Debye-Spektrum

$$\varrho(\omega) = \frac{3N}{\omega_{D1}}, \quad 0 \leqq \omega \leqq \omega_{D1} \tag{159}$$

(Abb. II.25), wenn eine Kette N Gitterbausteine enthält. Der Beitrag jeder Kette zur Wärmekapazität ist nach (159) und (112b) gegeben durch

$$C_V = 3NkD_1\left(\frac{\Theta_1}{T}\right) \tag{160}$$

mit

$$D_1\left(\frac{\Theta_1}{T}\right) \equiv \left(\frac{T}{\Theta_1}\right)\int\limits_0^{\Theta_1/T} \frac{\left(\frac{\Theta}{T}\right)^2 e^{\Theta/T}}{(e^{\Theta/T}-1)^2}\, d\left(\frac{\Theta}{T}\right) \tag{161}$$

als „eindimensionale" Debye-Funktion und

$$\Theta_1 \equiv \hbar\,\omega_{D1}/k$$

als „eindimensionale" Debye-Temperatur. (161) wurde von Wunderlich (1962) tabelliert. Bei tiefen Temperaturen entspricht diese Funktion an Stelle von (148) einem T-Gesetz.

Analog zu den aus Schichten aufgebauten Kristallen, kann man also bei Kristallen, die aus parallel gerichteten Ketten gebildet sind, aus der Kontinuums-Theorie schließen, daß die Zustandsdichte der Gitterschwingungen in einem ersten Frequenzintervall $0 \leqq \omega \leqq \omega_{D3}$ proportional zu

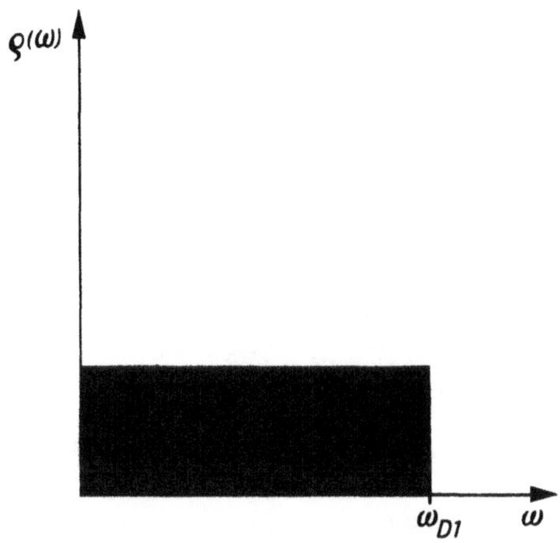

Abb. II.25. Debye-Spektrum des eindimensionalen, dispersionslosen Kontinuums, nach Gl. (159)

ω^2 verläuft, dann aber in einem zweiten Bereich $\omega_{D3} < \omega \leqq \omega_{D1}$ konstant bleibt. Auf diese Weise erhält man das Tarasov-Spektrum Abb. III.15D. Ordnet man den bending und stretching modes verschiedene Abschneidefrequenzen $\omega_{D3}^b < \omega_{D3}^s < \omega_{D1}^b < \omega_{D1}^s$ zu [Tucker, Reese (1967)], so kommt man zu dem Spektrum Abb. III.15C. Die Wärmekapazität der aus Ketten aufgebauten Kristalle sollte demnach zunächst mit T^3 ansteigen, dann aber proportional zu T und weiterhin proportional zu (161) verlaufen.

Für Polyäthylen konnten Wunderlich (1962) und Tucker, Reese (1967) mit Hilfe der Tarasov-Näherung einen überraschend guten Angleich an das Experiment erzielen. Aber auch hier bleibt es fragwürdig, den Angleich mit einer physikalischen Aussage zu verbinden. Die Tarasov-Näherung erlaubt zwar den unteren Frequenzbereich des Gitter-Spektrums der stretching modes recht gut darzustellen (vgl. Abb. III.15C/D mit Abb. II.16), nicht aber den der bending modes (vgl. Abb. III.15C/D mit Abb. II.17). Die Ursache hierfür liegt wiederum darin begründet, daß bei den bending modes in erster Linie die Valenzwinkelkräfte beansprucht werden, diesem Faktum aber in einem eindimensionalen Kontinuum mit der Frequenzverteilung (159) in keiner Weise Rechnung getragen wird

[Baur (1970)]. Das wird auch deutlich bei einem Vergleich der Abb. II.25 mit den Abbn. II.7 und II.14. Während das Spektrum der Longitudinalschwingungen einer linearen Kette mit dem „eindimensionalen" Debye-Spektrum im ganzen Anfangsbereich praktisch übereinstimmt, findet sich im Spektrum der Transversalschwingungen nirgends ein Bereich, in dem (159) als Grenzfall angesehen werden kann.

Weitere Methoden, mit denen eine Näherungsrechnung ohne genauere Kenntnis des Gitterspektrums möglich ist, stammen von Thirring (für hohe Temperaturen) und Houston (für tiefere Temperaturen) [vgl. z. B. Maradudin, Montroll, Weiss (1963)]. Sie haben jedoch auf Polymere bisher keine Anwendung gefunden.

4.5. Einfluß der Anharmonizität der Gitterschwingungen und der Gitterdefekte auf die Wärmekapazität[67]

Die in den Abschn. II.4.1 bis II.4.4 zugrunde gelegte Vernachlässigung der Glieder höherer Ordnung

$$\left.\begin{aligned} \Phi_3 &\equiv \frac{1}{6}\sum_j\sum_k\sum_l \left(\frac{\partial^3\Phi}{\partial s_j\,\partial s_k\,\partial s_l}\right)_0 s_j\,s_k\,s_l \\ \Phi_4 &\equiv \frac{1}{24}\sum_j\sum_k\sum_l\sum_m \left(\frac{\partial^4\Phi}{\partial s_j\,\partial s_k\,\partial s_l\,\partial s_m}\right)_0 s_j\,s_k\,s_l\,s_m \\ &\dots\dots \quad \text{usw.} \quad \dots\dots \end{aligned}\right\} \tag{162}$$

der potentiellen Energie (98) ist nur bei genügend tiefen Temperaturen erlaubt, bei denen die Auslenkungen s_j der Gitterbausteine klein genug sind. Mit steigender Temperatur nehmen hingegen die Schwingungsamplituden der Gitterbausteine zu, so daß sich sukzessive auch die höheren Glieder in (98) bemerkbar machen. Ferner hat man bei höheren Temperaturen zu berücksichtigen, daß die Gleichgewichtslage der Gitterbausteine nicht mehr durch ein Minimum der potentiellen Energie, sondern durch ein Minimum der freien Energie F des Systems bestimmt wird. Da F sowohl von den Ortskoordinaten der Gitterbausteine als auch von der Temperatur abhängt, werden nun die Gleichgewichtslagen und damit Φ_0 und die Entwicklungskoeffizienten in (98) mit der Temperatur variabel.

Sinnvoll bleibt die Reihenentwicklung (98), die ja nach endlich vielen Gliedern abgebrochen werden soll, natürlich nur in einem gewissen Temperaturbereich oberhalb $T = 0$; sie verliert sicher ihre Gültigkeit in der Nähe der Schmelztemperatur (oder anderer Umwandlungstemperaturen). Ist die Temperatur nicht zu hoch, so kann man die Summe

$$\Phi' \equiv \Phi_1 + \Phi_3 + \Phi_4 + \Phi_5 + \dots \tag{163}$$

als eine (schwache) Störung der in „nullter" Näherung voneinander unabhängigen Normalschwingungen auffassen. Mit $\mathscr{H}_0 = \boldsymbol{E}_{kin} + \Phi_0 + \Phi_2$

67 Leibfried, Ludwig (1961), Ludwig (1967), Maradudin (1966, 1967).

als Hamilton-Operator des ungestörten Systems und $\mathscr{H} = \mathscr{H}_0 + \Phi'$ als Hamilton-Operator des gestörten Systems kann man dann über (54a) und (49) eine quantenmechanische Störungsrechnung[68] für die freie Energie F des Systems ausführen. Es zeigt sich, daß die Störungen erster Ordnung allein von Φ_4, die Störungen zweiter Ordnung von Φ_1^2, $\Phi_1 \cdot \Phi_3$ und Φ_3^2 und die Störungen höherer Ordnung von Φ_3^4, Φ_4^2, Φ_5^2, Φ_6, usw., abhängen.

In bezug auf die Wärmekapazität sind vor allem zwei Auswirkungen des Störpotentials (163) von Bedeutung: Einmal ist nun die Hamilton-Funktion des Systems, wie ohne weiteres aus (162) ersichtlich, nicht mehr quadratisch von den Koordinaten abhängig. Sie genügt folglich nicht mehr den Voraussetzungen des Gleichverteilungssatzes (Abschn. II.3.1). Zweitens setzt eine mit steigender Temperatur anwachsende Kopplung der Normalschwingungen untereinander ein, die dazu führt, daß die Gitterbausteine nicht mehr symmetrisch um ihre Ruhelage schwingen (Anharmonizität der Gitterschwingungen). Die durch die Kopplung hervorgerufenen Frequenzverschiebungen beeinflussen die Wärmekapazität dagegen weniger.

Die Anharmonizität der Gitterschwingungen ist bekanntlich die Ursache für die Wärmeausdehnung (oder Wärmekontraktion). Der Hauptteil rührt dabei von Φ_3 her, während Φ_4, solange keine äußeren Kräfte vorhanden sind, ohne Auswirkungen bleibt. Nach (25) bzw. (39) ist daher auch der Unterschied zwischen C_V und C_p auf die Störglieder (163) zurückzuführen. Als Indikator für das Einsetzen der anharmonischen Störungen kann die Veränderung der Gitterabstände mit der Temperatur dienen[69].

Daß die Hamilton-Funktion des gestörten Systems nicht den Voraussetzungen des Gleichverteilungssatzes genügt, bedeutet, daß der Beitrag der Gitterschwingungen zur Wärmekapazität C_V bei höheren Temperaturen nicht notwendig dem Wert der Dulong-Petitschen Regel zustrebt. Es kann sein, daß der Dulong-Petitsche Wert überschritten wird, es kann aber auch der Fall eintreten, daß die Wärmekapazität der Gitterschwingungen kurz unterhalb des Dulong-Petitschen Wertes einen Maximalwert erreicht und dann wieder abfällt.

---

68 Vgl. z. B. Dirac (1958).

69 Eine gewisse Berücksichtigung findet die Wärmeausdehnung und die Unterscheidung zwischen C_V und C_p jedoch auch schon in der ungestörten Näherung, wenn man in $\mathscr{H} = \mathscr{H}_0 \equiv E_{\text{kin}} + \Phi_0 + \Phi_2$, $\Phi' = 0$ von vornherein eine Abhängigkeit der Gleichgewichtslagen von der Temperatur zuläßt. In dieser sog. *quasi-harmonischen Näherung* erweist sich der thermische Ausdehnungskoeffizient α grob als proportional zur Wärmekapazität der harmonischen Näherung. — Berechnungen der Wärmeausdehnung von Polyäthylen-Kristallen wurden von Odajima, Maeda, Sato, Kitagawa, Miyazawa (1968) (innerhalb der quasi-harmonischen Näherung) und von Hayakawa, Wada (1968) (mit Hilfe der sog. Molekülfeld-Approximation) durchgeführt.

Born, Brody (1921) und Schrödinger (1922) konnten schon mit Hilfe der älteren Quantenmechanik bzw. der klassischen Mechanik zeigen, daß die Störglieder Φ_3^2 und Φ_4 bei höheren Temperaturen auf eine Abhängigkeit der Wärmekapazität von der Temperatur in der Form

$$C_V = 3Nk + (A_3 - A_4)\,T \qquad (164)$$

führen. $A_3 > 0$ hängt dabei allein von Φ_3^2 und $A_4 > 0$ allein von Φ_4 ab. Man erhält also einen mit der Temperatur linearen Anstieg der Wärmekapazität über den Dulong-Petitschen Wert hinaus, wenn $A_3 > A_4$ gilt. Da in

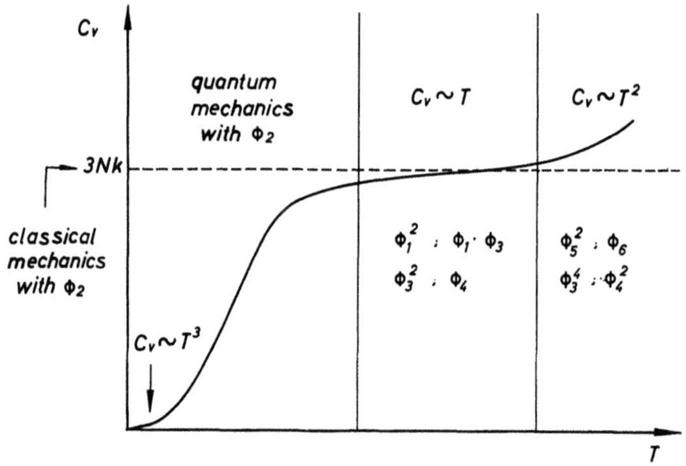

Abb. II.26. Schematische Darstellung des Beitrages der Gitterschwingungen zur Wärmekapazität eines Festkörpers in Abhängigkeit von der Temperatur. Die gestrichelte Linie entspricht der Dulong-Petitschen Regel (103), die ausgezogene Kurve der Quantenmechanik bei sukzessiver Berücksichtigung der Störglieder (163)

der (164) zugrunde liegenden Näherung die Wärmeausdehnung allein von Φ_3 gesteuert wird, kann man erwarten, daß bei allen Festkörpern mit einer stärkeren Wärmeausdehnung die Wärmekapazität bei höheren Temperaturen mit T ansteigt. Darüber hinaus führen die höheren Störterme Φ_3^4, Φ_4^2, Φ_5^2 und Φ_6 zu einem weiteren Anstieg mit T^2 [Ludwig (1967)]. Schematisch erhält man also für den Beitrag der Gitterschwingungen zur Wärmekapazität eines Festkörpers mit nicht zu kleiner Wärmeausdehnung den in Abb. II.26 dargestellten Verlauf.

Der Einfluß der Störglieder (163) auf die Wärmekapazität von Polymeren wurde bisher nicht untersucht. Es ist jedoch durchaus zu erwarten, daß sich die Anharmonizität der Gitterschwingungen gerade bei Polymeren in der in Abb. II.26 dargestellten Form bemerkbar macht [Baur (1968)]. Zunächst ist festzustellen, daß in Polymeren meist verhältnismäßig schwache zwischenmolekulare Bindungskräfte herrschen, so daß die Wärmeausdehnung in den zu den Ketten senkrechten Richtungen sicher nicht gering ist. Man wird daher für Polymere stets $A_3 > A_4$ annehmen können. Ferner besitzen Polymere einen, im Vergleich zur Stärke der wirksamen zwischenmolekularen Wechselwirkungskräfte, verhältnismäßig hohen Schmelzpunkt. Das liegt daran, daß die hauptvalenten Bindungen der Gitterbausteine in Kettenrichtung die Schmelzentropie der

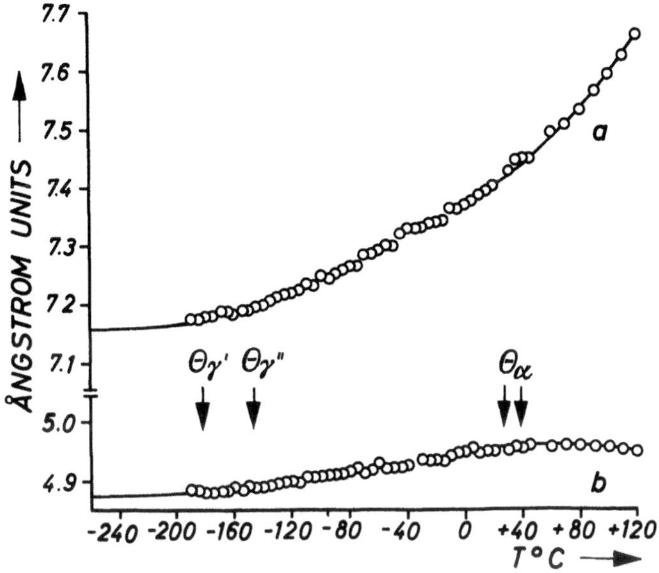

Abb. II.27. Gitterparameter in Richtung der *a*- und *b*-Achse eines linearen, langsam abgekühlten Polyäthylens in Abhängigkeit von der Temperatur. Meßpunkte nach Hendus (1962). In Richtung der *c*-Achse sind keine Änderungen festzustellen. Die Pfeile geben die Lage der Θ-Temperaturen der (α)- und (γ)-Singularitäten nach Tab. II.2 an

Polymeren gegenüber den niedermolekularen Substanzen mit vergleichbarer Schmelzenthalpie stark vermindern. Die vergleichsweise hohe Lage des Schmelzpunktes bewirkt aber, daß die Θ-Temperaturen derjenigen Gitterschwingungen, die die zwischenmolekularen Bindungen beanspruchen, weit unterhalb des Schmelzpunktes liegen. Aus diesen Fakten kann man schließen, daß sich die Anharmonizität der (α)- und (γ)-Schwingungen (Abschn. II.4.3.2) schon weit unterhalb des Schmelzpunktes bemerkbar machen wird.

Für Polyäthylen z. B. zeigt die Gitteraufweitung in Richtung der *a*-Achse (Abb. II.27), daß die Anharmonizität eines Teiles der Gitterschwingungen bereits bei etwa $-200°$ C in stärkerem Maße einsetzt. Aus dem annähernd geraden Verlauf der Aufweitung im Temperaturbereich von etwa $-160°$ C bis $0°$ C kann man weiter entnehmen, daß bis zu $0°$ C hinauf für die Wärmeausdehnung im wesentlichen nur die Störung Φ_3 und für die Wärmekapazität die Störungen Φ_3 und Φ_4 wirksam sind. Oberhalb von 0° C machen sich dagegen sicher auch die höheren Störglieder bemerkbar. Man kommt damit zu der Abschätzung, daß die Wärmekapazität der die zwischenmolekularen Bindungen beanspruchenden Gitterschwingungen in Polyäthylen den harmonischen Grenzwert schon weit unterhalb von 0° C überschreitet und oberhalb dieser Temperatur mit T^2 weiter ansteigt. Diese Abschätzung erscheint zwar insofern nicht ganz stichhaltig, als die bei alleiniger Wirksamkeit der ersten Störterme zu erwartende Proportionalität der Gitteraufweitung zur Temperatur bei Polyäthylen nur annähernd erfüllt ist (vgl. auch Cole, Holmes, 1960; Swan, 1962). Es wäre also möglich, daß die höheren Störungen auch schon unterhalb 0° C gegeben sind. Messungen an vergleichbaren n-Paraffinen (Hendus, 1962), nach denen die Aufweitung in a-Richtung zwischen −160° C und 0° C proportional zu T verläuft, lassen jedoch eher vermuten, daß bei Polyäthylen die Abweichungen von der Proportionalität in diesem Temperaturbereich durch Defekte hervorgerufen werden.

Defekte (d. h. Verunreinigungen, besetzte Zwischengitterplätze, Leerstellen, Versetzungen, usw., in einem gewissen Sinne aber auch die Kristalloberflächen) wirken im allgemeinen ganz ähnlich wie die höheren anharmonischen Glieder Φ_3^4, Φ_4^2, Φ_5^2, Φ_6 ..., d. h. sie verursachen sowohl bei der Gitteraufweitung als auch bei der Wärmekapazität Abweichungen von der Proportionalität zu T. Auf die Wärmekapazität gewinnen Defekt-Strukturen ferner dadurch einen Einfluß, daß sie zu einer, unter Umständen erheblichen Änderung des Schwingungsspektrums führen (vgl. Abb. II.13). Zusätzlich können Defekte zu sog. local modes und speziell Verunreinigungen mit größerer Masse zu niederfrequenten resonance modes Anlaß geben (Maradudin, 1966; 1967). Bei Polyäthylen z. B. wirken auf diese Weise vor allem die gauche-Konformationen (Jannink, 1968; Miyazawa, Sakaki, 1968) und Kinken-Umlagerungen (Pechold, 1968), wahrscheinlich aber ebenso auch die Verzweigungsstellen und Endgruppen. Die auf 100% Kristallinität extrapolierte Wärmekapazität des Polyäthylens (Tab. III.8) enthält allerdings zumindest bis −75° C hinauf keinen Beitrag von Defektstrukturen (vgl. Baur, 1970). Das deutet darauf hin, daß hier die Konzentration der Defekte sehr klein ist. Bei höheren Temperaturen ist schließlich allgemein auch noch ein Beitrag von der thermischen Erzeugung von Defekten zu erwarten.

Local modes sind Gitterschwingungen, deren Amplituden in einem meist kleinen örtlichen Bereich um den erzeugenden Defekt herum groß sind, während sie im übrigen Gitter praktisch verschwinden. Die durch Punkt-Defekte, z. B. Leerstellen, hervorgerufenen local modes sind also auf die Umgebung dieser Punkte beschränkt. Die bei Polymeren durch Reihung von gauche- oder trans-Konformationen oder Kettenfaltung entstehenden local modes können sich dagegen über ganze Kettensegmente erstrecken. Flächen-Defekte erzeugen entsprechend local modes, die sich, wie die Oberflächenwellen (Rayleigh-Wellen), über flächenhafte Teilbereiche des Gitters ausbreiten. Nach der Kontinuums-Theorie (Abschn. II.4.4) liefern die Rayleigh-Wellen bei tiefen Temperaturen einen Beitrag

$$C_V(\text{surface}) \sim T^2 \tag{165}$$

zur Wärmekapazität.

Im Prinzip gelten unsere Betrachtungen auch für den Glaszustand, d. h. für ein Gitter, das derart mit Defekten übersät ist, daß zwischen den Gitterbausteinen nur noch eine Nahordnung besteht. Die Vielzahl der Defektstellen bewirkt jedoch, daß sich im allgemeinen keine ebenen Wellen der Form (114) bzw. (118) mehr ausbilden können und die Gitterschwingungen mehr oder minder schon von $T = 0$ an mit einer Anharmonizität behaftet sind. Der Berechnung des Schwingungsspektrums und der Wärmekapazität eines derartigen Quasi-Gitters stehen daher praktisch unüberwindliche Schwierigkeiten entgegen, so daß man stets auf bloße Abschätzungen angewiesen ist. Die gegenüber der Wärmekapazität der kristallinen Bereiche größere Wärmekapazität der amorphen Bereiche von Polymersubstanzen unterhalb der Glastemperatur, besonders bei tiefen Temperaturen [Abschn. III], läßt sich im wesentlichen durch zwei Effekte erklären:

1. durch das vermehrte Auftreten von niederfrequenten lokalisierten Schwingungen, die im allgemeinen wohl, wegen der Uneinheitlichkeit der Defekt-Strukturen, eine breite Frequenzverteilung besitzen, die aber, sofern sie von definierten Defekten, wie Verzweigungen und Endgruppen herrühren, auch zu scharfen Frequenzlinien Anlaß geben können (vgl. z. B. Abschn. III.4.1).

2. durch die schon bei weit tieferen Temperaturen einsetzende Anharmonizität der Gitterschwingungen.

Die Übereinstimmung der Wärmekapazität der amorphen und kristallinen Bereiche im mittleren Temperaturbereich, wie sie anscheinend z. B. bei Polyäthylen gegeben ist (Tab. III.8), läßt darauf schließen, daß die Leerstellen in den amorphen Bereichen im Mittel sehr klein sind (vgl. Pechold, 1968; Kanig, 1969).

4.6. Quantenfeldtheoretischer Aspekt der Wärmekapazität

Das Spektrum der Gitterschwingungen eines Festkörpers, wie es in den Abschn. II.4.1—4.3 abgehandelt wurde, läßt sich schon mit Hilfe der klassischen Mechanik verstehen und berechnen. Ein Verständnis des Zusammenhanges zwischen Gitterschwingungen und Wärmekapazität eines Festkörpers ist dagegen nur auf der Basis der Quantenmechanik möglich.

Geht man jedoch über die harmonische Näherung hinaus, so bietet auch die Quantenmechanik im gewöhnlichen Sinne einige Schwierigkeiten. Das liegt daran, daß man ganz allgemein bei der Lösung des sog. Viel-Teilchen-Problems auf Schwierigkeiten stößt, sobald die Wechselwirkungskräfte der Teilchen untereinander nicht mehr die Form (100) besitzen. Einen größeren Fortschritt bei der Bewältigung dieses Problems hat hier in den letzten zwanzig Jahren die Anwendung einer Methode gebracht, die ursprünglich (1927) von Dirac und Jordan bei der Quantisierung des elektromagnetischen Feldes entworfen und später in der Elementarteilchen-Physik weiter entwickelt wurde: Die Methode der sog. zweiten Quantelung oder die Quantenfeldtheorie und die daran anschließende Graphen-Technik von Feynman und Dyson.[70] Da diese Methode eine grundsätzliche Bedeutung auch in bezug auf die anharmonische Theorie der Wärmekapazität fester Körper hat, wollen wier hierauf abschließend noch etwas eingehen.

In der Quantenfeldtheorie der Materie läßt man zunächst die Born-Heisenbergsche Interpretation des Produktes $\psi\psi^*$ der Schrödingerschen Wellenfunktion ψ als eine Wahrscheinlichkeitsdichte für die Lokalisation der Teilchen fallen und geht auf die ursprüngliche Interpretation von De Broglie und Schrödinger zurück, die die Wellenfunktion eines Viel-Teilchen-Systems als eine ein dreidimensionales, klassisch-anschauliches Materiefeld beschreibende Funktion ansahen. Dieses Materiefeld unterwirft man einer Quantelung, in der gleichen Weise, wie man z. B. in der sog. Quantenelektrodynamik das klassisch-anschauliche elektromagnetische Feld quantisiert.[71] So wie nun aus der Quantelung des elektromagnetischen Feldes die Photonen als charakteristische Teilchen des Feldes folgen, erhält man durch Quantelung des schwingenden Materiefeldes eines Festkörpers die sog. *Phononen.* Diese Phononen nehmen in der modernen Festkörperphysik an Stelle der Gitterschwingungen die zentrale Stellung ein. Es sind, wie die Photonen, Bosonen.

Im Bilde der Quantenfeldtheorie entsprechen jeder Frequenz ω im Spektrum der Gitterschwingungen eines Festkörpers Phononen der Energie $\hbar\omega$. Abb. II.18 stellt also auch (natürlich nur innerhalb der dort angenommenen Vereinfachungen) das Energiespektrum bzw. die Zustandsdichte der Phononen einer Polymersubstanz dar. Dem Wellenzahlvektor $\mathfrak{k}$ der Gitterschwingungen entspricht der Impuls (oder Quasi-Impuls) $\hbar\mathfrak{k}$

---

70 Zur Einführung vgl. z. B. Gombás (1950), Weizel (1958), Henley, Thirring (1962), Kittel (1963).

71 Da die Quantelung der Schrödinger-Gleichung formal auf eine zweimalige Quantelung der ursprünglichen klassischen Gleichung hinausläuft, spricht man auch von zweiter Quantelung. Diese Ausdrucksweise ist jedoch irreführend, wenn die Schrödinger-Gleichung als klassische Feldgleichung aufgefaßt wird, in der von Quantelung keine Rede ist.

der Phononen, der allerdings nichts mit dem Impuls der Gitterbausteine zu tun hat und auch nicht notwendig einem Erhaltungssatz genügt. Daß $\hbar \mathfrak{k}$ nicht unbedingt mit einer Impulserhaltung verbunden ist, hängt damit zusammen, daß die Summe zweier Wellenzahlvektoren $\mathfrak{k}' + \mathfrak{k}'' = \mathfrak{k}'''$ aus der ersten Brillouin-Zone herausführen kann, man aber dann, um die Eindeutigkeit der Beschreibung zu wahren (vgl. S. 210), $\mathfrak{k}'''$ durch den entsprechenden Vektor aus der ersten Brillouin-Zone ersetzen muß.

In der harmonischen Näherung erhält man an Stelle des Systems der Normalschwingungen ein Phononengas, in dem die einzelnen Phononen in keinerlei Wechselbeziehung untereinander stehen. Die Lebensdauer der Phononen ist in dieser Näherung unbegrenzt und die (mittlere) Zusammensetzung des Phononengases bei vorgegebener Temperatur konstant. Die Wärmeaufnahmefähigkeit eines Gitters beruht allein darauf, daß im Gleichgewicht bei höheren Temperaturen mehr Phononen existent sind, als bei tieferen Temperaturen. Da die Phononen in der harmonischen Näherung keine Wechselwirkung untereinander ausüben, haben sie aber, einmal aus dem Gleichgewicht gebracht, auch keinerlei Möglichkeit je wieder in einen Gleichgewichtszustand zurückzufinden.[72] Das macht deutlich, daß innerhalb der harmonischen Näherung nur thermostatische Effekte beschreibbar sind. In einer weiterführenden Theorie sind notwendig die mit der Phononenwechselwirkung in Zusammenhang stehenden anharmonischen Glieder Φ_3, Φ_4, ... zu berücksichtigen.

Die gegenseitige Wechselwirkung der für die Felder charakteristischen Teilchen wird in der Quantenfeldtheorie durch Erzeugungs- und Vernichtungsprozesse beschrieben. Nach einer Transformation von Φ als Funktion der Normalkoordinaten in eine Funktion von Erzeugungs- und Vernichtungsoperatoren enthält z. B. Φ_3 diejenigen elementaren Wechselwirkungsprozesse, an denen jeweils drei Phononen beteiligt sind: den Zerfall eines Phonons in zwei Phononen und die Phononenpaarvernichtung bei gleichzeitiger Erzeugung eines Phonons (Abb. II.28). Dabei bleibt die Energie stets erhalten:

$$\hbar\omega' + \hbar\omega'' = \hbar\omega''' ,$$

während der Quasi-Impuls, auf Grund der Mehrdeutigkeit der Wellenzahlvektoren $\mathfrak{k}$, nur eine Auswahlregel

$$\hbar\mathfrak{k}' + \hbar\mathfrak{k}'' = \hbar\mathfrak{k}''' + 2\pi\hbar\,\tilde{\mathcal{A}}^{-1}\,\mathfrak{m}$$

erfüllt [$\tilde{\mathcal{A}}^{-1}$ ist die inverse, transponierte Matrix zur Matrix $\mathcal{A}$ der Grundtranslationsvektoren $\mathfrak{a}_i$ in (113)]. Bleibt auch der Quasi-Impuls erhalten, d. h., ist $\tilde{\mathcal{A}}^{-1}\,\mathfrak{m} = 0$, so spricht man von Normalprozessen, anderenfalls von Umklapp-Prozessen. Entsprechend enthält Φ_4 diejenigen elemen-

72 Das gilt natürlich auch schon für die ungestörten Normalschwingungen.

taren Wechselwirkungsprozesse, an denen jeweils vier Phononen beteiligt sind (Abb. II.29), usw. Alle diese Prozesse bewirken eine Beschränkung der Lebensdauer der Phononen auf einen endlichen Wert. In einem realen Festkörper treten darüber hinaus auch noch andere Wechselwirkungsmöglichkeiten der Phononen in Erscheinung, z. B. die elastische Streuung der Phononen an Fehlstellen und Gittergrenzen oder die unelastische Streuung der Phononen, besonders an amorphen Strukturen, bei der z. B. Platzwechsel oder Defekte erzeugt werden.[73]

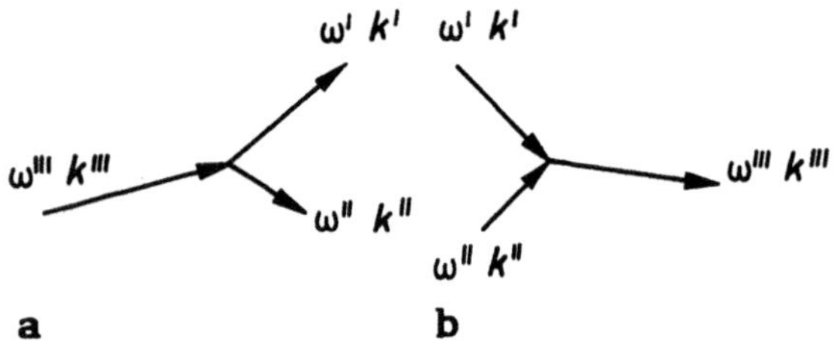

Abb. II.28

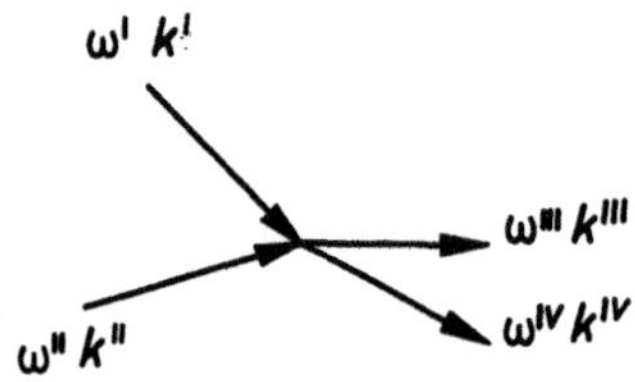

Abb. II.29

Abb. II.28. Typen der in Φ_3 enthaltenen elementaren Phononen-Prozesse. a: Zerfall eines Phonons mit der Energie $\hbar\omega'''$ und dem ,,Impuls'' $\hbar\mathfrak{k}'''$ in zwei Phononen ($\hbar\omega'$; $\hbar\mathfrak{k}'$) und ($\hbar\omega''$; $\hbar\mathfrak{k}''$); b: Zusammenstoß zweier Phononen ($\hbar\omega'$; $\hbar\mathfrak{k}'$) und ($\hbar\omega''$; $\hbar\mathfrak{k}''$) bei gleichzeitiger Vernichtung des Paares und der Erzeugung eines neuen Phonons ($\hbar\omega'''$; $\hbar\mathfrak{k}'''$)

Abb. II.29. Typ der in Φ_4 enthaltenen elementaren Phononen-Prozesse

Dem System der gekoppelten Normalschwingungen der anharmonischen Gittertheorie entspricht also in der quantenfeldtheoretischen Formulierung ein Phononengas, in dem die Phononen untereinander in Wechselwirkung stehen und dessen (mittlere) Zusammensetzung sich zeitlich verändern kann. In gewisser Weise ist dieses Phononengas vergleichbar mit einem idealen Gas, in dem die Stoßprozesse der Moleküle eine Beschränkung der Lebensdauer und eine Fluktuation der Anregungszustände bewirken und Transportprozesse erlauben, die stets einen Angleich an das Gleichgewicht ermöglichen. Der zunächst mit der Temperatur lineare Anstieg der Wärmekapazität über den Dulong-Petitschen Wert hinaus rührt in einem idealen Gitter von den schon bei verhältnismäßig tiefen Temperaturen wahrscheinlichen 3- und 4-Phononen-Prozessen her, während der parabolische Anstieg auf den mit steigender Temperatur wahrscheinlicher werdenden höheren Phononen-Prozessen beruht.

73 Da wir vor allem elektrisch nicht leitende Substanzen in Betracht ziehen, lassen wir die Wechselwirkung der Phononen mit den Leitungselektronen (die z. B. bei tiefen Temperaturen zu dem Phänomen der Supraleitung Anlaß geben kann) außer acht.

Der Unterschied zwischen dem idealen Gitter und dem realen Kristallgitter bzw. dem Quasi-Gitter eines Glases kommt unter anderem dadurch zum Ausdruck, daß die Lebensdauer der Phononen mit zunehmender Defektkonzentration weiter eingeschränkt wird.

In diesem Zusammenhang sei auch noch kurz auf die Frage nach einem Vergleich zwischen der Wärmekapazität und den mechanischen Verlustspektren eingegangen [vgl. z. B. O'Reilly, Karasz (1966)]. Da man bei der Ausdeutung der mechanischen Verlustspektren von Polymern sich häufig der gleichen Redeweise bedient, wie bei der Erklärung der Wärmekapazität, insbesondere z. B. vom „Auftauen" mechanischer „Bewegungsmechanismen" spricht, wenn man die mit steigender Temperatur auftretenden mechanischen Verluste interpretiert, mag ein solcher Vergleich naheliegend erscheinen. Tatsächlich handelt es sich jedoch um zwei grundlegend verschiedene Phänomene, die ohne weiteres keinen Vergleich erlauben. Dies wird besonders deutlich im Phononen-Bild der Quantenfeldtheorie.[74]

Die Wärmekapazität ist in ihren wesentlichen Zügen eine thermo*statische* Eigenschaft. Ihre Temperaturabhängigkeit wird bei vorgegebener Struktur gesteuert durch das mit steigender Temperatur einsetzende Auftauen der Freiheitsgrade des Systems, d. h. im Phononen-Bild, durch das Erscheinen und die Vermehrung von Phononen bestimmter Energie. Die Phononen-Wechselwirkung spielt erst in zweiter Linie eine Rolle und bewirkt einen Beitrag zur Wärmekapazität, der bei genügend tiefen Temperaturen unterhalb der Schmelztemperatur oder anderer Umwandlungstemperaturen als bloße Korrektur angesehen werden kann.

Das mechanische Verlustspektrum ist dagegen eine *dynamische* Eigenschaft. Es kommt zustande durch die Störung eines Gleichgewichtes und die Untersuchung des Überganges dieses gestörten Gleichgewichtes in einen neuen Gleichgewichtszustand (Relaxation). Der Übergang ist dabei notwendig mit der inneren Reibung verbunden, beruht also auf dem Impulstransport innerhalb des Systems. Transportvorgänge sind in einem elektrisch nicht leitenden Festkörper aber nur über die Wechselwirkung der Phononen möglich. Mechanische Verlustspektren sind daher nur mit *den* Effekten in der Wärmekapazität vergleichbar, die außerhalb der harmonischen Näherung liegen, d. h. mit den Effekten, die auf der Wirkung der Störglieder (163), der Wirkung von Defektstrukturen und der Wirkung der thermischen Umwandlungen (einschließlich der thermischen Erzeugung von Defekten) beruhen.

74 Vgl. hierzu auch Baur (1968).

III. Results of Experimental Heat Capacity Measurements

1. Experimental Techniques

1.1. Definition of Heat Capacity

The heat capacity is, as shown in Section II.1.1 defined as the increase in heat content if the temperature of the sample is increased by one degree Celsius. In the following discussion, the heat capacity is measured under the condition of constant pressure. Heat capacities at constant volume, which are more amenable to theoretical interpretation are not determined directly, but are calculated using the thermodynamic relationship (see Eq. II.25).

$$C_p - C_v = \alpha^2 V T / \varkappa \qquad (1)$$

If insufficient data for the evaluation of Eq. (1) are available, a universal expression proposed by Nernst and Lindemann (1911) may be used for the estimation of C_v from C_p:

$$C_p - C_v = C_p^2 (T/T_m) A_0 \,. \qquad (2)$$

In this expression A_0 is a universal constant (0.0203 cal^{-1} deg mole) and T_m is the melting temperature.

1.2. Units of Heat

The unit of heat used throughout this article is the calorie. Historically the calorie is defined as the specific heat of water. As soon as more accurate measurements were possible, it was found that the specific heat of water varies by as much as $^1/_2$% between 0 and 100° C. For a more precise definition the temperature of the water had to be specified. Soon after 1900 practically all precision calorimetry was ultimately linked to the more convenient and accurate electrical measurement of energy. Out of habit most measurements were, however, still converted to calories, so that finally an artificial calorie was defined. The present value of this defined calorie is:

$$1 \text{ calorie} = 4.1840 \text{ abs. joules.} \qquad (3)$$

The absolute joule is an electromagnetic unit of energy and equals 10^7ergs. This definition has been in use since 1948, when the international electrical units were given up in favor of the absolute system.

At that time the calorie was redefined[75] so that its value did not change with the new electrical units (it was set equal to 4.18331 international joules in 1930).

1.3. Units of Temperature

On examination of the different means of temperature determination, it emerges that several temperature gauges are available with a higher degree of precision than the gas thermometer, the only thermometer capable of reproducing the absolute temperature in the temperature range of interest. All of these thermometers are secondary gauges and must be calibrated using, ultimately, a gas thermometer. This results in the dilemma that the accuracy of the gas thermometer cannot be exceeded if the absolute thermodynamic scale is used for the temperature definition. This difficulty was resolved in 1927 when an experimental scale, the international temperature scale, proposed by the International Committee of Weights and Measures was accepted by the 7th General Conference of Weights and Measures. This international temperature scale is intended to be as nearly identical with the thermodynamical scale as possible. In order to maintain the temperature scale, the General Conference meets every 6 years to review recommendations of changes. The scale in use today is known as the International Practical Temperature Scale of 1968 (IPTS). Only minor changes have been made in 1954 and 1960 as has been described by Stimson (1961).

The IPTS, measured in Celsius[76] is realized by a series of fixed points. The fundamental fixed points are triple point of water at 0.01 C and the steam point at 100 C. Except for the triple point of water, all fixed points are for a pressure of one standard atmosphere. A series of others, hydrogen, neon, oxygen, zinc, silver, and gold point have been assigned the best available gas thermometer values. Table III.1 gives a summary of the defining fixed points. Note that for the IPTS-68 the degree symbol has been dropped, a practice not yet followed in other sections of this paper. The changes of 1968 are below 0.1 C up to 500 C and increase above 600 C almost linearly such that at 3000 C a value of +6 C is found for the difference IPTS-48-IPTS-68.

In 1954 an additional scale, the International Kelvin Scale, was adopted, which is of special importance for work at very low tempera-

75 Actually the calorie is thus a superfluous unit. If we could learn to use the specific heat of water as being 0.239 abs. joules per degree and gram it could be abolished. Although a considerable number of measurements of specific heats are reported in terms of abs. joules, the energies, free energies, and entropies are almost exclusively reported and discussed in calories, and specific heats in joules have to be converted for use most of the time.

76 Before called Centigrade Scale in English speaking countries, see Science, **136**, 254 (1962).

Table III.1. *Defining fixed points of the International Practical Temperature Scale of 1968* (IPTS-68)

Fixed point	1968 Value
B.p. of Hydrogen	—252.87C
B.p. of Neon	—246.048C
B.p. of Oxygen	—182.962C
Triple point of water	+0.01C
B.p. of water	100C
M.p. of Zinc	419.58C
M.p. of Silver	961.93C
M.p. of Gold	1064.43C

tures and for thermodynamic calculations. This scale needs only one fundamental fixed point, which has been chosen to be the triple point of water at 273.16 K. The fundamental interval of the International Kelvin Scale is 273.16 K, but the triple point of water can only be fixed to $\pm$ 0.01 K. As a consequence, the size of one Kelvin is known only to $\pm$ 0.01/273 or to 1 part in 30,000. The Celsius Scale (IPTS-1968), which has 0 to 100 C as its fundamental interval, gives the size of one celsius with an accuracy of 1 part in 100,000. At the present time the differences between the sizes of the two degrees are not detectable. The relationship between the two scales is:

$$T = t + 273.15 \text{ (exactly)} . \tag{4}$$

The international scales permits the fullest use of high precision measurements. If the accuracy of the fixed points is known better at a later date, an easy correction brings older measurements up to the same accuracy. If at any time the thermodynamic temperature can be measured as accurately as the international scales, there is no use for the latter left. For a recent analysis of the temperature interval see, for example, Furukawa and Reilly (1965). A bibliography of temperature measurements with over 2000 references has been complied by Halpern and coworkers (1961—1966).

1.4. Calorimetry

The main problem in any type of calorimetry is the fact that there are no perfect insulators for heat. Accordingly, thermal measurements must be continuously corrected for heat losses. In adiabatic calorimetry these heat losses are minimized by surrounding the calorimeter with a shield at almost the same temperature. The smaller the temperature difference can be kept between calorimeter and jacket, the smaller is the heat leak. General treatments of the details of adiabatic calorimetry can be found in the works of Sturtevant (1959), Swietoslawski (1946) and White (1928). A further subdivision of the adiabatic calorimetry can be made into isothermal and nonisothermal measurements.

Nonisothermal adiabatic calorimeters are most useful in the temperature range up to 600° K, the temperature region of most interest for linear high polymer work. The basic design was developed by Nernst (1911). In principle, a metal calorimeter containing the sample, a heater, and a thermometer, is supported in a jacket of large heat capacity of accurately measurable and controllable temperature. To reduce heat losses due to convection, jacket and calorimeter are contained in an insulated, evacuated container. Cooling can be done by liquid nitrogen or helium. The heating is done electrically. A schematic diagram is shown in Fig. III.1. Small imbalances in temperature between calorimeter and jacket are measured and used for correction calculations. The temperature rise caused by the heat input is detected by a resistance thermometer. Accuracies as high as 0.01% have been claimed [see Sturtevant (1959)]. Routinely the order of magnitude of 0.1% accuracy is achieved. Reference to a large selection of calorimeters can be found in the reviews of Sturtevant (1959, pg. 560), Melia (1964), Bartenev, Gorbatkina, and Lukyanov (1963), and Wilhoit (1967).

A large number of heat capacity measurements on polymers have been made with an adiabatic calorimeter similar to that described by Scott, Meyers, Rands, Brickwedde, and Bekkedahl (1945) which in turn is based on an earlier calorimeter by Southard and Brickwedde (1933). Measurements of Furukawa, Passaglia, and Dainton and their respective coworkers used this type of adiabatic calorimeter. Data as low as 15° K and as high as 480° K have been reported. Twenty to 50 g polymer are contained in the calorimeter can, a copper cylinder with domed ends. Two sets of concentric 0.2 mm thick copper vanes promote the heat equilibrium throughout the sample. The platinum resistance thermometer is contained in a central well. The cylindrical heater is located between the two sets of vanes. The calorimeter is sealed with a small amount of helium inside to help increase the heat conduction between sample, heater, thermometer, and calorimeter shell. Adjacent to the calorimeter is a polished radiation shield of 0.4 mm thick copper onto which heaters are soldered which keep a constant temperature differential between shield and calorimeter. Calorimeter and shield are suspended in an evacuated chamber of 10^{-5} mm Hg vacuum. Cooling is achieved by immersion of the evacuated chamber in liquid hydrogen, liquid nitrogen, solid CO_2, ice, or water, depending upon temperature range. The temperature of the platinum thermometer is measured by a Mueller bridge. The electric power input to the calorimeter heater is determined by current and voltage measurement. Accuracies of slightly better than 0.1% have been reported. An interesting variant is that by Passaglia and Kevorkian (1963) who reduced the water value of the calorimeter from 85 to only 5% of the total heat capacity by using the polymer itself as calorimeter. A cylinder of polyethylene was molded

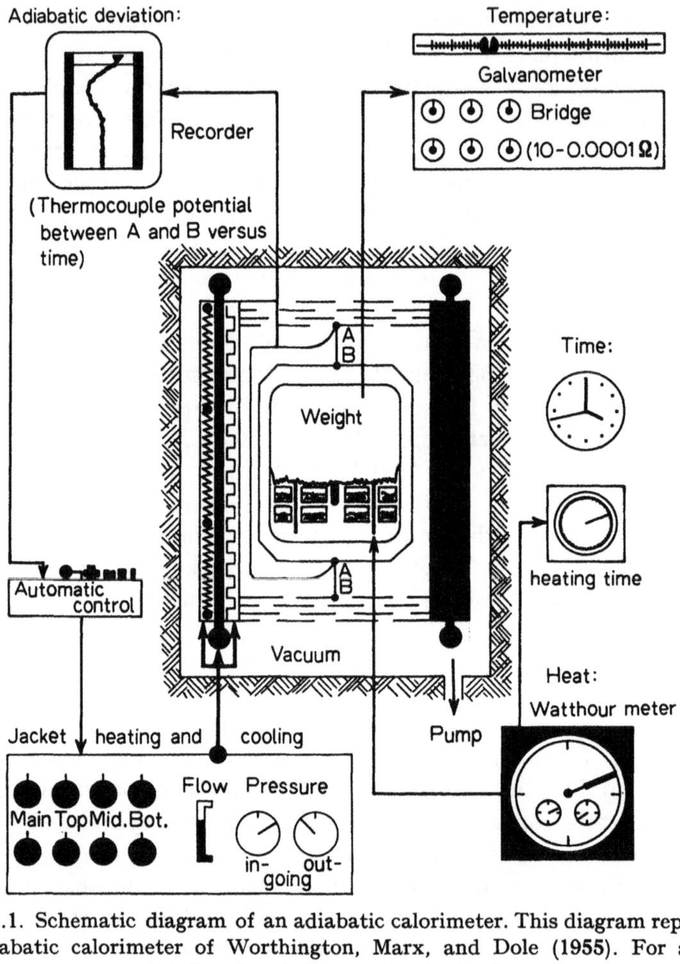

Fig. III.1. Schematic diagram of an adiabatic calorimeter. This diagram represents the adiabatic calorimeter of Worthington, Marx, and Dole (1955). For a more detailed description see the text below

containing constantan heating coils. The resistance thermometer was inserted into a hole drilled into the molded polymer. This molded cylinder was then suspended covered with aluminum foil inside the radiation shield.

Another calorimeter used for many polymer measurements is described by Worthington, Marx, and Dole (1955). This calorimeter is shown schematically in Fig. III,1. The calorimeter proper has a capacity of 300 cm^3. The sample is suspended in trays made of 0.005 inch silver for heat equilibration. The trays are arranged in two sets, an outer and inner cylindrical set, with the heater between the two and the platinum resistance thermometer in the center. The calorimeter shell is made of 0.025 inch stainless steel with an 0.005 inch thick gold plated polished silver radiation shield attached to its surface. The calorimeter is under a helium pressure of about 33 cm Hg. The calorimeter is suspended in a massive cylindrical adiabatic jacket, also gold plated and polished, which can be heated electrically and cooled through cooling coils. Calorimeter and jacket are located in an evacuated insulated container. The heat input is measured with a watt-hour meter, combining both power and time measurement. The temperature range of this calorimeter is 225°K to 575°K. On calibration with Al_2O_3 a precision of $\pm 0.07\%$ was reached in the midrange of temperature, decreasing at the extremes.

The newest adiabatic calorimeter used for polymer research is described by Karasz and O'Reilly (1936). It is almost fully automatic and covers a range from 15°K to 600°K with an accuracy of 0.1 to 0.2%. The major departure of the design from that of Southard and Brickwedde described above, is the insertion of a second heated shield outside of the principal adiabatic radiation shield. This second shield provides most of the heat required to keep the adiabatic condition. Its temperature difference to the calorimeter is a few degrees and is changed for different absolute temperatures so that the power input to the principle adiabatic radiation shield remains approximately constant, an essential basis for the automatic control of the calorimeter.

All three described calorimeters have heating rates of less than 1°C min^{-1} with large equilibration intervals after 1 to 20 degree heating periods. The heat leakage and water value corrected energy input is used to obtain an average heat capacity for the heating interval:

$$\overline{C}_p = \Delta H / \Delta T n \; . \tag{5}$$

$\overline{C}_p$ is the average heat capacity between initial and final temperature, ΔH the corrected energy input, ΔT the temperature, and n the number of moles of sample.

Other adiabatic calorimeters used for polymer heat capacity measurements have been described by Popov and Kolesov (1956); Warfield, Petree, and Donovan (1959); Hellwege, Knappe, and Wetzel (1962); Burdzhanadze, Privalov, and Tarvkhelidze (1963); Nölting (1933); Hager (1964); Braun, Hellwege, and Knappe (1967); and Grewer and Wilski (1968).

Heat capacity measurements at temperatures below 10°K need some specialized instrumentation. Graphite and polyethylene data were measured in a calorimeter described by DeSorbo and Nichols (1958). Another very low temperature calorimeter used for polymer heat capacity measurements is that of Tucker and Reese (1967). The main problems rest with the cryostat and low temperature thermometry [Hoare, Jackson, and Kurti (1961)].

Isothermal calorimeters are mostly used for higher temperatures and of less importance for polymer specific heats. The principle is to thermostat the sample at a known high temperature and measure the total enthalpy loss of the sample on transfer to a low temperature isothermal recipient. The recipient low temperature calorimeter may be a Bunsen ice calorimeter (1870). A modern version of such arrangement has been described by Ginnings and Corruccini (1947), and Opdycke, Gay, and Schmidt (1966) or an aneroid calorimeter as described by Southard (1941). The resulting data are averages over large temperature ranges. The accuracy is usually somewhat less than in the nonisothermal calorimeter, although accuracies as high as 0.2% have been reported [see Sturtevant (1959)].

The adiabatic calorimeters described above can be termed classical precision calorimeters. Particularly in the polymer field it was noticed, however, that many samples were thermodynamically not stable enough to be measured discontinuously over long time periods. Only a continuous and fast heating mode can, in many cases, prevent irreversible changes of the sample during measurement. Continuously heating fast calorimeters were first devised by Hoffman (1952), and Wunderlich and Dole (1957). A continuous heating rate of 1 to 2°C min^{-1} was achieved with a probable lag in temperature of only about 0.65°C. Calorimeters more adapted to a continuous heating mode have been developed by Hellwege, Knappe, and Semjonow (1959); Vol'kenshtein and Sharonov (1961); Hellwege, Knappe, and Wetzel (1962); and Tautz, Glück, Hartmann, and Leuteritz (1963). Polymer weights have been reduced in some of these instruments to the order of magnitude of one gram and heating rates increased to as much as 6°C min^{-1}. The accuracy decreased to 0.5 to 5% along with the loss of strict adiabatic conditions. For many applications this low accuracy is tolerable because of poor sample reproducibility and stability.

The group of fast calorimeters just described must be classified as an interim solution. The search for fast heating, dynamic calorimeters has lead to the development of differential calorimeters. The adiabatic condition has been given up in favor of a heat leak of identical magnitude for a sample and a reference. The first instrument of this type for polymer heat capacities and heats of transition was developed by Müller and Martin (1960) for a sample of 1 g. The heating rate can be varied in this instrument between 0.005 and 1°C min^{-1} in a temperature range between 100 and 600°K. The error in heat capacity is about ± 2%. The measurement is based on a linearly heated block into which sample and reference are placed with a high thermal resistance, so that the temperature gradient within the sample is kept small. The temperature difference between block and sample is proportional to the heat flow into the sample, and the temperature difference between sample and reference in turn is a function of the difference in heat capacity between the two. This type of calorimeter is based on the well known differential thermal analysis [Smothers and Chiang (1966)]. A commercial instrument has recently been developed using the same principle.[77] Its temperature range is 175 to 875°K. The heating rate is variable between 1 and 30°C min^{-1}, the sample mass between 1 and 200 mg. The claimed sensitivity is 5% or better for heats of transition. No polymer specific heat measurements have been published with this instrument as yet.

Another dynamic differential calorimeter has been described by O'Neill (1964). This instrument is also available commercially.[78] It differs from the differential calorimeters above by keeping identical temperatures in sample and reference by automatic control. The differential heat input per second necessary to achieve this, $d\Delta Q/dt$, is monitored. Its value during heating with rate $q = dT/dt$ is proportional to the differential specific heats:

$$d\Delta Q/dt = [(mc_p \text{sample}) - (mc_p \text{reference})]\,q\,. \tag{6}$$

Endothermic or exothermic processes are directly measurable as a function of time. The enthalpy of the process is the area above or below the isothermal baseline or the heat capacity baseline in a graph of the differential heat input per second versus time.

$$\int (d\Delta Q/dt)\,dt = \Delta H\,. \tag{7}$$

The heating rates of the DSC range from 0.62 to 80°C min^{-1}. Sample weights are between 1 and 50 mg. Temperature lags caused by the physical separation of heater and sample can be estimated knowing the finite thermal resistance between sample and sensor. The published value of thermal resistance for the DSC is 100°C sec cal^{-1} [O'Neill (1966)]. During melting, a sudden absorption of the heat of fusion unbalances the steady state reached on constant heating, and the lag increases. For a heat flow of 8 mcal sec^{-1} at 5°C min^{-1} heating rate, 1–2°C lags were found. Since the noise level is only 0.04 mcal sec^{-1}, the amount of polymer melting can be reduced to levels small enough

77 (duPont Calorimeter Cell used with the duPont 900 differential thermal analyzer, E. I. du Pont de Nemours and Co. (Inc) Instrument Division, Wilmington, Delaware.)

78 (Differential Scanning Calorimeter, DSC, Perkin Elmer Corporation, Norwalk, Conn.)

to give negligible lags. The accuracy of heat capacities on polymers is 1 to 2%. The reproducibility of standard compounds is as good as 0.5% [Wunderlich (1965)].

In summary: adiabatic calorimeters of ± 0.1% accuracy have been built for measurement of polymer heat capacities. Each of these calorimeters represent a large investment of time and money, since every instrument is custom built. Their operation is somewhat slow because of the need to equilibrate after each step, usually chosen between one and twenty degrees. The data resulting from these calorimeters forms the base of most of the following discussion. Recognizing the metastability of many polymer samples, and the differences due to thermal pretreatment, has led to the recent development of dynamic calorimeters with an accuracy of ±1% or less, which are commercially available and produce results much more effortlessly. The loss in accuracy is often compensated for by the high heating rate which avoids changes in structure of the sample during heating. It is expected that in the near future a large amount of heat capacity data will become available and will allow, in particular, the study of the effect of changes in structure on heat capacity.

2. Monatomic Solids

2.1. Introduction

To set a reference against which the heat capacities of linear high polymers can be discussed, three simple monatomic solids will be described first: diamond, graphite, and hexagonal selenium. The bonding in these changes from a three dimensionally strong bonding in diamond to a two dimensionally strong bonding in graphite, and finally to a one dimensionally strong bonding in selenium. All strong bonds are largely covalent σ-bonds and the weak bonds are of the van der Waals type. Linear high polymers and copolymers as a class of compounds include hexagonal selenium, but are usually more complicated chemically. Each atom in the case of selenium is replaced by a grouping of atoms.

Each of the three reference solids will be analysed using the Debye approximation (1912) and the proper form of the Tarasov expression (see Tarasov and Yunitskii (1965) and Section II.4.4):

$$C_v/3R = D_1(\Theta_1/T) - (\Theta_2/\Theta_1)\,[D_1(\Theta_2/T) - D_2(\Theta_2/T)] \\ - (\Theta_3^2/\Theta_1\Theta_2)\,[D_2(\Theta_3/T) - D_3(\Theta_3/T)]\,. \quad (8)$$

$D_3(\Theta/T)$ represents the three dimensional Debye function. $D_2(\Theta/T)$ is the two dimensional Debye function tabulated by Tarasov (1959). $D_1(\Theta/T)$ finally is the one dimensional Debye function, also tabulated [Wunderlich (1962)]. Eq. (8) is based on the assumption that a certain number of $3N_1$ frequencies within the range $\nu_1 - \nu_2$ are distributed as in a linear continuum (see Eq. II.159):

$$\varrho_1(\nu)\,d\nu = 3N_1\,d\nu/(\nu_1 - \nu_2) \tag{9}$$

A second series of $3N_2$ lower frequencies with the range $\nu_2 - \nu_3$ are distributed as in a two dimensional continuum (see Eq. II.155):

$$\varrho_2(\nu)\,d\nu = 6N_2\,\nu\,d\nu/(\nu_2^2 - \nu_3^2)\ . \tag{10}$$

All remaining low frequency vibrations within the range $\nu_3 - 0$ are distributed as in a three dimensional continuum (see Eq. II.143b):

$$\varrho_3(\nu)\,d\nu = 9N_3\nu^2\,d\nu/\nu_3^3\ . \tag{11}$$

The overall number of vibrations is $3N$, as described above:

$$3N = 3N_1 + 3N_2 + 3N_3\ . \tag{12}$$

The qualitative basis of Eq. (8) is the assumption that even layer and chain structures behave like an isotropic elastic continuum for long wavelength vibrations. For shorter wavelength, vibrations in different layers or chains are assumed to be completely decoupled. The Debye expression derives from Eq. (8) if we assume:

$$\Theta_3 = \Theta_2 = \Theta_1\ , \quad \text{or } 3N_3 = 3N\ . \tag{13}$$

These conditions are most likely fulfilled if a solid contains strong bonds extending in all three directions of space as in diamond. In case of planar arrangement of strong bonds, as for example in graphite, one expects in this approximation:

$$\Theta_2 = \Theta_1 \neq \Theta_3\ , \quad \text{or } 3N_2 + 3N_3 = 3N\ . \tag{14}$$

Finally, in a linear arrangement of strong bonds, as in hexagonal selenium, the best fit should be achieved assuming:

$$\Theta_3 = \Theta_2 \neq \Theta_1\ , \quad \text{or } 3N_1 + 3N_3 = 3N\ . \tag{15}$$

If more detailed data on the vibrational frequency spectrum are available they are also given.

Although all these reference materials are usually well crystallized substances, at least in the case of graphite a strong dependence of heat capacity on crystal perfection has been found. This points toward the problems to be encountered in most polymer samples which are notoriously poorly crystallized.

2.2. Diamond

The heat capacity of diamond is shown in Table III.2 as a function of temperature. Data up to 280°K were obtained by graphical interpolation of measurements by Desnoyers and Morrison (1958). These data agree well with parallel measurements of Burk and Friedberg (1958). The heat capacities for higher temperatures were calculated by Victor (1962) from measurements with a drop calorimeter. The probable accuracy of the data is ± 20% at 13°K, ± 6% at 20°K, ± 8% at 100°K,

Table III.2. *Heat capacities of diamond*

T (°K)	C_p (cal deg^{-1} mole^{-1})	T (°K)	C_p (cal deg^{-1} mole^{-1})
10	0.00010	300	1.480
15	0.00016	320	1.679
20	0.00033	340	1.878
25	0.00068	360	2.073
30	0.00117	380	2.263
35	0.00187	400	2.446
40	0.00284	420	2.621
50	0.00564	440	2.788
60	0.0100	460	2.947
70	0.0168	480	3.098
80	0.0263	500	3.242
90	0.0399	550	3.568
100	0.0584	600	3.852
120	0.1105	650	4.098
140	0.1895	700	4.312
160	0.2195	750	4.497
180	0.417	800	4.660
200	0.563	850	4.803
220	0.727	900	4.932
240	0.955	950	5.050
260	1.095	1000	5.162
280	1.290	1050	5.270
298.15	1.462	1100	5.380

± 0.2% from 200 to 280°K, ± 0.5 % from 300 to 1100°K. A comparison with older measurements can be found in the above references.

Diamond crystallizes in the well known cubic lattice of space group O_h^7 with a lattice constant of 3.5597 Å at 18°C. The unit cell contains 8 atoms which lie on two equal interpenetrating face centered lattices, relatively displaced $^1/_4$ of the way along the unit cell diagonal. All covalent bonds are identical and, calculated from the unit cell length, have bond distances of 1.5414 Å. The elastic constants have been determined by McSkimin and Bond (1957) using ultrasonic wave velocity measurements on type 1 diamonds along the [110] and [001] crystal direction. The moduli c_{11}, c_{12}, and c_{44} are $10.76 \cdot 10^{12}$ dynes cm^{-2}, $1.250 \cdot 10^{12}$ dynes cm^{-2}, and $5.758 \cdot 10^{12}$ dynes cm^{-2} respectively.

Many efforts have been made in early studies of heat capacity to explain the very large deviations of the heat capacity of diamond from the Dulong and Petit value of 6.2 cal deg^{-1} mole^{-1}. Einstein (1907) already found a good fit of early heat capacity data between 200 and 1200°K with a single vibration frequency corresponding to a Θ of 1320°K. At lower temperatures, however, deviations were obvious.

Analyzing the here presented data using the Debye approximation shows no constant Debye-temperature. At 0°K a limiting Θ_0 of 2219 $\pm$ 5°K has been extrapolated by Desnoyers and Morrison (1958). This value decreases rather sharply between 50 and 150°K to about 1850°K, to finally increase again slowly to an extrapolated Θ_∞ of 1880 $\pm$ 10°K given by Victor (1962). The latter value was extrapolated assuming that an increase in the actual heat capacity (decrease in Θ) above 500°K is due to anharmonicity. At temperatures below 30°K, calculated Θ-values are also lower than the extrapolated curve. This deviation is in the region of least experimental accuracy and has been disregarded in the above extrapolation for Θ_0. According to Burk and Friedberg (1958), this drop in Θ (increase in C_p) may be due to either experimental error or possibly to defect contributions. From the mechanical measurements of McSkimin and Bond (1957) a Θ_0 of 2240 $\pm$ 5°K can be derived which is in reasonable agreement with the above value. The variation in the Debye-temperature allows some general conclusions about the frequency spectrum. (see Section II.4.4 for more detail). The initial shape must be that of a ν^2 dependent distribution curve which reaches a rather abrupt cut-off, corresponding to the Θ-temperature drop between 50 to 150° K. Finally a new maximum must develop allowing a Θ_∞ at 1880° K. One would thus expect at least a doubly peaked frequency distribution curve.

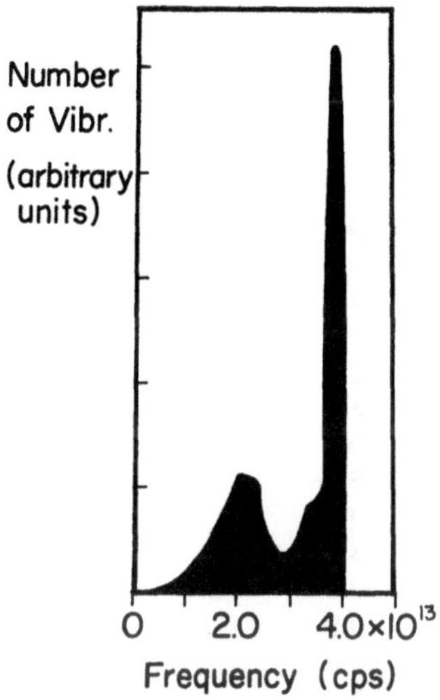

Fig. III.2. Frequency distribution of diamond. Drawn after data by Smith (1948)

Actual frequency spectrum calculations were carried out by Smith (1948) and Houston (1948). Fig. III.2 reproduces Smith's results. This curve was calculated making use of the lattice constant, two elastic constants, and one Raman frequency. The model for calculation included first and second neighbor forces. Recalculation of this frequency distribution with improved elastic constants by Victor (1962) shows that heat capacities calculated in this way are at elevated temperatures about

2% lower than the experimental values. Houston (1948), and later Betts (1961), used an approximation method calculating the frequency distribution along a limited number of directions. The errors which may have been increased by the use of older elastic constants are rather large. Overall there is no fully satisfying solution to the frequency spectrum.

2.3. Graphite

The heat capacity of graphite has been measured frequently. Table III.3 contains recent data by different authors. For the 0.5 and 1° K

Table III.3. *Heat capacity of graphite*

T (°K)	C_p (cal deg^{-1} mole^{-1})	T (°K)	C_p (cal deg^{-1} mole^{-1})
0.5	0.00000247	275.0	1.856
1.0	0.00001003	298.15	2.060
2.0	0.0000545	300	2.075
3.0	0.000155	350	2.490
4.0	0.000331	400	2.861
10.0	0.0030	450	3.198
15.0	0.00858	500	3.500
20.0	0.01670	600	4.015
25.0	0.0300	700	4.423
50.0	0.1210	800	4.738
75.0	0.2501	900	4.979
100.0	0.406	1000	5.163
125.0	0.582	1100	5.305
150.0	0.774	1200	5.422
175.0	0.978	1300	5.530
200.0	1.190	1400	5.646
225.0	1.409	1500	5.787
250.0	1.633		

value data by van der Hoeven and Keesom (1963) on natural Madagascar graphite of above 100μ crystal dimensions were graphically smoothed. The next temperature region up to 20° K was evaluated by graphic interpolation of measurements by DeSorbo and Nichols (1958) on Canadian natural graphite also of about 100μ crystal size. At 2° K the two sets of measurements agree within 2%; the errors within each series were estimated by the experimentors to be 0.8 to 2%. The heat capacities from 25 up to 300° K were taken from measurements by DeSorbo and Tyler (1953). The fit of these data at 15° with the low temperature measurements is outside the error limit. The reason for this is probably the different type of graphite used (Acheson graphite). Irregularities in the given smoothed data were eliminated and a fit was made to high temperature data tabulated by Spencer (1948). The overall deviations from 25 to 1,500° K are expected to be 1% or less. References to earlier measurements and comparisons between different measurements can be found in the above references. The heat capacity above 1500° K, up to 2850° K has been measured by Kraftmakher and Shestopal (1965).

Graphite is of interest to the discussion of heat capacities because of the unique crystal structure. Fig. III.3 illustrates the planar arrangement of all strong covalent bonds in graphite which is different from diamond, where strong bonds form a three dimensional structure.

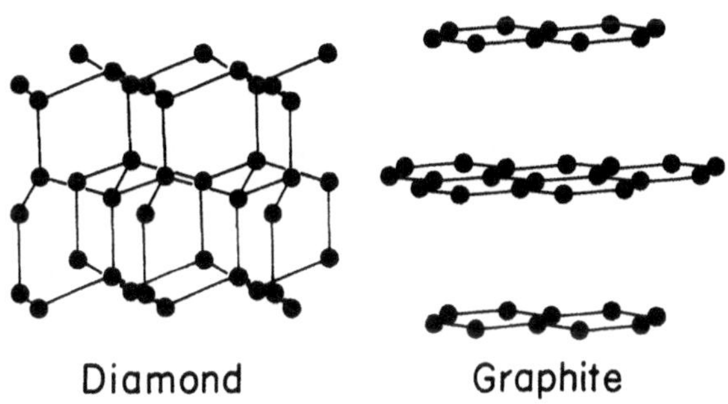

Fig. III.3. Arrangement of strong bonds in diamond and graphite

Crystallographically graphite is hexagonal with a D_{6h}^4 space group. The lattice constants are $a = 2.456$ Å and $c = 6.969$ Å. The C–C-distances within the strong bonded plane are 1.42 Å; the distance between the only weakly bonded successive planes is 3.35 Å. Especially at low temperature the heat capacity is strongly dependent on the type of graphite. The three main types are, according to Bowman and Krumhansl (1958), in order of improved structural perfection: lampblack based, coke based, and natural flake based graphite. The lampblack based graphite has only $^1/_3$ of the atomic layers correctly oriented with respect to their neighbors. The particle size of this sample was about 120 Å in the c-axis direction and 90 Å in the a-axis direction. The natural graphite comes closest to perfect single crystals consisting of platelets of about 100μ width. Only measurements on this latter material will be discussed below. At 2 °K the lampblack graphite has a more than 200% higher heat capacity than natural graphite. This increase in heat capacity has been linked by Komatsu (1958 and 1964), and Bowman and Krumhansl (1958) to the stacking faults. Stacking faults will reduce the elastic shearing constant, c_{44}, and thereby enable more modes of vibration to be activated at lower temperatures.

A comparison of the heat capacities listed in Table III.3 with the Debye model for the calculation of heat capacities, which assumes a monatomic, structureless and isotropic solid, is obviously not possible over a wide temperature region because of the strong anisotropy of forces in and between planes of atoms in graphite. In early investigations, Tarasov (1945 and 1946), Komatsu and Nagamiya (1951), and Gurney (1952) rationalized the T^2 dependence of the heat capacity at low temperature in terms of a two-dimensional continuum. The very low temperature data of DeSorbo and Nichols (1958), van der Hoeven and Keesom (1963), and others which give a T^3 dependence of heat capacity show immediately that such a simple model is applicable also only over a limited temperature region. Even lower in temperature the electronic contribution to the heat capacity must also be considered so that the low temperature data of the heat capacity are expressed best by a sum:

$$C_p = C_v = aT^3 + \gamma T \, . \tag{16}$$

The linear term represents the electronic contribution which becomes negligible in comparison with the lattice term at temperatures above 4° K. The coefficient γ has been evaluated by Komatsu (1964) for the set of data listed in Table III.3. Its value of $3.3 \cdot 10^{-6}$ cal deg^{-2} mole^{-1} is in satisfactory agreement with the theoretical value of $3 \cdot 10^{-6}$ cal deg^{-2} mole^{-1} calculated by Bowman and Krumhansl (1958) from the density of electronic states at the Fermi level of graphite. The Θ-temperature for the lattice portion increases from a value of 413° K below 1° K [van der Hoeven and Keesom (1963)] to 460 $\pm$ 5° K [DeSorbo and Nichols, (1958)] for the region up to 4° K.

At higher temperatures the T^3 dependence changes to lower exponent dependence, to be close to T^2 up to about 100° K. This indicates that a Tarasov treatment, as outlined in Eq. (8), can probably achieve a good approximation over this temperature range. The connection to the low temperature Debye Θ-temperature is given by:

$$\Theta_D = \sqrt[3]{\Theta_2^2 \, \Theta_3} \, . \tag{17}$$

Since the temperature exponent of the heat capacity at intermediate temperatures is close to 2, the Tarasov expression of graphite [see Eq. (8) and Eq. (14)]

$$C_{v2,3} = D_2(\Theta_2/T) - (\Theta_3/\Theta_2)^2[D_2(\Theta_3/T) - D_3(\Theta_3/T)] \tag{18}$$

can be approximated in this region by the first term only (Θ_3/Θ_2 small). With a Tarasov (1953 and 1959) value of $\Theta_2 = 1370°$ K in Eq. (18), the Debye temperature of 413° K leads to a Θ_3 value of 37.5° K. At higher temperature Θ_2 would have to increase to about 2000° K to agree with the values of Table III.3.

A detailed discussion of the frequency spectrum has been made by Yoshimori and Kitano (1956), Komatsu (1958, 1964), and Young and Koppel (1965), where reviews of other and earlier papers also can be found. Fig. III.4 reproduces the frequency spectrum calculated by Young and Koppel (1965) using the root sampling technique (Section II.4.2). Its agreement with the data of Table III.3 between 100 and 1000° K is within experimental error. Some main features of the spectrum are also supported qualitatively by neutron scattering. The force constants

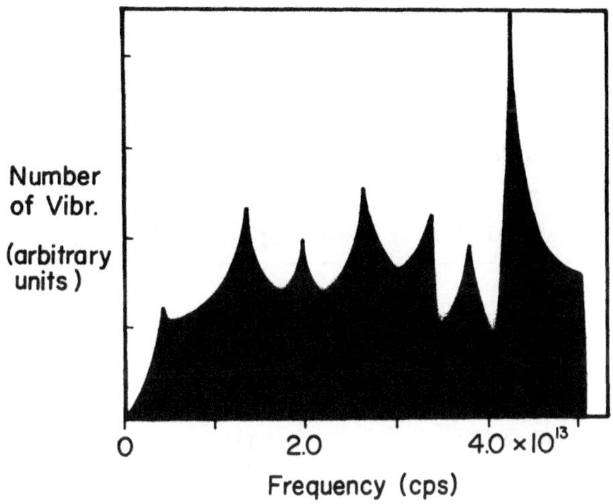

Fig. III.4. Frequency distribution of graphite. Drawn after data by Young and Koppel (1965)

used were in good agreement with $c_{33} = (3.9 \pm 0.4) \cdot 10^{11}$ dyne cm^{-2} and $c_{44} = (0.42 \pm 0.2) \cdot 10^{11}$ dyne cm^{-2} found by Dolling and Brockhouse (1962) from neutron spectrometry. At low frequencies the root sampling technique requires an increasing number of points so that approximate treatments become more suitable for the calculation of the low frequency part of the spectrum. Komatsu's treatment is particularly simple. He considered a system of elastically coupled thin elastic plates at constant distance. This semi-continuum model gives an excellent fit of the heat capacities up to 20° K and probably higher. It results in three types of almost completely separable modes of vibration: longitudinal and transverse intralayer vibrations, and perpendicular, or out of plane, vibrations. The frequency distribution functions are listed by Komatsu (1964). The three adjustable parameters of the frequency spectrum were fitted to the low temperature heat capacity data. The resulting constants agree well with the independently measured or calculated force constants and electronic heat capacity contribution.

Overall, the vibrational spectrum and heat capacities of graphite are known to an equal degree. Of particular interest is the T^3 dependence of the heat capacity up to only 1° K and the intermediate region to about 100° K which can be approximated by two dimensional continuum theories of vibration. The frequency spectrum of Fig. III.4 indicates how much a Tarasov-type function, consisting of a ν^2 parabola up to Θ_3 and a linear increase up to Θ_2, would correspond to the actual situation. The limiting high frequency corresponds to a Θ-temperature of 2400° K.

2.4. Hexagonal Selenium

The heat capacity of hexagonal selenium has been measured from 1.5 to 4.5° K by Fukuroi and Muto (1956) and from 15 to 300° K by DeSorbo (1953). Table III.4 contains smoothed values from both sources.

Table III.4. *Heat capacities of hexagonal selenium*

T (°K)	C_p (cal deg^{-1} mole^{-1})	T (°K)	C_p (cal deg^{-1} mole^{-1})
1.5	0.000 449	125	4.820
2.0	0.001 064	150	5.184
3.0	0.003 59	175	5.427
4.0	0.008 52	200	5.583
15	0.45	225	5.700
25	1.170	250	5.804
50	2.620	275	5.970
75	3.661	298.16	6.062
100	4.344	300	6.067

Above 40° K the error is quoted to be ± 0.1%. Recently Gattow and Heinrich (1964) have measured heat capacities of hexagonal selenium up to the melting transition (494° K). At 379° K another small reversible transition was discovered. Gattow and Heinrich represent their data on hexagonal selenium from −200° C to +100° C by the equation:

$$C_p = 7.47 + 0.173 \cdot 10^{-2} t - 0.025 \cdot 10^{-4} t^2 - 344 t^{-1} \pm 0.4 \,\text{cal deg}^{-1}\,\text{mole}^{-1}. \tag{19}$$

The slope of the heat capacities as represented by Eq. (19) is steeper than that of Table III.4. At 125° K both sets of data agree, but at room temperature a discrepancy of 10% exists, which is 1.5 times the error limit of Eq. (19). A complete listing of earlier data which have often quite wide disparities is given by Gattow and Heinrich (1964). The reason for large errors may be varying degrees of purity. All discussion below is based on the tabulated higher precision data which also agree well with earlier data by Anderson (1937).

Hexagonal selenium has the space group D_3^6. The unit cell parameters are $a = 4.337$ Å and $c = 4.944$ Å. The main feature of the crystal structure is the helical arrangement of Se with only 2 nearest neighbors along the chain. Hexagonal selenium is, accordingly, a linear polymer with the repeating unit Se. There is one chain per unit cell and 3 successive Se make one full turn of the helix (1*3—1 helix). The other molecular structure parameters have been calculated by Miyazawa (1961):

$d = 1.65$ Å (translation along the helix axis),
$\theta = 120°$ (rotation about the helix axis),
$\varrho = 0.94$ Å (distance from helix axis),
$r = 2.32$ Å (bond length),
$\phi = 105°$ (bond angle),
$\tau = 102°$ (rotation angle about the Se–Se bond).

The morphology of melt crystallized hexagonal selenium can either be spherulitic or single crystalline. New growth techniques for large single crystals have been developed by Harrison (1965) making use of high pressure crystallization techniques. The influence of crystal size and perfection on the heat capacity of selenium has not been investigated to date.

An early analysis of the heat capacities of hexagonal selenium by Tarasov (1950) showed agreement with a one dimensional continuum description between 50 and 150° K. Plotting the one dimensional and three dimensional Θ-temperature as a function of temperature, DeSorbo (1953) could illustrate that neither stays constant over an extended temperature range. Below 50° K the one dimensional Θ-temperature increases sharply, indicating that a constant frequency distribution would assign too many vibrations to the low frequency region. The three dimensional Θ-temperature on the other hand decreases at low temperature and reaches a constant value of 151.7 below 4° K. Between 50 and 300° K the Debye Θ-temperature increases from about 220° K to about 350° K, while the one dimensional Θ-temperature increases from about 370° K to 470° K. One must conclude that between 50 and 300° K neither simple continuum model is very accurate; both describe the heat capacities to a similar degree of approximation. Below 50° K large deviations occur.

A solution to this problem is offered by the assumption of a continuum model that postulates interaction between chains (DeSorbo, 1953). The Tarasov model [see Eq. (8)], which assumes a Debye three dimensional continuum law characterized by Θ_3 up to a frequency ν_3, discontinually followed by a linear continuum characterized by Θ_1 up to the maximum frequency ν_1, has been applied successfully to the data in Table III.4 by DeSorbo (1953). With the later data by Fukuroi and Muto (1956) Θ_1 and Θ_3 assume values of 370° K and 97° K respectively. The correlation between the Debye temperature at low temperature and Θ_1 and Θ_3 is given by:

$$\Theta_D = \sqrt[3]{\Theta_1 \Theta_3^2} = 151.7 . \tag{20}$$

Reasonable agreement with the heat capacity data over the complete temperature range is possible with these Θ_1 and Θ_3 values. Also of interest is that a C_v/T plot versus T^2 of the low temperature data goes through the origin, indicating no measurable electronic contribution as was found in the case of graphite.

Recently further improvement of DeSorbo's analysis was attempted by Kothari and Tewary (1963) by treating longitudinal and transverse vibrations separately. The analysis allows a closer fit by having more variables to adjust. For DeSorbo's data only, Θ_3 of 27° K for longitudinal and transverse vibration, and Θ_1 of 500° K and 200° K for longitudinal and transverse vibration respectively seem to give a better fit. The fit at the low temperatures was not checked, but must be poor because of the small Θ_3.

A more detailed normal mode calculation including next nearest neighbor interaction is not available.

2.5. Summary

Although much work has been done on the three reference substances described here, there are still needs for refinement of heat capacity measurements and frequency spectra fit. Most emphasis has been placed on obtaining a picture of the vibrations in the ideal crystal lattice. The questions about vibrations in small and defect crystals has at present only been opened. Historically, the universal Dulong Petit-Rule of heat capacity which fits only well at elevated temperatures was replaced between 1900 and 1920 mainly through the work of Einstein, Debye, Nernst, and Lindemann by a theory with one characteristic constant for each substance, the Θ-temperature. The Tarasov treatment of the 1950's shows that in case of strong anisotropy of forces, as in one or two dimensionally strongly bonded crystals, a second constant

Table III.5. *Θ-Temperatures in °K*

Crystal	Space Group	Θ_3	Θ_2	Θ_1
diamond	O_h^7	2219	2219	2219
graphite	D_{6h}^4	37.5	1370	1370
selenium	D_3^6	97	97	370

can remove the biggest discrepancies between approximate theory and experiment. The heat capacities of the three reference solids are represented over certain temperature regions by the Θ-temperatures listed in Table III.5. The claculation of more detailed frequency spectra for diamond and graphity reveals the degree of approximation involved in the continuum theories.

3. Linear High Polymers

3.1. Introduction

Previous reviews on heat capacities of polymers were published by Dole (1960) and Melia (1964). Since that time, more information on well characterized polymers has become available and advances have been made in the calculation of frequency spectra for linear molecules. The engineering aspects of the thermal properties of a series of polymers have been reviewed by Griskey and coworkers (1966–68). Transitions in polymers studied by heat capacity determinations were reviewed by Dole and Wunderlich (1959), Dole (1959), Wilski (1966), and O'Reilly and Karasz (1966). In this paper, only a brief description of the heat capacities in transition regions will be given, with emphasis on nonequilibrium aspects (Sections III.3.2 and III.3.3).

Comparing simple solids, as for example diamond, graphite, and selenium, with solid linear high polymers, two major additional problems arise: First, the chemical structure of the solid is more complicated and second, the physical structure is often metastable and variable for the same chemical structure. Both problems provide some limitation for a detailed discussion of heat capacities. Only recently has the high degree of metastability of many polymer samples been fully realized. Only since dynamic thermal methods have become available, has it become possible to study, on a number of polymers, irreversible transitions without side reactions. A full review of this topic has to await a future date.

The chemical structure of most linear high polymers is set by chemical reaction, usually carried out separately from the crystallization. This once set chemical structure cannot be changed during later heat treatment. Nearest neighbor atoms along the chain are fixed in this way before crystallization. The chain length usually is neither macroscopic nor uniform within any one sample. Most of the chain atoms have, in addition, a valence larger than two so that other atoms, groups of atoms, or side branches can be attached. The replacement of single chain atoms by groups of atoms capable of their own internal vibrations, coupled more or less with the vibrations of the chain, complicates the frequency spectrum considerably. The number of optical vibrations usually increases the heat capacity above 100–200° K. Variations of chain length, and changes in chain-atom arrangement, in turn alter the skeletal vibrations and thus change the low temperature heat capacity. In the following sections of this review, homopolymers with carbon backbone chains will be described first. Polymers with increasingly more complicated side groups will be discussed in sequence. Polymers including other than carbon atoms in the backbone chain will be treated second. Finally, the little work published on heat capacities of copolymers will be reviewed.

The physical structure affects mainly the low frequency skeletal vibrations and side group rotation via a change in order and mobility. The three limiting states of a polymer are: molten, glassy, and crystalline. Some features of these three states common to most polymers are described in the next sections. Only the polymer melt structure is largely independent of heating rate. The structure of glassy and crystalline polymers is critically dependent on thermal history and much of the irreproducibility of literature data on polymers is due to measurements on insufficiently characterized samples of different physical structure. It must be pointed out, however, that the problem of varying thermodynamic data due to metastable samples is a general one, as was indicated in the discussion of heat capacity data on selenium and graphite above. While many other substances can be brought into a stable state by careful crystallization, polymers are notoriously poorly crystallized and the understanding of metastable states is necessary.

3.2. Polymeric Melts and Glasses

Only the molten state of linear high polymers can be called with some certainty an equilibrium state which is independent of thermal history. Its heat capacity is still caused, for the largest part, by molecular vibration. In addition, conformational changes and internal rotations are possible and need to be accounted for. In general, little is known about the detailed motion in the liquid state as it applies to the heat capacities. Only liquid polyethylene melt has been analyzed in some detail [Wunderlich (1963)].

At lower temperatures, conformational changes slow down. The liquid becomes a glass. Only pendant groups and shorter side chains may remain mobile and freeze at a lower temperature [see for example, Boyer (1963)]. The temperature of the final freezing of large scale molecular motion is called the glass transition temperature (see, in this connection also, Section II.1.5.2). Since the motion slows down gradually, different conformations freeze-in for different cooling rates. On reheating hysteresis phenomena can be observed in the heat capacity [Sharonov and Vol'kenshtein (1962), Martin and Müller (1964), Wunderlich, Bodily, and Kaplan (1964)].

The apparent heat capacity of polymers in the glass transition range has been described by Vol'kenshtein and Ptitsyn (1956) and by Wunderlich, Bodily, and Kaplan (1964) as a function of heating and cooling rate. As a simple starting point, the latter authors chose the hole theory of liquids as developed by Frenkel (1946) and Eyring (1936). The process of hole formation is assumed in this theory to require a

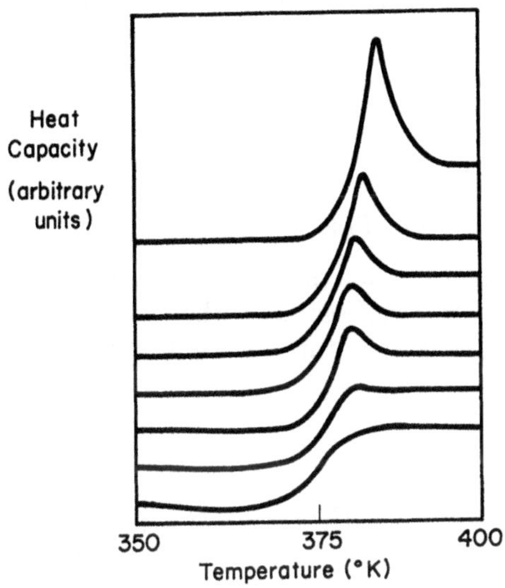

Fig. III.5. Hole contribution of the heat capacity of polystyrene in the glass transition range as a function of thermal history. Drawn after data by Wunderlich, Bodily, and Kaplan (1964). The measurements were made at a heating rate of 0.09° C sec^{-1}. The thermal history of the samples (from top to bottom) was varied by linear cooling at $1.4 \cdot 10^{-4}$, $3.2 \cdot 10^{-3}$, $1.8 \cdot 10^{-2}$, $4.13 \cdot 10^{-2}$, $8.7 \cdot 10^{-2}$, and 0.5° C sec^{-1} respectively. Successive curves are displaced vertically

hole energy, ε, to overcome the cohesive forces, and an activation energy ε_j, to overcome the activated state necessary for rearrangement. Furthermore, all holes have been characterized by one mean volume, v_h. A straightforward application of the transition state theory allows the description of the approach to equilibrium [Hirai and Eyring (1958, 1959)]. As a given liquid is cooled, T_g, the glass transition temperature, defined as the temperature of half-freezing of the hole equilibrium, depends only on the rate of cooling, since the liquid is in an equilibrium state. In contrast, as a glass is heated, T_g depends not only on the heating rate but also on the thermal history. Differently cooled glasses are different starting materials, which in turn have different enthalpies and accordingly different time-dependent heat capacities in the glass transition range. Fig. III.5 shows the heat capacity of polystyrene in the glass transition range. The samples were cooled at different rates, but heated all at 0.09° C sec^{-1}. To express this behavior of the heat capacity mathematically, the equilibrium number of holes at temperature T, $N^*(T)$, was represented by the Boltzmann relation:

$$N^*(T)\, v_h = N_0 v_0 \exp(-\varepsilon/RT)\,. \tag{21}$$

Below T_g, the glass does not have its equilibrium number of holes, but the approach to equilibrium is assumed to be proportional to the difference between $N^*(T)$ and the actual number N:

$$dN/dt = (1/\tau)\,[N^*(T) - N]\,. \tag{22}$$

τ, the relaxation time, depends only on temperature and can be expressed by transition state theory as:

$$\tau = (h/kT)\,(Q^h/Q^{\neq})\,\exp(\varepsilon_j/RT)\,, \tag{23}$$

h is Planck's constant, k Boltzmann's constant, and Q^h and $Q^{\neq}$ the partition functions of the hole and the activated state. Changing variables from time to temperature via the heating rate,

$$q = dT/dt \tag{24}$$

one arrives at the general equation for the number of holes:

$$N = N^*(T) - \exp[-\phi(T)]\left\{[N^*(T_a) - N_a] + \int_{N^*(T_a)}^{N^*(T)} \exp[\phi(T)]\, dN^*(T)\right\} \tag{25}$$

$$\phi(T) = \int_{T_a}^{T} \frac{1}{q\tau}\, dT\,. \tag{26}$$

The subscript "a" refers to the initial condition of the glass, which in turn depends on its mode of formation, i.e., on cooling rate. Since this simplified treatment assigns every hole the same energy, the increase in specific heat at T_g due to hole formation is (see also Section II.1.5.2):

$$\Delta C_p = (\partial H/\partial T)_p \cong \varepsilon\,(dN/dT) \tag{27}$$

so that the general rate dependent specific heat equation is:

$$\Delta C_p = \frac{\varepsilon}{q\tau} \exp[-\phi(T)]\left\{[N^*(T_a) - N_a] + \int_{N^*(T_a)}^{N^*(T)} \exp[\phi(T)]\, dN^*(T)\right\}. \tag{28}$$

Quantitative agreement between equation (28) and data of Fig. III.5 was achieved only if a new activation energy and preexponential factor was chosen for each cooling rate. This indicated that a relaxation time distribution is necessary for a full description of the apparent heat capacities in the glass transition region. The maximum of Eq. (28) for a glass heated faster than it was cooled can be approximated by the relationship:

$$\log q = A - B/T_{\max} \tag{29}$$

A is approximately constant over 3 to 4 orders of magnitude of heating rate q, and B represents 0.4343 ε_j/R.

Below this glass transition region of about 30° width to about 10° K, the heat capacity of the glass is often quite similar to the heat capacity of the crystalline polymer. The drop in heat capacity in going from the liquid to the glass can be evaluated by insertion of the equilibrium hole number [Eq. (21)] into equation (27) [Wunderlich (1960)]. Table III.6 contains an up to date list of ε_h and v_h for polymers of known ΔC_p.

Table III.6. *ε_h and v_h per mole of holes*

Polymer:	ε_h (cal mole^{-1})	v_h (cm^3 mole^{-1})	T_g (°K)
Poly(propylene oxide)	685	7.3	198
Polypropylene	725	10.5	259
Polyethylene	740	7.6	237
Polyisoprene	875	10.0	196
Polyisobutylene	900	11.8	198
Poly(4-methyl pentene-1)	1070	11.1	305
Poly(vinyl chloride)	1070	10.3	350
Poly(ethylene terephthalate)	1110	9.8	340
Poly(methyl methyacrylate)	1150	10.8	378
Polycarbonate of bisphenol-A	1280	17.0	415
Selenium	1340	6.6	304
Poly(2,6, dimethyl-1,4-phenylene ether)	1880	18.1	480

For many glasses, polymeric and nonpolymeric, ΔC_p calculated per mole of beads is about 2.7 cal deg^{-1} mole^{-1} [Wunderlich (1960)]. These beads are the smallest sections of the solid that can move as a unit in internal rotation.

Smaller contributions to the heat capacity of liquid polymers which can freeze out at the glass transition temperature or below come from internal rotations of limited groups of atoms, or from changes between rotational isomers with different energy levels. The heat capacity of hindered rotation has been calculated, for example, by Herzberg (1945). A graph of heat capacities of an ethane-type hindered rotator for different values of the hindering potential is given in Fig. III.6. The maxima in heat capacity are rather broad and can be detected only if all other contributions to the heat capacity are well known [Wunderlich (1963)]. If two energy levels separated by the potential energy ΔE can change their equilibrium population according to changes in temperature, the heat capacity contribution can be calculated by elementary statistical reasoning (see Section II.3.2 and Fig. II.1):

$$C_p \approx C_v = R(\Delta E/RT)^2 [\exp(\Delta E/RT)]/[1 + \exp(\Delta E/RT)]^2 \tag{30}$$

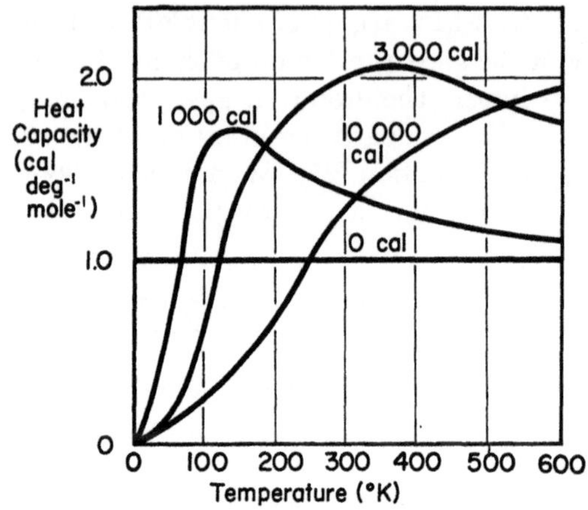

Fig. III.6. Heat capacity of an ethane-type hindered rotator. Drawn after data by Herzberg (1945). The hindering potentials are listed in the graph

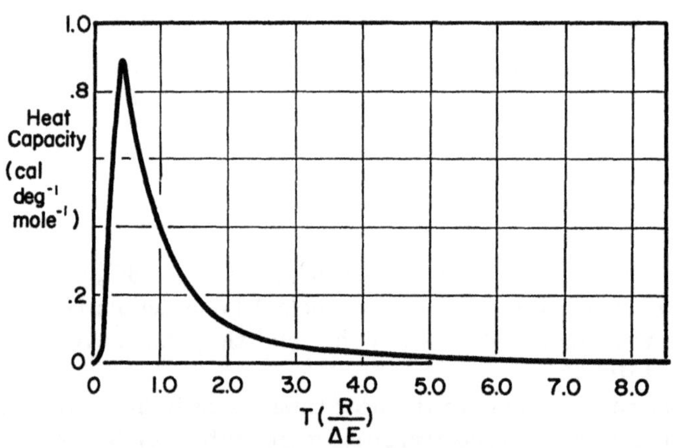

Fig. III.7. Heat capacity of a two energy level system as a function of reduced temperature. ΔE is the difference in energy between the two levels. (Compare with Fig. II.1, note that Fig. II.1 is plotted as a function of $1/T$, ΔE corresponds to ε_1)

Fig. III.7 shows this heat capacity contribution as a function of the dimensionless variable $T(R/\Delta E)$. On freezing the hindered rotator, one expects a transition to a torsional oscillation, similar in effect to an increase in hindering potential in Fig. III.6. Freezing the rotational isomer equilibrium, in contrast, will drop its contribution to zero.

3.3. Polymer Crystals

The heat capacity of an ideal linear high polymer crystal is best discussed in terms of the contributions of the skeletal vibrations and side group vibrations (see Section II.2.2). Major problems arise from the difficulty to obtain equilibrium crystals experimentally. The equilibrium crystals are, in all analysed cases, extended chain crystals. For practical purposes, a crystal of the order of magnitude of one micron in all three dimensions, or larger, can be called macroscopic. Only for very few polymers have such crystals been obtained, and for even fewer polymers have heat capacity measurements on such crystals been made. The procedure used instead is to extrapolate the equilibrium crystal heat capacity from measurements on semicrystalline polymers. Three distinct temperature regions become obvious in this procedure; the low temperature region up to perhaps 60° K, the intermediate temperature region up to the glass transition temperature of the uncrystallized portion of the polymer, and the high temperature region up to the melting point.

As one would expect, heat capacities in the low temperature region are strongly dependent on the chain order and crystal size. The acoustic wavelength of the excited vibrations is large in this temperature region. Only recently, through the measurements of Reese and Coworkers, has a larger volume of low temperature heat capacity data become available. Extrapolations seem to be linear with crystallinity within experimental error.

The intermediate temperature region up to the glass transition temperature corresponds to the vibrations with wavelengths which are short enough not to be affected significantly by chain order and crystal size. In this region even glasses and crystals have often almost identical heat capacities.

Complications arise in the high temperature region. Above the glass transition temperature, portions of chains which are not perfectly crystallized become mobile and reorganize under evolution or absorption of heat. Experimentally, deviations from a linear heat capacity dependence on crystallinity are frequently observed. Fig. III.8 shows such deviations in the case of melt crystallized polyethylene.

As it was possible to detect the thermal history of glasses by measuring the heat capacity as a function of heating rate through the glass transition range, it is possible for crystalline polymers to find out something about the level of metastability by measuring the heat capacity as a function of heating rate through the melting transition range. Detailed analyses of the change in heat capacities measured in the melting range with heating rate have been reported for polyethylene by Hellmuth and Wunderlich (1965), for polytetrafluoroethylene by

Hellmuth, Wunderlich, and Rankin (1966), for polyoxymethylene by Jaffe and Wunderlich (1967), and for polycaprolactam by Liberti and Wunderlich (1968). From this series of investigations the following conclusions have been drawn based on the general description of melting of defect polymer crystals by Wunderlich (1964).

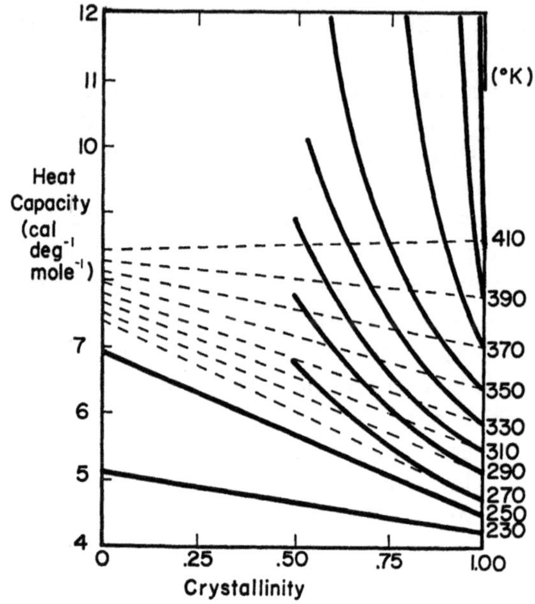

Fig. III.8. Heat capacity of polyethylene as a function of crystallinity and temperature. Redrawn after Wunderlich (1963) after inclusion of new data to be discussed later in this review. The dashed lines show heat capacities which would correspond to additivity. Heavy lines represent experimental data

Melting, reorganization, and recrystallization are the three processes possible above the glass transition temperature. As in glasses, the changes in enthalpy due to conformation adjustment are more conspicuous than the changes in heat capacity due to vibrational mode rearrangement. Different polymer morphologies undergo different slow processes on heating. Equilibrium crystals have a fully extended chain conformation. On heating, the melting process is so slow, that even at slow heating rates more heat can be supplied to the crystals than can be used up in melting. As a result, the interior of the crystals superheats temporarily until the melt-crystal interface reaches the interior. Only little work has been done previously on the superheating of crystals in general, and no calorimetry has been reported. The analysis of polymer crystals is hampered by the fact that crystals are of different lengths in the chain direction as well as different widths. It has not been possible to do experiments on isolated crystals yet. Qualitatively it could be proven that length as well as width influences superheating. For isothermal melting experiments, plots of the amount still crystallized, w_c, versus the logarithm of time, showed for most analyzed polymers an empirical relationship:

$$w_c = \exp(-t/\tau), \tag{31}$$

τ is a temperature dependent relaxation time. Table III.7 shows a comparison of relaxation times of extended chain crystals of five different polymers at superheatings of 5 and 10° C. The variation of the relaxation

Table III.7. *Comparison of superheating of extended chain crystals*

Polymer	Eq. melting point T°_m (°C)	τ (sec) at the given superheating $\Delta T = 5°$ C	$\Delta T = 10°$ C
Polyethylene	138.7	34	10
Polymethylene	141.4	55	17
Polyoxymethylene	182.5	86	22
Polytetrafluoroethylene	327.0	65	13
Polymeric selenium	220.5	2.5	0.8

time with temperature seems to reach a limiting value of the order of magnitude of one second [Jaffe and Wunderlich (1968)].

How much of these values is size dependent, and how much is a property of the polymer, is not known at present. The relatively low value for polymeric selenium is an indication of the size of the molecules in the solid state.

Metastable crystals show usually much less chain extension. Their molecular chains are folded every 50 to 500 Å, rather than every 10000 to 100000 Å. In accord with this, superheating is frequently absent at heating rates presently possible with dynamic calorimetry. The effect which is observed is reorganization. Qualitatively, the following different effects have been observed by dynamic calorimetry:

1. The melting point decreases with increasing heating rate and stays constant at fast rates. This behavior is typical of reorganization on heating, which diminishes with increasing heating rate, such that finally a zero entropy production path with a direct melting of the metastable crystal to a supercooled melt is reached. This limit has been accomplished in well crystallized folded chain single crystals from solution at heating rates of 10–50° C/min. The zero entropy production limit can be used to get information on the surface free energy of these crystals.

2. The melting point stays constant with changing heating rates. More than one interpretation is possible if the melting point stays constant with changing rate for a completely unknown sample. a) This could be an equilibrium crystal which shows no superheating. b) This could be a metastable crystal with no rearrangement or recrystallization. c) The range of heating rates employed was too small and a compensation of superheating and reorganization occurred. Differentiation between a), b), and c) can be achieved by systematically varying crystallization conditions of the polymer in question.

3. The melting temperature exhibits a maximum or minimum with changing heating rate. A combination of superheating and reorganization can give rise to such behavior. Since superheating changes mainly with crystal dimension in the molecular chain direction it is often not difficult to recognize this effect if any other information on the crystals is available (such as low angle X-ray data). Minima in melting temperature as a function of heating caused by rearrangement and superheating were found for polyethylene and polytetrafluoroethylene. A maximum in melting temperature can also be found as a result of variable cold crystallization at different heating rates. Cold crystallization is observed whenever a quenched amorphous, or only partially crystalline sample, is heated above its glass transition temperature slowly enough so that it can crystallize. Crystallization with a limited degree of reorganization of the molecular chains occurs in this case on heating [Wunderlich (1958), and Dole (1959)]. The lower the temperature of crystallization, the less perfect will be the resultant crystals, and the lower will be the melting point of the produced crystals on further heating. Faster heating rates will shift the crystallization temperature to higher levels and thus increase the melting point of the resultant crystals. Increasing the heating rates to even higher levels, however, reduces the melting point again, because of insufficient time to complete cold crystallization. The overall result is a maximum in melting temperature with heating rate.

4. The melting experiments reveal multiple peaks. This situation can arise for several reasons. a) There may be crystals of two or more degrees of perfection in the sample originally. Their study is helped be recrystallization on slow cooling, which produces usually only one of the crystal perfections for comparison. Heating the original sample at different heating rates must show an independent behavior of the differently perfect crystals. A striking example of multiple melting points was published by Gray and Casey (1964). b) There may be reorganization of rather metastable crystals after partial or complete melting before final melting. In case of complete melting before crystallization, an exotherm can be observed by calorimetry before the final melting. Partial melting and crystallization may, however, go on simultaneously.

In this case, a quantitative analysis of time dependent calorimetry can give further information. Increasing the heating rate will always decrease the amount of higher melting polymers, since the time left for recrystallization is shortened on increasing the heating rate. The separate melting peaks may vary irregularly in their temperature because of different reorganization times and temperatures at different heating rates. c) There may be a portion of the polymer left amorphous or ill crystallized. On heating slowly, this amorphous or poorer crystallized material will crystallize (cold crystallization) or reorganize and melt at a different temperature from the originally present crystals. The amount of newly formed crystals during heating will decrease if heating rates are increased sufficiently, leaving at fast heating rates only the melting of the originally present crystals. d) Finally there may be a true phase transition from one crystal form to another before melting, as is found for example, in polytetrafluoroethylene and poly(1-butene), and is well known for low molecular weight substances.

4. Heat Capacities of Polymers

4.1. Polyethylene

Polyethylene is by far the most studied linear high polymer. Its repeating unit is CH_2, so that all subsequent data on heat capacities refer to 14.03 g of the polymer. In the crystalline state, planar zig-zag chains of polyethylene extend through the whole crystal. The unit cell of the CH_2 repeating units is orthorhombic with the 30° C parameters:

$$a = 7.414 \text{ Å}\,, \quad b = 4.942 \text{ Å}\,, \quad c = 2.5473 \text{ Å}\,. \tag{32}$$

The unit cell contains two molecular chains parallel to the crystallographic c-axis and four CH_2 groups. The space group is D_{2h}^{16}. The change in lattice parameters with temperature and branching has been studied by Swan (1962). The crystal expands much more rapidly with temperature or branching in the a-axis direction than in the b-axis direction, while the c-axis direction shows little change.

On crystallization from the melt and from solution, folded chain crystals are usually obtained with a rather constant fold length determined by the crystallization conditions [see for example Geil (1963)]. This folding normally restricts the crystal thickness in the c-direction to 75 to 150 Å on crystallization from solution and to 100 Å to 500 Å on crystallization from the melt, the exact value being fixed by the crystallization temperature. At lower supercooling, the a and b dimensions are practically unlimited and rather perfect lamellae can be grown. At higher supercooling, dendritic and spherulitic growth introduce limitations to lateral growth. On careful crystallization at 131° C for 20 to 40 days, Mandelkern, Price, Gopalan, and Fatou (1966) grew lamellae as thick as 2000 Å in the chain direction. Under hydrostatic pressure, even larger, almost completely extended chain crystals of up to 100000 Å thickness were grown by Wunderlich and Arakawa (1964), and Arakawa and Wunderlich (1967). Besides size of the crystals, perfection varies from sample to sample. Different densities and heats of fusion can be obtained for the same fold length for different perfection [Hamada, Wunderlich, Sumida, Hayashi, and Nakajima (1968)]. Only a first insight in the degree of perfection is given by the low density of the crystallized polymer, usually expressed as weight fraction crystallinity:

$$w_c = (v - v_a)/(v_c - v_a) \tag{33}$$

where v, v_a, and v_c, are the specific volume of the sample, the noncrystalline polymer, and the X-ray perfect polymer, respectively. All quantities are to be evaluated at the chosen temperature. The X-ray specific volume can be calculated form the data of Swan (1962), while the noncrystalline polymer specific volume was extrapolated from the melt by Gubler and Kovacs (1959), and Nielsen (1954). Values used for crystallinity determinations at 25° C in this review are:

$$v_c = 1.001 \text{ cm}^3 g^{-1}, \qquad v_a = 1.173 \text{ cm}^3 g^{-1} \tag{34}$$

Melt crystallized polyethylenes can vary in crystallinity from 40 to almost 100%. The low crystallinity samples are usually branched (high pressure polyethylene), while the high crystallinity samples are more linear. [But see Magill, Pollack, and Wyman (1965) for low crystallinity linear polyethylene.] Also, it becomes more difficult to crystallize samples with high molecular weights.

Heat capacities of polyethylene have been measured in sufficient quantity for various crystallinities over the whole temperature range so that a discussion of the completely crystalline and the completely amorphous polymer is possible.

The temperature range from 1° K to 30° K was remeasured and discussed in detail by Tucker and Reese (1967). They used in their discussion data by Isaacs and Garland (1962); Dainton, Evans, Hoare, and Melia (1962); Sochava (1960); and Reese and Tucker (1965). Fig. III.9 illustrates the dependence of the heat capacity on crystallinity in this low temperature region. The heat capacity seems to depend linearly on crystallinity. The difference between completely crystalline and amorphous heat capacity is largest at about 5° K, decreasing on either side. At about 50° K the crystallinity dependence of heat capacity disappears.

The completely crystalline heat capacity follows a T^3 dependence up to 9° K:

$$C_{\text{crystalline}} = 0.0264\ T^3 (\text{mcal deg}^{-1}\text{mole}^{-1})\ . \qquad (35)$$

The extrapolated, completely amorphous, heat capacity could be described up to 6° K by:

$$C_{\text{amorphous}} = 0.08583\ T^3 + 10.86\ E\,(23/T)\ (\text{mcal deg}^{-1}\text{mole}^{-1}) \qquad (36)$$

where $E\,(23/T)$ is the Einstein function for a characteristic temperature of 23° K. Newer measurements of Chiang, Salinger, and Choy (1968)

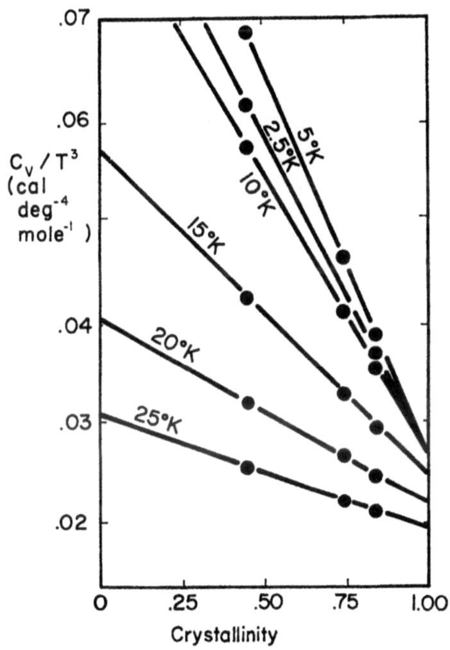

Fig. III.9. Low temperature heat capacity of polyethylene as a function of crystallinity and temperature. Drawn after data by Tucker and Reese (1967)

need two such Einstein terms (12.5° K and 23° K) to reproduce heat capacities between 1 and 4° K. Such an additional term has also been found for other amorphous solids [Reese (1966)] and is assumed to arise from a small number of non-acoustic modes of vibration of low characteristic temperature. Data calculated using Eq. (35) and (36) and extrapolated experimental points for completely crystalline and amorphous polyethylene as reviewed by Tucker and Reese (1967) up to 30° K are listed in Table III.8.

Table III.8. *Heat capacity of crystalline and amorphous polyethylene*

T (°K)	C_p (cryst.) (cal deg^{-1} mole^{-1})	C_p (am.): (cal deg^{-1} mole^{-1})
1	0.000026	0.000086
2	0.000211	0.000701
3	0.000712	0.002639
4	0.001688	0.006734
5	0.003298	0.013090
7.5	0.0112	0.0412
10.0	0.0262	0.0842
12.5	0.0496	0.1368
15.0	0.0825	0.1951
17.5	0.1240	0.2578
20	0.174	0.327
30	0.449	0.640
40	0.758	0.925
50	1.103	1.160
60	1.404	1.404
70	1.656	1.656
80	1.880	1.880
90	2.089	2.089
100	2.287	2.287
110	2.468	2.468
120	2.64	2.64
130	2.81	2.81
140	2.98	2.98
150	3.14	3.14
160	3.32	3.32
170	3.48	(3.48)
180	3.66	(3.66)
190	3.82	(3.82)
200	3.98	(3.98)
210	4.14	(4.14)
220	4.20	4.75
230	4.28	5.17
240	4.33	5.92
250	4.47	6.95
260	4.55	7.29
270	4.70	7.37
280	4.91	7.44
290	5.05	7.52
300	5.26	7.60
310	5.40	7.68
320	5.61	7.76
330	5.89	7.84
340	6.10	7.91
350	6.38	7.99
360	6.66	8.07
370	7.02	8.15
380	7.37	8.23

Table III.8. (*continued*)

T (°K)	C_p (cryst.) (cal deg^{-1} mole^{-1})	C_p (am.) (cal deg^{-1} mole^{-1})
390	7.72	8.31
400	8.14	8.38
410	8.63	8.46
420	—	8.54
430	—	8.62
440	—	8.70
450	—	8.78
460	—	8.85

The heat capacities of polyethylene at higher temperatures have been reviewed earlier by Wunderlich (1962). For Table III.8 these older compilations have been updated. A list of all measurements used to arrive at the extrapolated heat capacities of the completely crystalline and amorphous polyethylene in Table III.8 are listed in Table III.9. Additional measurements on samples for which no information about crystallinity or density is given can be found in the papers by Warfield, Petree, and Donovan (1959), Tautz, Glück, Hartmann, and Leuteritz (1964), and Karasev (1967). Data by Hager (1964), Chernobyl'skii and Tertyshnik (1966) and Mischenko, Samoilov, and Buchatskii (1966) were excluded because of too inaccurate representation of the data in form of small graphs. If both crystallinity and density was quoted by the author, a consistent crystallinity was calculated using the data of Eq. (34). Its value is given in parenthesis in Table III.9 and has been used for the extrapolations.

Between 30 and 90° K no new data have been published since 1962. Carrying the extrapolation of the amorphous polyethylene heat capacity of Tucker and Reese (1967) to higher temperature, identical heat capacities for completely crystalline and completely amorphous polymer are reached with the 60° K value. Measurements on samples 6, 14 and 15 agree within 1% up to 90° K, and average values of these measurements are listed in Table III.8. Excluding the 90° K value of sample 17 which is singularly high, the constancy of heat capacity with crystallinity continues up to 120° K. Samples 6, and 14 to 18 show a 1–2% maximum deviation from the average heat capacity.

Above 120° K a slow increase in amorphous polymer heat capacity over that of the crystalline polymer was deduced by Wunderlich (1962) on the basis of data from samples 14, 15, and 16. The present larger collection (6, and 14–20) does not support this conclusion fully. Up to 210° K, no uniform increase in heat capacity with crystallinity can be detected. Up to 150° K all data agree within ± 2% irrespective of

Table III.9. *Polyethylene heat capacity measurements*

	Reference	Type	Density	Crystallinity	Temp. Range
1	Raine, Richards, and Ryder (1945)	branched	—	~55 —	295—440
2	Dole, Hettinger, Larsen, and Wethington (1952)	branched	0.917	51 (48)	250—470
3		branched	0.912	49 (44)	250—470
4	Wunderlich and Dole (1957)	linear	—	92 —	250—450
5		linear	—	82 —	250—450
6	Sochava and Trapeznikova (1957)	branched	—	~53(?)—	60—270
7	Warfield, Petree, and Donovan (1959)	linear	—	~90 —	300—430
8		branched	—	~60 —	300—430
9	Sochava (1960)	branched	—	~53(?)—	17—60
10	Isaacs and Garland (1962)	linear	0.973	90 (84)	1.8—5.3
11	Hellwege, Knappe, and Wetzel (1962)	linear	0.96	90 (76)	300—440
12		linear	0.95	71 (70)	300—440
13		branched	0.917	43 (48)	300—450
14	Dainton, Evans, Hoare, and Melia (1962)	linear	0.964	79 (79)	20—310
15		linear	—	78 —	20—310
16		branched	0.921	58 (51)	90—310
17	Passaglia and Kevorkian (1963)	linear	0.968	88 (81)	90—430
18		branched	0.924	48 (53)	90—430
19	Tautz, Glück, Hartmann, and Leuteritz (1963)	linear	—	85 —	130—450
20		branched	—	65 —	130—450
21	Wunderlich (1965)	linear	0.997	99 (99)	180—410
22	Gray and Brenner (1965)	linear	0.960	85 (76)	310—460
23	Reese and Tucker (1965)	linear	0.964	85 (79)	1—4.5
24		linear	0.938	66 (62)	1—4.5
25		branched	0.917	51 (48)	1—4.5
26	Tucker and Reese (1967)	linear	0.973	84 (84)	2.5—30
27		linear	0.958	75 (75)	2.5—30
28		branched	0.915	50 (47)	2.5—30
29	Richardson (1965)	linear	—	—	400—470° K

crystallinity[79]. At 210° K the spread of data which now also include values from sample 21 has reached 9%, while the linear polyethylenes agree within ±2%. The deviations of the heat capacities of the branched polymer from the average are erratic. The heat capacity of sample 16 increases continually over the linear polymer heat capacity average to

79 Numerical values of heat capacities of samples 19 and 20 have been excluded in this discussion up to 250° K because of the large errors in reading the published graph.

reach +10% at 230° K. Samples 6, 18, and 20 first decrease in heat capacity in comparison to the linear polyethylenes, then increase. At 230° K all branched samples have reached a definite increasing trend and have heat capacity values above the linear polymer average. Although a crystallinity dependence seems to exist in the region between

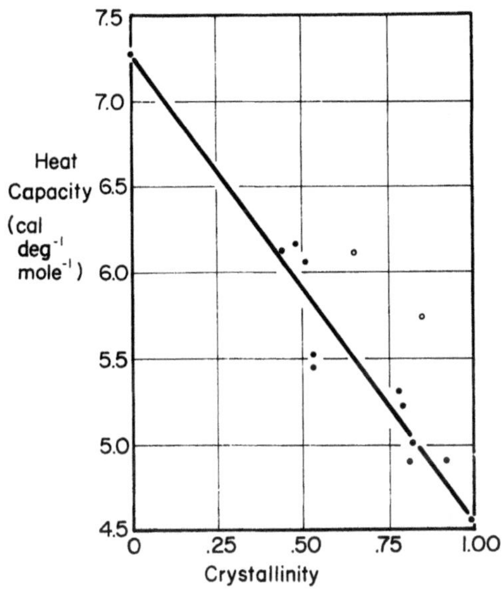

Fig. III.10. Heat capacity of polyethylene as a function of crystallinity at 260° K. The zero crystallinity value is extrapolated from the melt. The open circles represent less accurate data on samples 19 and 20

120 and 210° K, both positive and negative deviations have thus been found. This situation seems to point to the need of investigations of samples with known structure parameters beyond crystallinity only. Chemical as well as physical structure may show an influence in this temperature region. In Table III.8 averages of all measurements have been entered up to 150° K. From 160 to 210° K averages of linear polyethylene samples only have been chosen for the heat capacity of the 100% crystalline polyethylene to minimize the possible error. The amorphous heat capacity has been listed as identical to the crystalline, but placed in parenthesis indicating some uncertainty. At 170° K the maximum uncertainty of the extrapolation to zero crystallinity is symmetrically ±6.5%, while at 200° K the uncertainty is +9% and −4.5%.

The completely crystalline and amorphous heat capacities from 210° K up to 260° K were obtained by graphical extrapolation. A sample extrapolation at 260° K is shown in Fig. III.10. At this temperature, the extrapolated heat capacity of the completely amorphous polyethylene matches the heat capacity of the liquid, extrapolated down from above the melting temperature.

Above 260° K the heat capacity of polymers with different crystallinity at 25° C deviated more and more from additivity of amorphous and crystalline contributions, as was observed before by Wunderlich,

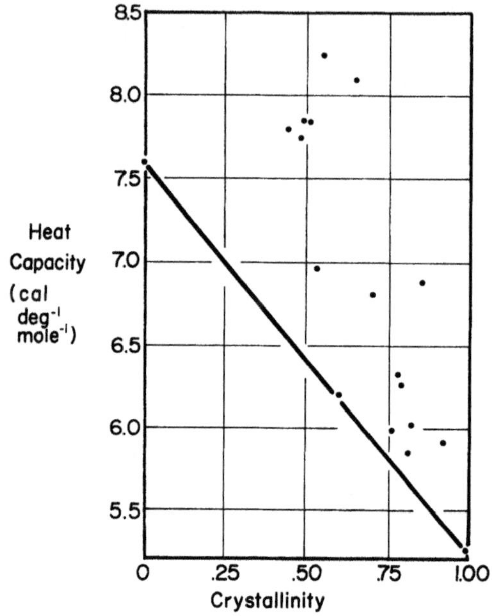

Fig. III.11. Heat capacity of polyethylene as a function of crystallinity at 300° K. The straight line would represent strict additivity. The zero crystallinity value is extrapolated from the melt. See also Fig. III.8

Sullivan, Arakawa, DiCyan, and Flood (1963). Plots of all available data at 300° K and 350° K are reproduced in Figs. III.11 and III.12 to show the magnitude of the deviation. This added contribution to the heat capacity of the semicrystalline polymer has been ascribed to a change in defect structure. At higher temperature this excess heat capacity leads smoothly to the melting peak as can be seen from Fig. III.8. An interesting explanation based on melt equilibria of restraint polymer chains has come from Zachmann (1964, 1966), who showed that segments of such polymer chains could have a higher entropy of melting, and correspondingly, a lower melting point. In Table III.8, the heat capacities measured on almost completely crystallized polyethylene, which does not show this excess heat capacity (sample 21), have been entered up to the melting point, which experimentally was found to be 414.6° K for a high molecular weight sample [Wunderlich and Arakawa (1964), and Arakawa and Wunderlich (1967)].

The amorphous polyethylene heat capacity was evaluated between 410° K and 450° K making use of data from samples 2 to 5, 11 to 13, 17, 19, 20, and 29. The spread of data at any one temperature was 5 to 8%. The averages at each temperature were used for a least squares calculation. The equation:

$$C_p \text{ (liquid)} = 5.252 + 7.83 \cdot 10^{-3}\, T \tag{37}$$

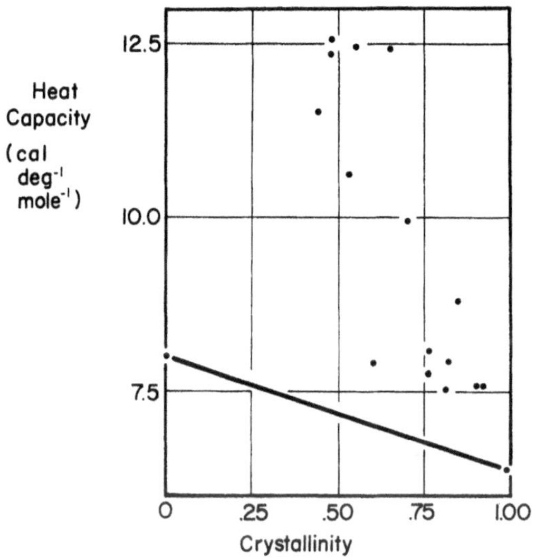

Fig. III.12. Heat capacity of polyethylene as a function of crystallinity at 350° K. The straight line would represent strict additivity. The zero crystallinity value is extrapolated from the melt. See also Fig. III.8

fits the averages with a standard deviation of ± 0.2% of a single value. Eq. (37) was used to calculate the heat capacity of the completely amorphous polyethylene down to 260° K, where the extrapolation with respect to crystallinity gives the same value.

All data are combined in Fig. III.13 which will form the base of all further discussion of the heat capacity of polyethylene. Before going on, it is useful to note again that these curves were derived using only the crystallinity structure parameter which is no more than a first approximation. The relatively good agreement between data of different laboratories is probably due to the fact that most samples were treated similarly. It is not surprising that at least in the 120° K to 210° K temperature region some uncertainties arose. A multitude of different metastable crystals are possible for any one value of crystallinity. Although present day adiabatic calorimeters are sensitive enough to allow a study of these differences and even the less accurate scanning calorimeter is able to detect such influence of structure on heat capacity, no systematic study of this problem has been published yet. A very much different structure is, for example achieved on cold drawing polyethylene. Such drawn samples were analyzed by Dole, Hettinger, Larson, and Wethington (1952); Hellwege, Knappe, and Wetzel (1962); Tautz, Glück, Hartmann,

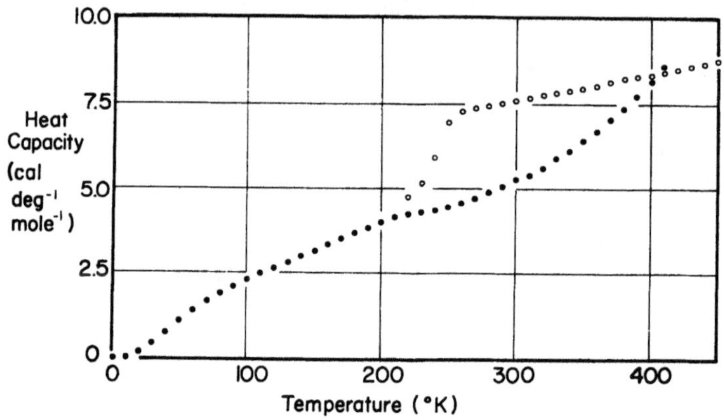

Fig. III.13. Heat capacity of amorphous and crystalline polyethylene as a function of crystallinity. Open circles show the amorphous, filled circles the crystalline polymer heat capacity. Below 220° K differences are too small to show on the graph. See Fig. III.9 and Table III.8

and Leuteritz (1964); and Peterlin and Meinel (1965). Increases in heat content of the disordered portion in the drawn polymer and deviations from the heat capacity of freely crystallized material have been observed. For a detailed discussion, however, insufficient structure detail was presented. Also, the differences in chemical structure, like changes in molecular weight and branching, must be considered. Hellwege, Knappe, and Wetzel (1962) have studied heat capacities of 12 samples with molecular weights between $6 \cdot 10^4$ and $1 \cdot 10^6$ with no definite correlation. Any differences in the temperature region where the samples were crystalline were overshadowed by differences in crystallinity. Two distinct heat capacity curves for liquid branched and linear polyethylene were found; however, combining these data with the other here reviewed samples indicated that this difference fell into the range of experimental data scattering. Extrapolations of the heat capacity of crystalline paraffins to infinite chain length by Broadhurst (1963), however, were successful. The extrapolated heat capacity fits the data in Table III.8.

The heat capacity of deuteropolyethylene (93% *D*, 72% crystallinity) was measured between 80 and 310° K by Rabinovich, Pavlinov, and

Krylova (1967). Complete replacement of H by D results in an increase in C_v by more than 20%.

To interpret the heat capacity of the completely crystalline polyethylene in terms of its vibrational spectrum, the heat capacity at constant volume must be calculated first. Above about 70° K the difference becomes noticeable. At room temperature, both Eq. (1) and the approximation by Nernst and Lindemann (1911) were found to give the same $C_p - C_v$ difference. Over the whole temperature region the following expression has been derived [Wunderlich (1962)]:

$$C_p - C_v = 0.4896 \cdot 10^{-4} C_p^2 T \,. \tag{38}$$

The value of Warfield and Petree [(1961) I] derived from measurements of sound velocity is too large for crystalline polyethylene by a factor of 3.3. Much of this can be accounted for by the lower heat capacity and expansion coefficient of completely crystalline polyethylene.

In comparison with Se, polyethylene must have a more complicated vibrational frequency distribution. Instead of a single atom, a CH_2-group occupies each lattice position. The C-H-bonds are rather strong bonds and since the hydrogen mass is low, the frequencies expected from C-H-vibrations are high. Indeed, one would not expect a large amount of coupling between the C-H-vibrations and the skeletal vibration, so that the C-H-vibrations can still be identified in terms of single CH_2-motion. Θ-temperatures for the CH_2 rocking, twisting, wagging, and bending modes lie in the 1,350 to 2,100° K region, while the Θ-temperatures for the stretching modes are even higher, 4,108° K and 4,208° K. These Θ-temperatures have been calculated by Wunderlich (1962) from published infrared data. Tasumi, Shimanouchi, and Miyazawa (1962, 1963) and Lin and Koenig (1962) have calculated the complete frequency spectrum of the isolated polyethylene chain. Their calculation places the C-H-vibrations above $2 \cdot 10^{13}$ cps (see also Fig. III.14). Their distribution is not affected greatly by intermolecular forces. Also in this frequency range fall the vibrations related to the C-C-stretching. The vibrations between $2 \cdot 10^{13}$ cps and $5 \cdot 10^{13}$ cps, which include the modes related to C-C-stretching and C-H bending, will be called the low frequency optical vibrations, while the C-H-stretching modes which lie above $8 \cdot 10^{13}$ cps will be called high frequency optical vibrations. Their contributions to the heat capacity have been calculated by Wunderlich (1962). The high frequency optical vibrations have a rather insignificant contribution to the heat capacity. At 400° K they amount to about 2% of the total heat capacity. The low frequency optical vibrations have a 2% contribution at 120° K and have increased to about 40% of the total heat capacity at 400° K. The optical vibrations are thus the reason for the accelerated increase in heat capacity seen above 200° K in Fig. III.13. Only below 100° K can the optical vibrations be neglected.

The discussion of the remaining acoustical vibrations, which can be linked mainly to the twisting and bending modes of the chain, has been carried out in stages of approximation. The simplest approximation was made by Dole (1960). He used average frequencies of $2.7 \cdot 10^{12}$ cps and $9.6 \cdot 10^{12}$ cps for the twisting and bending modes, which are identical to those of gaseous paraffins. The heat capacity was calculated using the Einstein function (Eq. II.138, $\Theta = 130°$ K and 460° K). Despite the simple assumption, reasonable agreement was reached over the temperature region from 20 to 100° K. A second approximation makes use of the Tarasov equation. Again only $2N$ moles of vibrators should be used in the fitting of the heat capacities. The data of Table III.8 yield up to 9° K the following Θ-temperatures:

$$\begin{aligned} \Theta_D &= 227°\ \text{K} = \sqrt[3]{\Theta_1\, \Theta_3^2} \\ \Theta_1 &= 540°\ \text{K} \\ \Theta_3 &= 147°\ \text{K}\,. \end{aligned} \tag{39}$$

Only Θ_3 changed somewhat from the earlier fit by Wunderlich (1962). A third improvement was offered by Tucker and Reese (1967). They used a separate expression for the longitudinal and the transverse vibrations[80]. Each was fitted to a separate Tarasov expression. In order not to increase the number of constants to be fitted, the two independent assumptions were made: First, $\Theta_{3T}/\Theta_{3L} = 0.60$ which is based on a Poisson ratio of 0.22 at 0° K obtained from ultrasonic sound velocity measurement. Second, Θ_{1L} was set equal to 1,655° K, the upper value for the C-C-stretching frequency. The set of Θ-temperatures is then:

$$\begin{aligned} \Theta_{1L} &= 1{,}655°\ \text{K}\,, \quad & \Theta_{1T} &= 707°\ \text{K}\,, \\ \Theta_{3L} &= \phantom{1{,}}223°\ \text{K}\,, \quad & \Theta_{3T} &= 134°\ \text{K}\,. \end{aligned} \tag{40}$$

A fourth approximation is the application of a frequency spectrum calculation for a simplified lattice as developed by Stockmayer and Hecht (1953) and Genensky and Newell (1957) (see also Section II.4.3.2). They used an idealized tetragonal crystal structure with rigid repeating units on lattice positions and two force constants each for first and second neighbor interaction. General features of this model believed independent of crystal geometry are: a T^3 temperature dependence at the lowest temperatures, an approximately linear region at higher temperature, and a temperature region where:

$$c_v = \alpha T^3 + \beta T^{5/2}\,. \tag{41}$$

80 Note, however, that the lattice waves in a strongly anisotropic crystal are generally not longitudinal or transverse (see Section II.4.3.2).

The approximately linear region and the T^3-region agrees with the experiment, while there was no region of fit found experimentally for Eq. (41) [Tucker and Reese (1967)]. Starkweather (1960) and Wunderlich (1962) tried to fit the calculated frequency spectrum to the polyethylene heat capacity by adjusting the maximum frequency empirically. Although a fair agreement between measured and calculated heat capacities can be achieved, large deviations remain at temperatures below 10° K. The Tarasov fit is considerably better. Finally, the calculation of the normal vibrations using an inter- as well as intramolecular force field

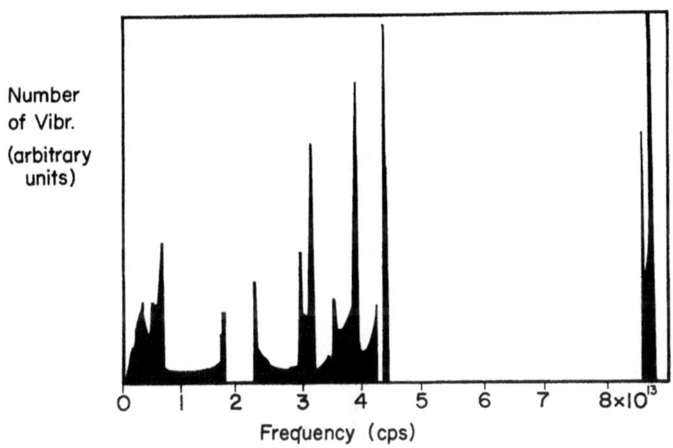

Fig. III.14. Frequency spectrum of vibrations in crystalline polyethylene

has been carried out by Tasumi and Shimanouchi (1965) and by Miyazawa and Kitagawa (1964). The force constants for the interchain interaction were chosen by the latter authors to fit the low temperature heat capacities. An improved frequency spectrum [Kitagawa and Miyazawa (1965–1967)] together with the optical vibrations is shown in Fig. III.14. This vibrational frequency agrees with experimental data up to 150° K. Wunderlich (1965) made a comparison up to 410° K. Except for a temperature region from 150° K to 220° K, the fit is within $\pm 5\%$ or better. The inelastic neutron scattering cross sections were also calculated from this frequency distribution [Kitagawa and Miyazawa (1967–1968)] and found to be in good agreement with experiments [Myers, Summerfield, and King (1966)].

The excellent fit of the heat capacities calculated from the frequency spectrum given in Fig. III.14 invites a discussion of the various approximations given above. Fig. III.15 shows a comparison of the different low frequency portions of the proposed spectra. The main features of the spectrum by Kitagawa and Miyazawa (1965—67) are shown in Fig. III.15A. Fig. III.15B represents the spectrum based on the model of Stockmayer and Hecht (1953) fitted to the heat capacity by Wunderlich (1962) which led to the total of 2 vibrators per CH_2. Many of the features of the spectrum A can be found in B as was pointed out in Section II.4.3.2, however, the fitting method of adjusting the maximum frequency

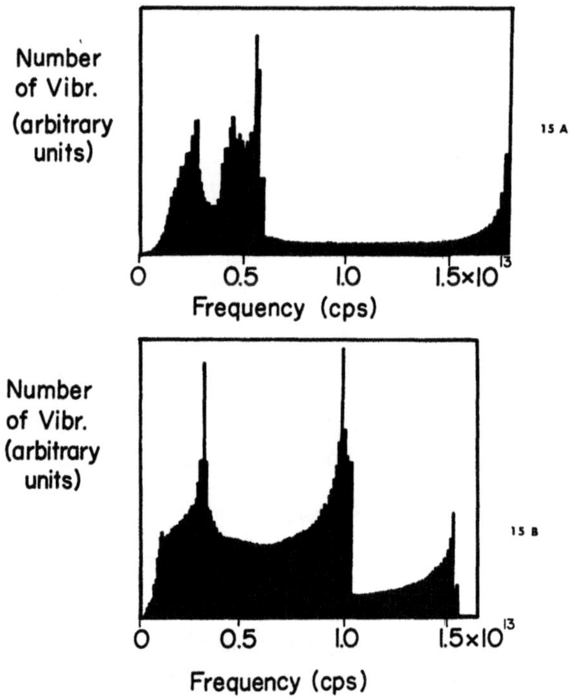

Fig. III.15 A—D. Vibrational frequency spectra of the skeletal modes of crystalline polyethylene. A. Normal mode calculation by Kitagawa and Miyazawa (1965—67). B. Normal mode calculation of the simplified Stockmayer and Hecht (1953) model by Genensky and Newell (1957).

leads to a value too low for the force constant β. Due to the different geometries of the models the four force constants do not have the proper ratio. The branch ω_3, (Eq. II.124 c) which involves at the high frequency end mainly the force constant between atoms along the chain compares by this fitting method with the frequencies mostly due to C–C–C–bending, while the ω_1 and ω_2 branches (Eq. II.124 a and b) which involve at their high frequency end ($\sim 1 \cdot 10^{13}$ cps in Fig. III.15B) the chain bending force constant, are assigned by this fitting method a too high value to compare favorably with A. They fall into the region of maxima mainly due to torsional modes in A. The low frequency end which involves mainly the two interchain force constants would need a separate fit also. The motion calculated from the simplified tetragonal lattice is thus different from the real case.

In summary, by a proper choice of force constants, which is not possible on the basis of heat capacities alone, reasonable agreement between the two frequency spectra could probably be reached.

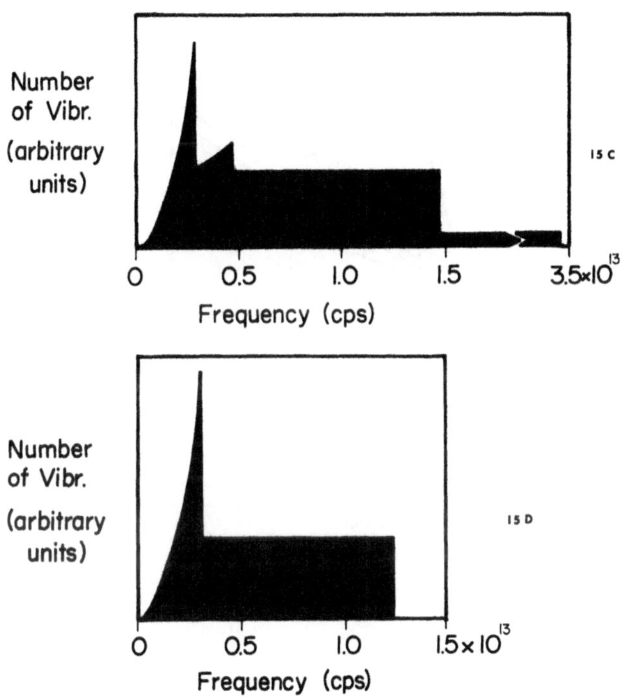

C. Double Tarasov fit by Tucker and Reese (1967). D. Tarasov fit as given in Eq. (III.39)

Fig. III.15C represents the modified Tarasov model fitted by Tucker and Reese (1967). Outside the low temperature fit, which results in a peak at $2.8 \cdot 10^{12}$ cps and the drop at $1.5 \cdot 10^{13}$ cps, which is also fitted using heat capacities, no correspondence exists to the true vibrational spectrum. The longitudinal waves included in the spectrum are far from their true location, a narrow band between $2.6 \cdot 10^{13}$ and $3.4 \cdot 10^{13}$ cps. Fig. III.15D finally represents the simple Tarasov expression. Compared with Fig. III.15A, the ν^2-dependence stretches to much too high frequencies. The constant portion represents an average over all vibrations above $3 \cdot 10^{12}$ cps and, as such, has a too high level to correspond to the almost constant portion of Fig. III.15A. In summary, the Tarasov treatments can only give a good representation of the lowest frequencies (heat capacities up to 9° K) via the Θ_3-value. The upper limit of vibrations given by Θ_1 is already much less accurate. Actual vibrational frequencies are quite far removed from the Tarasov value anywhere above 10^{12} cps. The reason that, despite this poor correspondence, good representation of heat capacities is achieved lies in the insensitivity of heat capacities to changes in vibrational spectrum at higher frequency, a fact which leads to the impossibility of inversion of heat capacities.

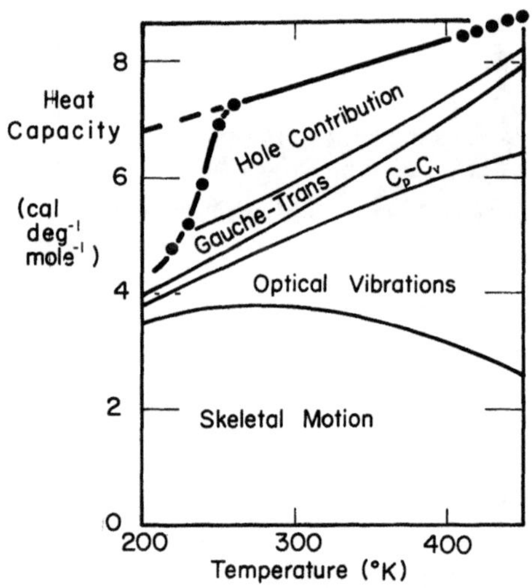

Fig. III.16. Heat capacity of amorphous polyethylene. Drawn after Wunderlich (1962)

The deuteropolyethylene heat capacity was discussed in terms of the changed frequency spectrum due to the isotope effect by Rabinovich, Pavlinov, and Krylova (1967). The Θ-value changed to $\Theta_1 = 112°$ K. Agreement between calculation and experiment seems similar to polyethylene.

The low temperature heat capacity of amorphous polyethylene has been discussed by Tucker and Reese (1967). As one would expect, the Θ_3-temperatures are lower than for the crystal, since average distances between chains are longer. A first explanation for the extra Einstein term has been given by Chiang, Salinger and Choy (1968) in terms of branch motion.

The melt heat capacity has been discussed by Wunderlich (1962). Fig. III.16 shows an extrapolation of the separate heat capacity contributions. The filled circles indicate the heat capacity extrapolated from the partially crystalline polymers, which show the glass transition temperature at about 240° K, in reasonable agreement with expansion coefficient measurements on 40–50% crystalline polymethylene by Magill, Pollack and Wyman (1965). The different contributions to the heat capacity are the seven optical vibrations, which are assumed to be identical to those of the crystal. The two skeletal modes, one of which changes at sufficiently high temperature from a pure vibrational mode to a hindered rotation with the corresponding decrease in heat capacity (see Fig. III.6). The hole contribution has been calculated according to parameters listed in Table III.6. The last term, the gauche

Table III.10. *Enthalpy and entropy of crystalline and amorphous polyethylene*

	Crystalline		Amorphous	
T (°K)	H (cal mole^{-1})	S (cal deg^{-1} mole^{-1})	H (cal mole^{-1})	S (cal deg^{-1} mole^{-1})
415	1647	7.81	2629	10.18
275	746	5.22	1516	6.92
255	653	4.87	1369	6.37
0	0	0	661	1.27

contribution, arises from the differences in energy level between the trans and gauche conformation of the polymer chain. Instead of using Eq. (30), the heat capacity contribution was calculated according to Starkweather and Boyd (1960), who also took the pentane interference into account. For the gauche-trans energy level difference, an energy of 800 cal mole^{-1} was assumed [Taylor (1948)]. Fig. III.16 shows that the linear temperature dependence of the heat from about 250° K to 460° K is accidental and rests with the fact that the decrease in heat capacity due to skeletal motion, hole equilibrium, and gauche-trans equilibrium is compensated by the increasingly excited optical vibrations and an increasing difference between C_p and C_v. At higher temperature an increase in C_p is expected, while at lower temperature a sharp decrease can be calculated.

The heat capacities in Table III.8 can finally be used to calculate thermodynamic parameters for the amorphous and crystalline polyethylene. Table III.10 lists selected values. The results are not significantly different from the data by Passaglia and Kevorkian (1963) and Wunderlich (1962).

The heat of fusion for highly crystalline polyethylene has been determined to be about 980 cal mole^{-1} [Wunderlich and Cormier (1967)]. Chain folding and decrease in crystallinity reduce the heat of fusion [Hamada, Wunderlich, Sumida, Hayashi, and Nakajima (1968)].

4.2. Polypropylene

Polypropylene derives from the polyethylene by substituting a methyl group for a hydrogen atom on every second carbon atom. The methyl group has a van der Waals radius of 2.0 Å against the 1.1 Å of hydrogen. The repeating unit of polypropylene is CH_2CHCH_3, so that the heat capacities will refer to a formula weight of 42.08 g. The chemical structure is complicated by the possibility of stereo isomers. Heat capacities have been measured on largely atactic polypropylene, which has a more or less random placement of the CH_3-groups and on largely isotactic polypropylene which has sterically identical placement of the CH_3-groups over long sequences, ideally over the whole molecule. Atactic polypropylene remains amorphous over the complete temperature range, while isotactic polypropylene crystallizes. Most isotactic samples analyzed had a crystallinity of about 0.6. This contrasts the crystallinity range from 0.44 to 0.99 analyzed for polyethylene.

Crystalline isotactic polypropylene has a monoclinic subcell C_{2h}^{6} with the parameters [Miller (1963)]:

$$\begin{aligned} a &= 6.666\ \text{Å}, \\ b &= 20.87\ \text{Å}, \\ c &= 6.488\ \text{Å}, \\ \beta &= 98.2°, \\ \text{density} &= 0.937\ \text{g cm}^{-3}\ \text{at}\ 25°\ \text{C}. \end{aligned} \tag{42}$$

The molecular chains form a 2*3–1 helix[81] along the crystallographic c-axis. The subcell contains 4 chains and 12 repeating units. The room temperature density of atactic polypropylene is about 0.85 g cm^{-3}.

Despite the fact that 11 authors measured the heat capacity of 30 different polypropylene samples, information is rather sparse. There are no data of heat capacity below 20° K and there are not enough data to discuss the change of heat capacity with crystallinity.

Below the glass transition temperature and above the melting temperature there seems to be little difference between atactic and isotactic polypropylene. Passaglia and Kevorkian (1963) II found identical heat capacities from 90 to 240° K, while the values of Dainton, Evans, Hoare, and Melia (1962) for atactic polypropylene are 10–3% higher over the range of 30 to 240° K. Above 450° K Passaglia and Kevorkian (1963) II find again identical values for isotactic and atactic polypropylene, while Wilkinson and Dole (1962) find 10% higher values for atactic polypropylene. It cannot be concluded whether these small differences are

81 Class 2 helix (two-atom helix) with 3 two-atom units and 1 turn of the helix per translatory identity period along the helix axis.

caused by molecular weight differences, thermal pretreatment, or experimental error. All three atactic polypropylenes investigated by the above authors showed a small amount (3–16%) crystallinity indicating some stereo regularity.

The glass transitions were detected between 249 to 261° K. No time dependent studies of the glass transition have been made. The magnitude of the heat capacity jump was found in good agreement with the hole theory as predicted by Wunderlich (1960) assuming 2 "beads" per

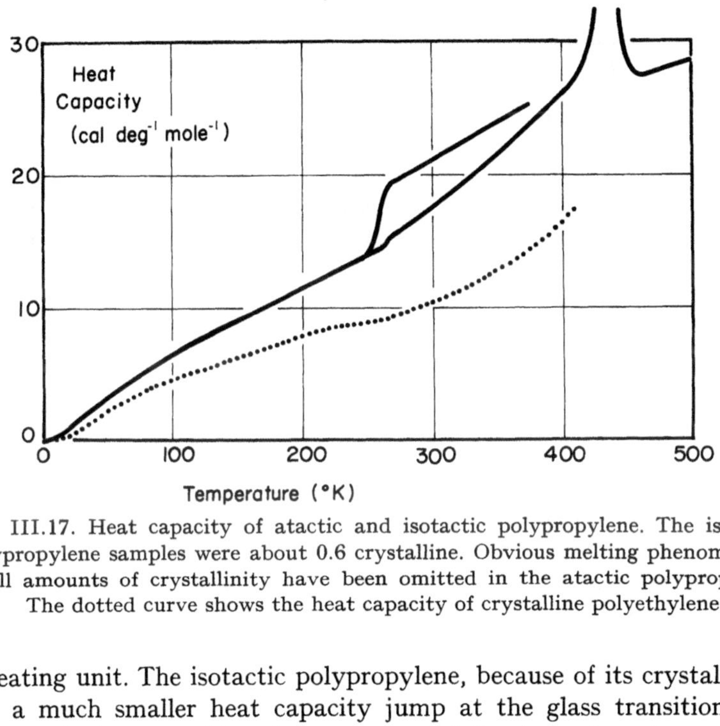

Fig. III.17. Heat capacity of atactic and isotactic polypropylene. The isotactic polypropylene samples were about 0.6 crystalline. Obvious melting phenomena of small amounts of crystallinity have been omitted in the atactic polypropylene. The dotted curve shows the heat capacity of crystalline polyethylene

repeating unit. The isotactic polypropylene, because of its crystallinity, has a much smaller heat capacity jump at the glass transition. The measured glass transition temperatures of the isotactic polypropylene are at about the same temperature as the glass transition temperature of the atactic polypropylene [260–267° K, see also Wunderlich and Poland (1962)].

The melting range of the istoactic polypropylene is seen between 370 and 450° K. A small additional melting peak, possibly due to impurities, was observed for the atactic polypropylene samples at 310–340° K.

Fig. III.17 shows the heat capacities of the atactic and isotactic polypropylene as well as a comparison with the heat capacity of polyethylene recalculated per mole of C_2H_4. The atactic polypropylene values were averaged values from the above references subtracting obvious melting phenomena. The isotactic polypropylene curve was drawn using data by the following authors: 1. Wilkinson and Dole (1962) (density of sample 0.9103 g cm^{-3}, crystallinity by X-ray 0.68); 2. Dainton, Evans, Hoare, and Melia (1962) (X-ray crystallinity 0.48); 3. Hellwege, Knappe, and Wetzel (1962) (two samples of density 0.905—0.913 g cm^{-3}); 4. Passaglia and Kevorkian (1963) II (sample of 0.65 crystallinity); 5. Tautz, Glück, Hartmann, and Leuteritz (1963) and (1964) (one quenched and one slowly cooled sample); 6. Slonimskii and Godovskii (1965) (7 samples

Table III.11. *Infrared frequencies and vibrational assignments for isotatic polypropylene.* (*Frequencies are given in* cm^{-1}, *cps, and* °*K*)

A. C–H stretching vibrations			
CH_3 asym. stretching	2959	$8.87 \cdot 10^{13}$	4258
CH_3 asym. stretching	2950	$8.84 \cdot 10^{13}$	4245
CH stretching	2921	$8.76 \cdot 10^{13}$	4203
CH_2 antisym. stretching	2879	$8.63 \cdot 10^{13}$	4143
CH_3 sym. stretching	2868	$8.60 \cdot 10^{13}$	4127
CH_2 sym. stretching	2838	$8.51 \cdot 10^{13}$	4084
B. CH_2 bending vibration			
CH_2 bending	1435	$4.30 \cdot 10^{13}$	2065
C. CH_3 deformation vibrations			
CH_3 asym. deformation	1460	$4.38 \cdot 10^{13}$	2101
CH_3 asym. deformation	1454	$4.36 \cdot 10^{13}$	2092
CH_3 sym. deformation	1378	$4.13 \cdot 10^{13}$	1983
D. CH_2 wagging, twisting, and CH bending vibrations			
CH_2 wagging, CH_2 twisting, and the two CH bending modes are extensively coupled in the region	1340–1270	$4.02 \cdot 10^{13}$–$3.81 \cdot 10^{13}$	1928–1827
E. CH_3 and CH_2 rocking and C-C stretching vibrations			
(2) CH_3 rocking, C-CH_3 stretching CH_2 rocking and the two C-C stretching modes are hybridized in the region	1168–809	$3.50 \cdot 10^{13}$–$2.40 \cdot 10^{13}$	1680–1164

of density 0.907 to 0.909 g cm^{-3} and crystallinity 0.60 to 0.63). Not used were data by Mikhailov, Fainberg, and Gorbacheva (1959) who measure only single values of heat capacities of heptane extracted fractions, Wilski (1960 and 1966) who determined average heat capacities with a drop calorimeter, and Steere (1966) who shows heat capacities per unit volume, not directly comparable to the here presented data.

O'Reilly and Karasz (1966) pointed out that the higher heat capacity of polypropylene cannot be accounted for solely on the basis of a rotational contribution from the added methyl group. A calculation of the normal vibrations of an isolated infinite helical isotactic polypropylene chain has been carried out by Miyazawa (1964) in connection with a study of the infrared spectrum. He was able to assign frequencies to all infrared active vibrations. Table III.11 lists the infrared active frequencies for the optical vibrations of polypropylene. In addition, there are seven low frequency modes arising from the $C{-}CH_2{-}C$ and $C{-}CHCH_3{-}C$ bending and torsion, the two $C{-}CH_3$ bending, and the $C{-}CH_3$ rotation. The latter three are additional modes beyond the ones comparable to polyethylene. Comparing the values in Table III.11 with the polyethylene frequency spectrum of Fig. III.14 shows that the number of C–H stretching vibrations has increased from 4 to 6, however, since their Θ-temperature is, as for polyethylene, above 4,000° K, only negligible

Table III.12. *Polypropylene. Estimated heat capacity contributions in cal deg^{-1} mole^{-1}*

T (°K)	C_p–C_v (estimated)	20 optical vibrations	7 low freq. vibrations	Experimental heat capacity
100	0.09	0.00	6.34	6.43
150	0.27	0.06	8.75	9.08
200	0.58	0.46	10.42	11.46
250	1.08	1.40	11.52	14.00
300	1.98	3.03	(12.33)	(17.34)
350	3.56	4.95	(12.99)	(21.50)
400	6.42	6.98	(13.60)	(27.00)

contribution is expected to the heat capacity below 400° K. As in polyethylene, the CH_2 rocking and C–C–stretching vibrations are in the 1100–1600° K region. Additional modes in polypropylene are the $C{-}CH_3$ stretching and CH rocking modes. The wagging, bending, and twisting modes in polyethylene can be compared to similar vibrations in polypropylene, but in addition there are 3 more vibrations due to the CH_3-deformation modes. Estimates of the heat capacity contribution of the C_p–C_v–difference, the optical vibrations of Table III.11, and the leftover low frequency vibrations are listed in Table III.12.

In comparison with polyethylene, the low frequencies are excited less rapidly. A fit of the low frequency heat capacities to a one dimensional Debye function (see Eq. II.161) yields a Θ_1 temperature of 697° K compared to the Θ_1 temperature of 540° K of polyethylene. The higher total heat capacity results from the larger number of low frequency vibrations, 7 instead of 4. Very little can be said from heat capacity measurements about the contributions of the methyl group torsional oscillation or hindered rotation.

In summary, the higher heat capacity of polypropylene is probably caused, in order of importance, by the hindered rotator C–CH_3, two additional skeletal bending modes, three additional carbon-hydrogen deformation vibrations, and the additional C–CH_3 stretching frequency. A detailed discussion, including the interesting question of the excitation of the C–CH_3 rotator and the skeletal vibration must await more low temperature data and data on better characterized crystals.

4.3. Poly(1-butene)

In poly(1-butene) the methyl group of polypropylene is replaced by an ethyl group making the repeating unit $CH_2CHC_2H_5$ with a formula weight of 56.11 g. One expects the additional CH_2 group to introduce two more C–H stretching vibrations, unimportant for the heat capacity;

Table III.13. *Estimated and measured values of the heat capacity of poly (1-butene)*

T (°K)	C_p (estimated) (cal deg^{-1} mole^{-1})	C_p (measured) (cal deg^{-1} mole^{-1})	Δ (%)
20	1.15	1.29	11
50	4.40	4.60	4
100	8.72	9.03	3
150	12.22	12.78	4
200	15.44	16.35	6
250	18.47	(21.85)	(15)
300	22.60	(27.03)	(16)

four more C–H bending vibrations similar to the polyethylene twisting, wagging, rocking and bending frequencies; one more C–C stretching vibration; and two more low frequency vibrations of which one might again be a hindered rotator. An estimate of its heat capacity between 50 and 200° K would be the heat capacity of polyethylene (per CH_2) added to the heat capacity of polypropylene. Table III.13 shows how much this simple estimate compares with data by Dainton, Evans, Hoare, and Melia (1962) on isotactic poly(1-butene). Without regard to crystal structure, column 2 and 3 agree within experimental error.

The deviation at 20° K may be due to easier excitation of the torsional oscillation in a side group or may be an indication of less crystallinity in poly(1-butene). At 250° K and above, the comparison is not valid because of complications due to the glass transition of polypropylene and poly(1-butene). Poly(1-butene) is less crystalline and accordingly shows a higher heat capacity.

The available heat capacity data do not allow more detailed discussion. The data of Dainton, Hoare, and Melia (1962) between 20 and 310° K were measured on a sample with a crystallinity of 0.45. It was assumed that most of the sample was of the rhombohedral form which alone is stable at low temperature. Again the molecular chain forms a 2*3–1 helix. 18 monomer units are in the unit cell of space group D_{3d}^{6} [Miller (1963)]. The glass transition temperature of the semicrystalline sample was listed at 249° K. Wilski and Grewer (1964) measured the heat capacity of a rhombohedral and a largely atactic poly(1-butene) from 220° K to 430° K. The two measurements on rhombohedral poly(1-butene) show a 7% difference in the region of overlap. Wilski and Grewer (1964) ascribed this difference to the prescence of another crystal form which precipitates from solution. At temperatures above 350° K a metastable tetragonal crystal form was produced whose heat capacity (in a semicrystalline form) was also measured by Wilski and Grewer (1964). The melting and transformation temperatures of the different crystal forms are in the temperature region between 370 and 410° K.

4.4. Poly(4-methyl-1-pentene)

The heat capacity of largely isotactic poly(4-methyl-1-pentene) has been determined from 80 to 540° K by Karasz, Bair, and O'Reilly (1967), and from 80 to 310° K by Melia and Tyson (1967). This polymer has a formula weight of 84.16 g, $CH_2CH[CH_2CH(CH_3)_2]$. The samples analyzed were described to be semicrystalline with a crystallinity of about 0.3 and 0.65 respectively. The unit cell of the repeating units is tetragonal and the chain forms a 2*7–2 helix. The glass transition of the polymer was found in the 290 to 305° K region. Minor portions of another polymorph are suggested because of a small first order transition at about 445° K. Final melting occurs at 522° K. Smoothed values of the heat capacity are listed in Table III.14. Data by the two laboratories are virtually identical in the region of overlap.

Not enough data at low temperature are available to discuss the skeletal vibrations in detail. From the general knowledge of the heat capacity contribution of the optical vibrations it can be estimated that the number of low frequency vibrations of importance between 20 and 200° K is about 14. Between 100 and 200° K the heat capacity of poly(4-methyl-1-pentene) is, however, practically identical to six times the heat capacity of the two skeletal modes of polyethylene, indicating that at least some of the 14 low frequency modes of vibration are somewhat higher in frequency than the polyethylene skeletal modes. Above 200° C the heat capacity of poly(4-methyl-1-pentene) is increasing above the values for 6 moles of polyethylene.

Table III.14. *Heat capacity of semicrystalline poly (4-methyl-1-pentene)*

T (°K)	C_p (cal deg^{-1} mole^{-1})	T (°K)	C_p (cal deg^{-1} mole^{-1})
100	13.8	350	42.7
150	19.0	400	48.3
200	24.0	450	54.2
250	29.2	melting transition	
300	35.4	525	59.8
glass transition			

Above the melting transition the heat capacity of poly(4-methyl-1-pentene) is similar to that of 6 moles of molten polyethylene. The number of "beads" starting large scale motion at the glass transition temperature can be estimated from the heat capacity increase to be three [Karasz, Bair, and O'Reilly (1967)].

4.5. Polyisobutylene

Polyisobutylene derives from polyethylene by substituting both hydrogen atoms on every second carbon atom with one methyl group each. The repeating unit is $CH_2C(CH_3)_2$ with a formula weight of 56.11 g. The polymer is usually completely amorphous. Ferry and Parks (1936) measured heat capacities of a low molecular weight sample (M.W.4,900) between 120 and 295° K. A high molecular weight sample (M.W. $35 \cdot 10^6$) was measured by Furukawa and Reilly (1956) between 14 and 380° K. The measurements showed a glass transition of 197 and 199° K respectively. The lower molecular weight sample had a 1—2% higher heat capacity, in line with other polymers for which heat capacities with different molecular weight have been measured. Table III.15 lists the smoothed data of Furukawa and Reilly. A comparison with polypropylene shows that below 80° K atactic polypropylene has a higher heat capacity than polyisobutylene dispite the fact that polybutylene has three extra low frequency vibrations, one CH_3-torsion, and two C–CH_3 bending vibrations.

Table III.15. *Heat capacity of polyisobutylene*

T (°K)	C_p (cal deg^{-1} mole^{-1})	T (°K)	C_p (cal deg^{-1} mole^{-1})
0	0	140	10.80
10	0.241	160	12.39
20	1.114	180	13.88
30	1.873	200	19.04
40	2.572	220	21.73
50	3.271	240	22.82
60	4.010	260	23.94
70	4.805	280	25.08
80	5.653	300	26.23
90	6.534	320	27.42
100	7.403	340	28.63
110	8.265	360	29.87
120	9.122	380	31.13

The optical vibrations have also increased in number by the introduction of the second CH_3-group. A look at Tables III.11 and III.12 shows that there should only be little effect of the optical vibrations below 150° K. A try to fit a one (or three) dimensional Debye function (Eqs. II.146 or II.161) to the data of Table III.15 between 10 and 150° K failed. Neither leads to a constant Θ_1-temperature as is possible in case of polyethylene, polypropylene and also polystyrene. Of the 10 low frequency vibrations, an average of only 6 seem to be excited at 150° K, indicating that in comparison with polyethylene their average frequencies lie somewhat higher. They must also be higher than comparable frequencies in polypropylene. From the chemical structure of polyisobutylene one would like to conclude that this relative decrease in heat capacity is caused by steric hindrance of the two methyl groups bound to the same carbon atom.

The increase in heat capacity at the glass transition temperature is 5.4 cal deg^{-1} mole^{-1}, or half of this amount per chain unit, which is close to average increase in heat capacity per "bead" of 41 glasses analyzed by Wunderlich (1960). Above the glass transition temperature, the heat capacity of polyisobutylene is about 20% higher and increases 20% faster than the heat capacity of polypropylene. One would expect this from the increased number of optical vibrations.

Many further members of the series of polymeric hydrocarbons of the chemical formula CH_2 are known, but no heat capacities are available at present. A summary of all the heat capacities in the temperature range from 20 to 200° K is possible because the dependence of heat capacity on detailed solid state structure is small and close to zero above 50° K. The upper limit of this comparison is at the glass transition temperature.

Table III.16 lists some pertinent data. On the first glance the heat capacities agree remarkably well. Even the small differences can be explained al least qualitatively. The high 20° K heat capacity of polypropylene and poly(1-butene) and the low value of polyisobutylene may

Table III.16. *Comparison of calorimetric data of CH_2 polymers*

Temp. (°K)	PE[a]	PP[a]	PB[a]	PIB[a]	PMP[a]
A. Heat capacity in calories per mole of CH_2					
20	0.17—0.33	0.33	0.32	0.28	—
50	1.10—1.16	1.10	1.15	0.82	—
100	2.30	2.14	2.26	1.85	2.28
150	3.14	3.03	3.20	2.90	3.13
200	3.98	3.82	4.09	(4.76)	4.01
B. Glass transition temperature and number of beads per repeating unit					
T_g (°K)	240	250	250	200	305
"beads"	1	2	2	2	3

[a] PE = Polyethylene, PP = Polypropylene, PB = Poly(l-butene), PIB = Polyisobutylene, PMP = Poly(4-methyl-l-pentene)

be due to the relative ease of methyl group motion. The lower values of the heat capacity at 100° K of all polymers with side groups is probably due to the higher side chain C–C bending frequencies for short chains than for the main chain.

4.6. Polystyrene

Polystyrene is one of the oldest industrially important polymers. Many measurements have been made on polystyrene over the years. Its Chemical repeating unit is $CH_2CH(C_6H_5)$ so that the heat capacities will refer to 104.15 g of polymer. Chemically it derives from polyethylene by substitution of a phenyl group for a hydrogen on every second carbon atom. The same stereoisomers arise as were described in polypropylene.

All older measurements on polystyrene were done on atactic, and as a result amorphous, polystyrene. Table III.17 contains a list of the best data available to date. From zero to 5° K an average of the data by Reese (1966), Noer, Dempsey, and Gordon (1959) and Choy, Hunt, Salinger, and Chiang (1968) is reported. The data follow a T^3 temperature dependence with a Debye temperature of 68° K for 4 vibrations per mole of repeating unit. At temperatures below about 1.5° K it can be seen, however, that a simple Debye description is insufficient. Θ_D does not remain constant. The latter authors have described the heat capacity using a Debye Θ-temperature of 86° K and two additional Einstein terms of Θ-temperatures of 5 and 8° K respectively with 0.006 and 0.78% of the modes concentrated in the additional terms. All other values

Table III.17. *Heat capacity of atactic polystyrene*

T (°K)	C_p (cal deg^{-1} mole^{-1})	T (°K)	C_p (cal deg^{-1} mole^{-1})
0	0	180	18.26
1	0.002	200	20.11
2	0.016	220	22.14
3	0.054	240	24.23
4	0.128	260	26.20
5	0.250	280	28.37
10	0.80	300	30.39
20	2.54	320	32.46
30	4.24	340	34.84
40	5.64		glass transition
50	6.73	380	46.5
60	7.76	400	48.1
70	8.62	420	49.0
80	9.49	440	49.7
90	10.46	460	50.4
100	11.36	480	51.7
120	13.03	500	52.9
140	11.65	520	54.2
160	16.34	540	55.5

entered in Table III.17 are averages of values given by the following authors over the temperature range indicated: Chang and Bestul (1968) 10–350° K; Sochava (1961) 50–160° K; O'Reilly and Karasz (1967) 20–80° K; Brickwedde (1945) 50–400° K; Karasz, Bair, and O'Reilly (1965) 100–460° K; Tautz, Glück, Hartmann, and Leuteritz (1963) 200–440° K; Abu-Isa and Dole (1965) 260–540° K; Koplin (1962) 300–400° K; Stull (1944) 300–340° K; Warfield, Petree, and Donovan (1959) 320–340° K; Hellwege, Knappe, and Wetzel (1962) 320–420° K. The measured range was frequently larger. However, the first and last measured points are often the least accurate and have been omitted if, on comparison with other measurements, such seemed the case. Below the glass transition temperature all data agreed generally better than within a 3% spread. Above the glass transition temperature deviations are larger and data are too few to establish an accuracy estimate. The main problem seems to be that different slopes of linear heat capacity increases have been established, as was pointed out by Karasz, Bair, and O'Reilly (1965). Probably the heat capacity is not linear in this temperature range as will be shown below.

Within the glass transition region the heat capacity is strongly heating rate and thermal history dependent, as was discussed in Section III.3.2. Fig. III.5 gave some results of Wunderlich, Bodily, and Kaplan (1964) derived by continuous heating and cooling using DTA. Martin and Müller (1964) published similar data using a differential calorimeter. Vol'kenshtein and Sharanov (1961) studied the influence of isothermal annealing on heat capacity in the glass transition range. All these time dependent measurements showed no measurable influence of the thermal history above and below the glass transition range, but a large effect in the glass transition range. Tautz, Glück, Hartmann, and Leuteritz (1964) compared drawn polystyrene with undrawn material and found a drastic change in the glass transition region.

The molecular weight dependence of the heat capacity was also studied. Data on styrene were measured by Pitzer, Guttman, and Westrum (1946); distyrene by Ueberreiter and Nens (1951); three low molecular weight polystyrenes by Ueberreiter and Otto-Laupenmühlen (1953). Li (1951) found that, for polystyrenes of molecular weight 55,000, 125,000, and 425,000, the heat capacity decreased with increasing molecular weight by about 5% at temperatures between 340 and 390° K. The data are, however, somewhat lower than the ones reported in Table III.17. The data of Ueberreiter and Otto-Laupenmühlen (1953) agree below the glass transition temperature with the higher molecular weight data of Table III.17 and show a lower heat capacity for lower molecular weight above the glass transition temperature. The change in heat capacity with molecular weight above the transition temperature is rationalized in terms of the different torsional vibrations of end and middle repeating units of the polymer chain. The glass transition temperature itself is strongly molecular weight dependent. Its value has been represented by Fox and Loshaek (1955) as a function of molecular weight M:

$$1/T_g = (1/373) + (0.864/M) . \tag{43}$$

Older data on heat capacities by Sochava and Trapeznikova (1958) and Hellwege, Knappe, and Semjonov (1959) which have been superseded by later measurements of the same authors have not been considered. Further data with somewhat larger error limits in the 270 to 500° K region have been published by Mischenko, Samoilov, and Buchatskii (1966) and Chernobyl'skii and Tertyshnik (1966). An interim summary and discussion of literature data on heat capacity was published by Warfield and Petree (1961) II.

Isotactic polystyrene can also be obtained in an amorphous modification at low temperature by quenching to below the glass transition temperature from above the melting temperature. Only Abu-Isa and Dole (1965) and Karasz, Bair, and O'Reilly (1965) measured the heat capacity of amorphous isotactic polystyrene below the melting transition. Both measurements show almost identical values to the atactic sample and also a similar glass transition temperature. At about 400° K the amorphous isotactic sample is not metastable any more, but crystallizes slowly to become semicrystalline.

The polymer chain in the crystalline state assumes, as in the case of polypropylene and poly(1-butene), a 2*3–1 helix. The unit cell of the repeating units is rhombohedral. Samples with probably 1–5% atactic content and a crystallinity of about 0.40 were analyzed by Dainton, Evan, Hoare, and Melia (1962) from 20 to 310° K, by Abu-Isa and Dole (1965) from 220 to 550° K, and Karasz, Bair, and O'Reilly (1965) from 300 to 525° K. Between 80° K and the glass transition temperature, no difference seems to exist between the heat capacity of the semicrystalline isotactic and the atactic polystyrene. Neglecting Abu-Isa and Dole's data at the lowest temperatures which seem to be in error, the agreement is better than $\pm 1\%$. Below 80° K, the one set of measurements seem to indicate an increasingly lower heat capacity of the crystalline isotactic polystyrene. This would be very much in line with the experience in polyethylene, where lower heat capacities were found for crystalline polyethylene below 60° K. The glass transition again is in the same temperature region as for amorphous atactic and isotactic polypropylene. Between the glass transition and melting transition the heat capacity of the semicrystalline polymer starts out lower because of a smaller increase in the transition region, but has a steeper slope probably due to increasing rearrangements of the defect crystals (see Fig. III.8). The melting of the samples analyzed is completed at about 510° K. In the molten state, again the heat capacity of isotactic and atactic polystyrene is identical within experimental error. The data by Karasz, Bair, and O'Reilly are about 7% higher than those of Table III.17, but all three samples analyzed by them (atactic, isotactic amorphous, and isotactic crystalline) are consistently higher in heat capacity in this temperature range and agree internally. Since only a single crystallinity has been discussed, no extrapolation to the completely crystalline polymer is possible and the discussion has to be restricted to semiquantitative arguments.

A comparison of polyethylene and polystyrene heat capacities shows that between 80° K and the glass transition temperature, polystyrene has a 2.5 to 2.9 times greater heat capacity. At lower temperatures this ratio increases to almost 40. Ueberreiter and Otto-Laupenmühlen (1953) tried to describe the heat capacity below the glass transition temperature with two Debye terms, one for $3N$ chain vibrations with a Θ-temperature of 290° K, and one for $3N$ C-phenyl group vibrations with a Θ-temperature of 200° K. In addition, 24 Einstein terms (Eq. II.138) were added to account for the optical vibrations. The Θ-temperatures for these vibrations were chosen to be 568° K for $6N$ vibrations, 1,470° K for $12N$ vibrations and 2,226° K for $6N$ vibrations. This simplified frequency spectrum fits the qualitative features of the heat capacity in the range 50 to 300° K, but is quantitatively about 10–20% too low. Below 50° K the calculated decrease in C_p is much too fast.

Comparing the heat capacity data of polystyrene with those of styrene by Pitzer, Guttman, and Westrum (1946) a larger similarity can be discovered, especially at the lower temperatures. The styrene heat capacity, however, increases faster at higher temperatures, probably due to motion of the styrene molecules as a whole. Altogether there are 48 degrees of freedom in a polystyrene repeating unit. Thirty of these can be described in terms of the normal vibrations of a benzene molecule [see for example Herzberg (1945)]. In the case of styrene these frequencies are given by Pitzer, Guttman, and Westrum (1946). In polystyrene there are $7N$ low frequency modes, which are similar in nature to those in polypropylene. In addition, one expect 41 optical vibrations. The optical vibrations can be grouped according to their approximate frequency or Θ-temperature: $8N$ vibrations of 4,400° K, $5N$ vibrations of 2,150° K, $17N$ vibrations of 1,600° K, $6N$ vibrations of 1,150° K, $3N$ vibrations of 650° K, and $2N$ vibrations of 325° K. Table III.18 shows the approximate breakdown of the heat capacity into optical and skeletal contribution. The heat capacity contribution of the $7N$ low frequency vibrations of polystyrene increases faster than in polypropylene, but reaches the same level at about 250° K. A one dimensional Debye function (see Eq. II.146) does not fit the heat capacity data. A reason for the poor fit is probably that the $C–C_6H_5$ bending frequencies are

Table III.18. *Estimated heat capacity contributions for polystyrene (in cal deg^{-1} mole^{-1})*

T (°K)	C_p–C_v (estimated)	41 Optical vibrations	7 Low freq. vibrations	Experimental heat capacity
20	0	0	2.54	2.54
40	0.01	0.08	5.55	5.64
60	0.04	0.53	7.19	7.76
80	0.08	1.30	8.11	9.49
100	0.12	2.15	9.09	11.36
200	0.76	7.85	11.50	20.11
300	2.59	16.40	11.40	30.39

high relative to the 5 other low frequencies. In styrene these frequencies are at Θ-temperatures of about 440° K. Subtracting their contribution to the heat capacity in form of an Einstein term (see Eq. II.138) and fitting now a one dimensional Debye function to the residual 5 low frequency vibrations yields a reasonably constant Θ_1-temperature of 230° K, which is to be compared with 540° K of polyethylene. At high temperature the enormously increased number of optical vibrations causes an addition increase in C_p. This increase is so large, that it is unlikely that the heat capacity above the glass transition temperature can remain linear over a large temperature range.

4.7. Polybutadiene

Butadiene which has the chemical formula $CH_2CHCHCH_2$, can be polymerized to several isomeric polymers, all of which have a repeating unit formula weight of 54.09. Heat capacities have been determined for

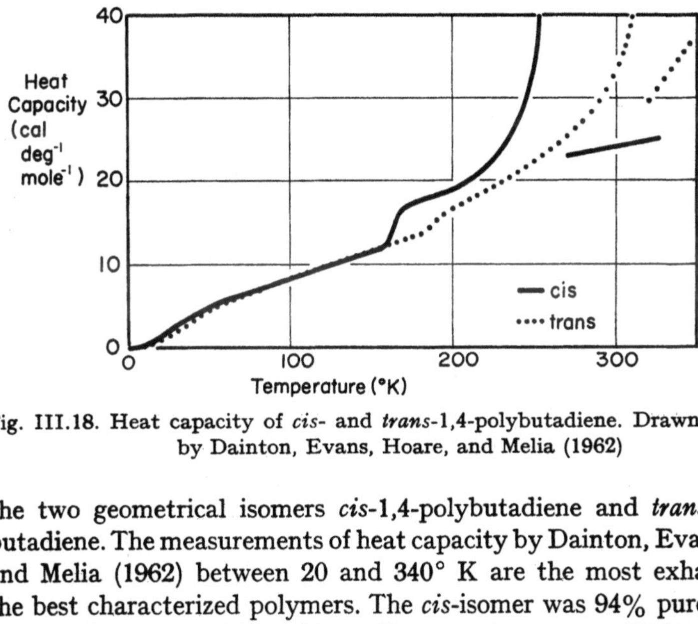

Fig. III.18. Heat capacity of *cis*- and *trans*-1,4-polybutadiene. Drawn using data by Dainton, Evans, Hoare, and Melia (1962)

the two geometrical isomers *cis*-1,4-polybutadiene and *trans*-1,4-polybutadiene. The measurements of heat capacity by Dainton, Evans, Hoare, and Melia (1962) between 20 and 340° K are the most exhaustive on the best characterized polymers. The *cis*-isomer was 94% pure with 3% trans and 3% 1,2-polybutadiene. The trans isomer was 96.2% pure with 3.8% 1,2-polybutadiene. Earlier measurements by Furukawa and McCoskey (1953) were done on impure polymer and will not be discussed here. Dainton and coworkers have pointed out the important differences between the two sets of measurements.

Both isomers are semicrystalline when cooled slowly. The *cis*-1,4-polybutadiene is monoclinic with a space group C_{2h}^6 in which the polymer chains are in a 8*1–1 helix [Miller (1963)]. Fig. III.18 represents the heat capacity data of a slowly cooled sample as measured by Dainton and coworkers. The glass transition temperature of the disordered portion is 165° K. The melting transition temperature of the crystals is 262° K. The *trans*-1,4-polybutadiene has a planar zig-zag chain conformation at low temperature with a hexagonal unit cell which changes at 317° K to a helical conformation. The final melting point is expected at about 420° K, much higher than that of the *cis*-isomer. Also the glass transition temperature of the *trans*-isomer, which has been estimated to be 190° K for the analyzed sample, is higher than the glass transition temperature of the *cis*-isomer. Fig. III.18 contains the heat capacity data by Dainton and coworkers of a slowly cooled semicrystalline trans isomer. Up to 80° K the *cis*-1,4-polybutadiene has the higher heat capacity (decreasing from 20% excess at 20° K to zero at 80° K), then up to the glass transition temperature the two heat capacities are about equal. Above the glass transition temperature the *cis*-1,4-polybutadiene shows signs of effects of defect rearrangement and melting.

The heat capacities up to 160° K are little different from those of polyethylene recalculated to four moles of CH_2. The planar trans polymer has up to 50° K the heat capacity of a partially crystalline polyethylene, while the helical cis polymer shows a somewhat higher heat capacity than amorphous polyethylene. The skeletal vibrations are thus more affected by the change in chain conformation than by the introduction of a double bond. The loss of two H-atoms and the larger force constant for the C=C-bond is evident in the 5 to 10% lower heat capacity of polybutadiene from 70 to 160° K.

4.8. Polyisoprene

Of the possible polyisoprene isomers only *cis*-1,4-polyisoprene has been analyzed calorimetrically. The polyisoprenes derive from the corresponding polybutadienes by substitution of one H next to the remaining double bond by a CH_3 group. The repeating unit is $CH_2CHCCH_3CH_2$ with a formula weight of 68.12. *Cis*-1,4-polyisoprene is natural rubber and has as such received attention rather early. Perhaps the first calorimetric analysis of any polymer was made on natural rubber by Gee and Terry (1889). Later measurements were made by LeBlanc and Kröger (1928). High precision data of heat capacities were already obtained in 1935 by Bekkedahl and Matheson (1935) between 14 and 320° K, who also discussed other early measurements on rubber. The amorphous polymer analyzed had a glass transition temperature at 199°K. Wood and Bekkedahl (1967) found on reexamination of heat capacity data on many rubberlike substances that above the glass transition temperature, between 213 and 285° K, slow crystallization changed their original data to lower values. Qualitative data on filled rubber by Hellwege, Knappe, and Semjonov (1959) support this conclusion. The best data available at present for amorphous *cis*-1,4-polyisoprene (natural rubber) are those of Bekkedahl and Matheson (1935) corrected as suggested by Wood and Bekkedahl (1967). These are given in Table III.19

Table III.19. *Heat capacity of amorphous cis-1,4-polyisoprene (natural rubber)*

T (°K)	C_p (cal deg^{-1} $mole^{-1}$)	T (°K)	C_p (cal deg^{-1} $mole^{-1}$)
15	1.19		glass transition
20	1.91	220	26.83
30	3.32	240	27.95
40	4.59	260	29.07
50	5.73	280	30.19
60	6.81	300	31.31
80	8.74	320	32.43
100	10.52	340	33.55
120	12.18	360	34.67
140	13.74	380	35.80
160	15.29	400	36.92
180	16.81	420	38.04

up to 420° K. The semicrystalline form, also analyzed by Bekkedahl and Matheson (1935), can be obtained on holding the polymer for an extended period of time at 273° K. As with other semicrystalline polymers, the increase in heat capacity at the glass transition temperature is reduced on crystallization, but the temperature of the transition of semicrystalline *cis*-1,4-polyisoprene is approximately the same as that of the amorphous polymers. The crystals of *cis*-1,4-polyisoprene are monoclinic (C_{2h}^{5}). The polymer chain conformation is an 8*1–1 helix, the same as that of *cis*-1,4-polybutadiene. The heat capacity of the semicrystalline polymer was found to be slightly lower than that of the amorphous polymer over the whole temperature range. The melting peak was observed at 284° K. A more detailed discussion of heat capacities of crystalline *cis*-1,4-polyisoprene is not possible since only one semicrystalline sample with unknown crystallinity was measured.

In the temperature range between 50° K and the glass transition temperature, crystallinity and also chain conformation is not of great influence on the heat capacity. In this range the difference between heat capacities of *cis*-1,4-polyisoprene and *cis*-1,4-polybutadiene is caused by the presence of the extra methyl group and can be compared to the difference between heat capacities of polypropylene and polyethylene.

Table III.20 shows that the differences in heat capacity are the same within experimental error.

Attempts to rationalize the heat capacity of polyisoprene have been published by Ichimura (1948) who proposed a Debye term of the Θ-temperature 110° K and 6 Einstein oscillators with a characteristic

Table III.20. *Effect of a methyl group on heat capacities in cal deg*$^{-1}$ *mole*$^{-1}$

T (°K)	Δ_1 PIP-PBD[a]	Δ_2 PP-PE[b]	T (°K)	Δ_1 PIP-PBD[a]	Δ_2 PP-PE[b]
50	1.03	1.18	100	2.06	2.04
60	1.23	1.32	110	2.25	2.26
70	1.49	1.45	120	2.41	2.48
80	1.70	1.65	130	2.62	2.68
90	1.94	1.84	140	2.83	2.84

[a] Heat capacity difference between *cis*-1,4-polyisoprene and *cis*-1,4-polybutadiene.

[b] Heat capacity difference between polypropylene and polyethylene.

temperature of 340° K and 21 Einstein oscillators with a characteristic temperature of 1,380° K. Although up to the glass transition a good fit of the experiment was obtained, no independent evidence for this particular choice was cited. Rehner (1947) showed that a one dimensional Tarasov function with a Θ-temperature of 1,000° K might also be used if special corrections for rotational heat capacities are made as outlined by Tarasov (1945). In this case, 12 modes of vibration are assumed for the skeletal modes. If one uses the somewhat more accurate subtraction of the methyl group influence as given in Table III.20, and applies a one dimensional Debye function for the 8 skeletal modes, the Θ_1-temperature between 50 and 150° K for *cis*-1,4-polyisoprene as well as *cis*-1,4-polybutadiene is about 580° K. This compares with a Θ-temperature of polyethylene and polypropylene of 540° K when calculated similarly for 4 skeletal modes per 2 chain atoms.

The heat capacity of natural rubber was also analyzed as a function of elongation. Mayor (1947), and Mayor and Boissonnas (1948) measured the heat capacity of stretched rubber up to several hundred per cent elongation at 286 and 298° K. No change in heat capacity was discovered as long as no crystallization occurred during elongation. Dynamic heat capacity measurements to study the effects during stretching were carried out by Dick and Müller (1960).

4.9. Polyoxides

This group of linear high polymers has an oxygen chain atom placed regularly along the backbone of the molecule. Polyoxymethylene has the repeating unit CH_2O and thus a formula weight of 30.03. The polymer is highly crystalline, usually with a hexagonal unit cell in which the polymer chain is in a 2*9–5 helical conformation. Dainton, Evans, Hoare, and Melia (1962) measured the heat capacity of a commercial polyoxymethylene and of a "trioxane copolymer" between 20 and 300° K. Most probably the latter is of higher crystallinity and possible even of the

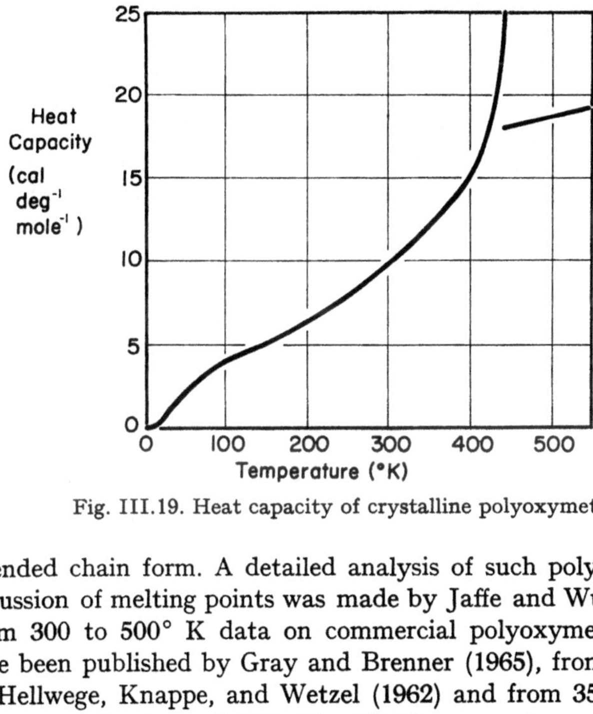

Fig. III.19. Heat capacity of crystalline polyoxymethylene

extended chain form. A detailed analysis of such polymer based on a discussion of melting points was made by Jaffe and Wunderlich (1967). From 300 to 500° K data on commercial polyoxymethylene samples have been published by Gray and Brenner (1965), from 300 to 450° K by Hellwege, Knappe, and Wetzel (1962) and from 350 to 565° K by Linton and Goodman (1959). Fig. III.19 represents a preliminary graph of the heat capacity of crystalline polyoxymethylene based on the above data. More data on better characterized samples are needed to discuss the polyoxymethylene heat capacities in detail.

Overall, the heat capacity curve of polyoxymethylene is similar to that of polyethylene. In fact from 20 to 80° K it is identical to amorphous polyethylene. Above this temperature the crystalline polyoxymethylene has a 10 to 20% lower heat capacity. In the liquid state the heat capacities are again comparable. The higher crystalline polymer has as in the case of polyethylene the lower heat capacity between the glass transition and the melting point which has been found to be about

456° K for extended chain crystals [Jaffe and Wunderlich (1967)]. The glass transition temperature of the semicrystalline sample analysed by Dainton, Evans, Hoare, and Melia (1962) was about 190° K, while the trioxane polymer showed no evidence of a glass transition.

The optical vibrations of polyoxymethylene are closely related to those of polyethylene. Infrared and Raman spectra and calculations of the normal modes of the isolated 2*9–5 helix by Tadokoro, Kobayashi, Kawaguchi, Kobayashi, and Murahashi (1963) show that for the purpose of heat capacity calculation the frequencies for the 6 CH_2 vibrations of polyethylene and polyoxymethylene are almost identical (symmetric and asymmetric stretching, bending, wagging, twisting and rocking). The C–O–C stretching vibrations which replace the C–C–C stretching vibrations of polyethylene are also similar, so that the contribution of the optical vibrations in polyoxymethylene is the contribution of the optical vibrations of one CH_2-group plus one extra C–O–C stretching frequency. The difference in heat capacity contribution of the eight optical vibrations of CH_2O and the 14 optical vibrations of C_2H_4 does, however, not account for the heat capacity difference between the two polymers. At 200° K, for example, the optical heat capacity difference between polyoxymethylene and polyethylene is:

$$0.378 - 0.566 = -0.188 \, \text{cal deg}^{-1} \, \text{mole}^{-1} \tag{44}$$

while the total heat capacity difference is:

$$6.35 - 7.96 = -1.61 \, \text{cal deg}^{-1} \, \text{mole}^{-1} . \tag{45}$$

This is an indication that the four skeletal vibrations of polyoxymethylene must reach to higher frequencies.

Fig. III.20 shows the frequency spectrum of orthorhombic polyoxymethylene as calculated by Kitagawa and Miyazawa (1966) using the intra as well as interchain potential. Although the orthorhombic polymer chain has a 2*2–1 helical conformation, its frequency spectrum is in good accord with the heat capacity of Fig. III.19. A comparison with Fig. III.15A shows little similarity of the frequency distributions beyond $6 \cdot 10^{12}$ cps. The higher frequencies in polyoxymethylene are mainly due to internal rotation and skeletal bending. The higher frequencies of these vibrations is the main reason for the heat capacity difference between polyoxymethylene and polyethylene. Several of the features of the frequency spectrum have also been observed by Trevino and Boutin (1966) using neutron scattering and have been discussed by Miyazawa (1968). A one dimensional Debye function fitted to the data between 50 and 150° K gives an increasing Θ_1-temperature of 550 to 700° K in contrast to the constant value of 540° K for polyethylene.

The other simple polyoxides have been studied up to four CH_2 groups per ether oxygen. The heat capacity of polyoxyethylene [$(CH_2)_2O$, formula weight 44.06 g] has been determined for different molecular weights by Beaumont, Clegg, Gee, Herbert, Marks, Roberts, and Sims

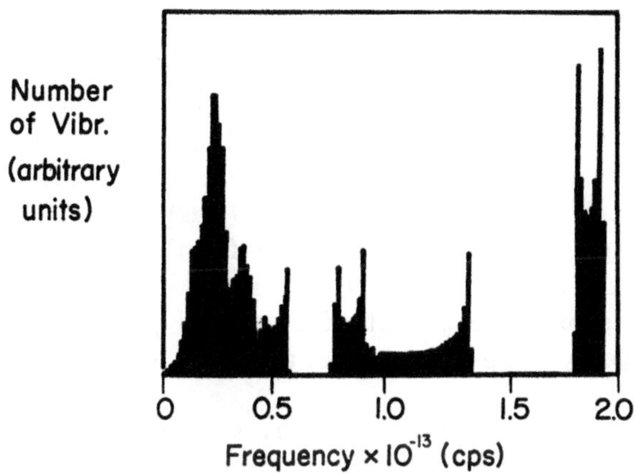

Fig. III.20. Frequency spectrum for orthorhombic polyoxymethylene. Drawn after data by Kitagawa and Miyazawa (1966)

(1966) between 90 and 360° K and by Braun, Hellwege, and Knappe (1967) between 290 and 475° K. The latter authors report only data for the liquid polymer as:

$$C_p = 19.043 + 0.01044\,T \,\text{cal deg}^{-1}\text{mole}^{-1}\,. \tag{46}$$

In the region of overlap with data of the former authors (340–360° K) agreement is within 5%. Below the melting point (~336° K) data are on samples of high crystallinity. As found on other polymers, the heat capacity decreases with increasing molecular weight. The data discussed below are from a 20,000 molecular weight sample of estimated 95% crystallinity. Increasing effects of premelting were observed above 290° K. No glass transition was found because of the high crystallinity.

The heat capacity of polyoxypropylene [CH_2CHCH_3O, formula weight 58.09 g] was measured also by Beaumont, Clegg, Gee, Herbert, Marks, Roberts, and Sims (1966) from 80 to 360° K. For this polymer a glassy and a semicrystalline sample were measured. Below the glass transition temperature (198° K) the heat capacity of both samples can be represented by:

$$C_p = 0.8249 + 0.0904\,T - 0.0932 \cdot 10^{-3}\,T^{-2}\,. \tag{47}$$

The liquid polymer has been represented by:

$$C_p = 15.277 + 0.0377\,T\,. \tag{48}$$

The increase in heat capacity at the glass transition temperature is 7.65 cal deg^{-1} mole^{-1}, which corresponds to 3 "beads" as expected [Wunderlich (1960)]. The semicrystalline sample shows considerable premelting. The polymer is completely molten above 340° K.

The fourth polymer in this series is polytetrahydrofuran. [$(CH_2)_4O$, formula weight 72.11]. Heat capacities of a 69% crystalline sample were measured between 80 and 360° K by Clegg, Gee, Melia, and Tyson (1968). The glass transition and melting temperatures were 185° K and 314° K respectively. The increase in heat capacity at the glass transition temperature is 13.5 cal deg^{-1} mole^{-1}, again close to the average value of 2.7 cal deg^{-1} per mole of "beads" [Wunderlich (1960)].

A comparison of the heat capacity data for the different simple polyoxides below the glass transition temperature, in the region where the heat capacities are independent of crystallinity, is presented in Table III.21. Polyethylene heat capacities are listed for comparison. An

Table III.21. *Heat capacities of polyoxides in cal deg^{-1} mole^{-1}*

T(°K)	POM[a]	POE[a]	POP[a]	PTHF[a]	PE[a]	A[a]	B[a]	C[a]	D[a]
60	2.80	—	—	—	1.40	1.4	—	—	—
80	3.42	—	7.46	9.48	1.88	1.5	—	2.2	2.0
100	3.92	6.43	8.93	11.53	2.29	1.6	1.9	2.4	2.4
120	4.42	7.27	10.33	13.32	2.64	1.8	2.0	2.6	2.8
140	4.89	8.02	11.65	15.08	2.98	1.9	2.1	3.0	3.2
160	5.36	8.72	12.90	16.61	3.32	2.0	2.1	3.2	3.3
180	5.84	9.34	14.08	18.26	3.66	2.2	2.0	3.4	3.6
200	6.35	10.00	15.29	19.96	3.98	2.4	2.0	3.7	4.0

[a] POM = Polyoxymethylene heat capacity,
POE = Polyoxyethylene heat capacity,
POP = Polyoxypropylene heat capacity,
PTHF = Polytetrahydrofuran heat capacity,
PE = Polyethylene heat capacity,
A = Heat capacity of –O– from POM — PE,
B = Heat capacity of –O– from POE — 2PE,
C = Heat capacity of –O– from POP — Polypropylene,
D = Heat capacity of –O– from PTHF — 4PE.

isolated chain frequency spectrum for polyoxyethylene was calculated by Matsuura and Miyazawa (1966). Above 10^{13} cps the skeletal frequency distribution is similar to polyoxymethylene. In agreement with the similar frequency spectra, it is possible to calculate the heat capacity between 60 and 200° K by adding polyethylene and polyoxymethylene heat capacities. The agreement is almost within experimental error. Comparing the contributions of the ether oxygen to the heat capacity in the different polymers as listed in Table III.21, shows that with longer CH_2-sequences the O-contribution becomes identical to polyethylene. One should expect, as a result, that the frequency distribution of the skeletal vibrations change more and more to that of polyethylene with increasing length of the CH_2-sequences.

Heat capacities have also been measured for more complicated polyethers. Poly(2,6-dimethyl-1,4-phenylene ether) was analyzed between 80 and 570°K by Karasz, Bair, and O'Reilly (1968) [$C_6H_2(CH_3)_2O$, formula weight 120.15]. A semicrystalline polymer had a melting peak at about 510° K. The quenched amorphous polymer had up to 430° K a heat capacity identical to that of the crystalline polymer. At 480° K, the glass transition with a ΔC_p of 6.9 cal deg^{-1} mole^{-1} was observed. The increase in heat capacity at the glass transition would correspond to little more than 2 "beads" per repeating unit [Wunderlich (1960)], a value in agreement with the chemical structure. Above the glass transition temperature the heat capacity merges smoothly with that of the melt measured from the crystalline sample. An unusual feature of the polymer is the close proximity of the melting and glass transition temperature. Karasz, Bair, and O'Reilly (1968) ascribe this small difference to the low entropy of fusion. It must be kept in mind, however, that the analyzed sample had only a crystallinity of 0.25 of unknown perfection. It might well be possible that more perfect crystals would show a higher melting point.

The absolute value of the heat capacity of the poly(2,6-dimethyl-1,4-phenylene ether) should deviate from that of the previously described polymers. The single atom backbone chain is replaced by benzene rings. No attempt has been made yet to analyze the skeletal vibrations of such a chain. In the intermediate frequency range it is expected to see a contribution from the vibrations inherent in the benzene ring as discussed in Section 4.6 on polystyrene. The two methyl groups probably contribute similarly to the heat capacity in, for example, polypropylene or polyisoprene (Sections 4.2 and 4.8). If one makes the additional crude assumption that the ether oxygen heat capacity contribution is similar to the values calculated above, it may be possible to get a comparison of heat capacities. At low temperatures (80–160° K) the calculated values are up to 10% too low, an indication that skeletal vibrations involving the benzene ring have been neglected. Between 200° K and the glass transition, and also above the glass transition temperature, the calculated values are in fair agreement with the measurements. Deviations are about 5%.

The last polyoxide for which heat capacities have been measured is poly[3,3-bis(chloromethyl)oxacyclobutane]. Dainton, Evans, Hoare, and

Melia (1962) measured the heat capacity of this polymer between 20 and 310° K. A glass transition was obvious at 278° K. The sample was probably semicrystalline. The repeating unit $CH_2CH_2C(CH_2Cl)_2O$ has a formula weight of 155.02. Nothing is known about the frequency spectrum of this polymer. A comparison of its low temperature heat capacity with the sum of the heat capacity of polyethylene (per mole of C_2H_4) and polyisobutylene reveals that poly[3,3-bis (chloromethyl) oxacyclobutane] has a much higher heat capacity. The difference increases from 2.3 cal $deg^{-1}mole^{-1}$ at 20° C to 6.2 cal $deg^{-1}mole^{-1}$ at 100° K before decreasing to zero at the glass transition temperature of polyisobutylene. Such a large excess in heat capacity is in accord with the decrease in frequency of the C–CH_3 torsional and bending vibrations as well as the C–H vibrations expected on substituting Cl for H.

4.10. Acrylic Polymers

Most heat capacity measurements of acrylic polymers are made on poly(methyl methacrylate). This polymer is usually amorphous. It's repeating unit is $CH_2C(CH_3)(COOCH_3)$ and it's formula weight is 100.12 g. As with other vinyl polymers, different sterio isomers are possible. Heat capacities in the range 80 to 300° K. for the atactic, isotactic, and syndiotactic polymer differ by less than 1%, while the glass transition temperatures are 375, 320, and 395° K respectively [O'Reilly, Karasz, and Bair (1966)].

Between 1 and 4.5° K the heat capacity of poly(methyl methacrylate) is nearly T^3 dependent as was shown by measurements of Reese (1966) and Choy, Hunt, Salinger, and Chiang (1968). The Θ-temperature seems to decrease somewhat with molecular weight. For high molecular weight both authors found a Debye Θ-temperature of 90° K, calculated for two vibrators per mole of chain atoms. As in polystyrene, a better description is achieved with additional Einstein terms in the lowest temperature region. Sochava (1961) and Sochava and Trapeznikova (1958) have measured the heat capacity of atactic poly(methyl methacrylate) between 16 and 260° K. Their data have also been tabulated and discussed by Melia (1962) and Warfield and Petree (1963). O'Reilly, Karasz, and Bair (1966) covered the region 230° K to 400° K. Somewhat less accurate data were presented by Hellwege, Knappe, and Semjonow (1959) from 130 to 370° K; Tautz, Glück, Hartmann, and Leuteritz (1963 and 1964) from 300 to 470° K; Pavlinov, Rabinovich, Okladnov, and Arzhakov (1967) from 300 to 460° K; and Griskey and Hubbel (1968) from 400 to 570° K. The last authors analyzed also poly(diethylaminoethyl methacrylate), poly(cyclohexyl methacrylate), poly(allyl methacrylate), and poly(ethyl acrylate). All their measurements seem to be reasonable at the low temperature range, however, show an unexplained sharp increase around 550° K. For poly(methyl methacrylate) values as high as 240 cal deg^{-1} $mole^{-1}$ are reported. A single room temperature value of the heat capacity was presented by Gucker and Ford (1938). The spread of all data is about 10%, somewhat outside the error limit. Table III.22 lists the best available data with a probable accuracy of ±5%.

Table III.22. *Heat capacity of amorphous poly(methyl methacrylate)*

T (°K)	C_p (cal deg^{-1} $mole^{-1}$)	T (°K)	C_p (cal deg^{-1} $mole^{-1}$)
1	0.00086	200	24
2	0.0069	220	26
5	0.108	240	27
16	1.30	260	29
20	1.90	280	31
30	3.5	300	33
40	5.1	320	35
50	6.6	340	37
60	8.3	360	39
80	11.0	melt:	
100	14.0	320	45
120	16.0	340	46
140	18	360	48
160	20	380	49
180	22	400	50

The analysis of the heat capacity data is complicated by the fact that more atoms are contained in the side groups than in the chain structure. The most interesting feature of poly(methyl methacrylate) is its two methyl groups and the question of their influence on heat capacity.

For the purpose of analysis Sochava and Trapeznikova (1965) have measured the heat capacity of poly(methyl acrylate) and poly(methacrylic acid) between 50 and 210° K. These polymers and poly(methyl methacrylate) differ only in the methyl groups as can be seen from their structural formulae:

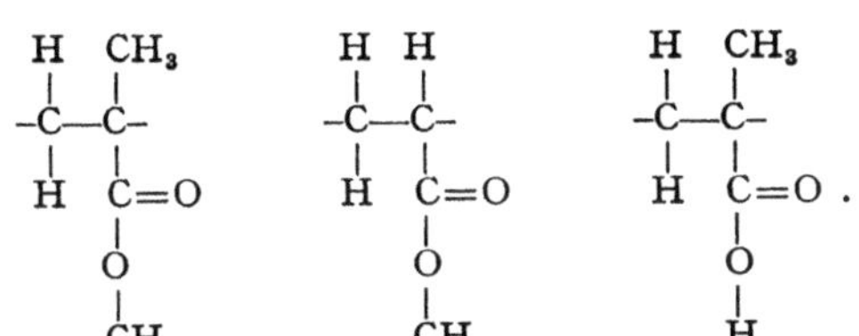

(49)

PMMA (100.12) PMA (86.09) PMAA (86.09)

In addition to the data at relatively low temperature, Pavlinov, Rabinovich, Okladnov and Arzhakov (1967) have presented data on poly (methacrylic acid) between 300 and 410° K. The heat capacity contribution from the two H-bending and even more the H-stretching vibration substituted for the methyl group vibrations are negligible below 200° K, as can be judged from Table III.11. Details of the difference in chain conformation are not of significance above 50° K, so that between 50 and 210° K a direct comparison of heat capacities can be made. Only a small error could be introduced in the upper temperature region because of possible differences in the C_p to C_v conversion. Table III.23

Table III.23. *Heat capacities and heat capacity differences of poly(methyl acrylate), PMA, and poly(methacrylic acid), PMAA in cal deg^{-1} mole^{-1}*

T (° K)	PMA	Δ_1	PMAA	Δ_2	Δ_3
50	6.60	0.05	4.40	2.25	2.0
60	8.00	0.27	6.42	1.85	3.4
70	9.36	0.45	7.74	2.07	4.0
80	10.66	0.5	8.61	2.54	4.4
90	11.9	0.7	9.7	2.9	4.8
100	13.1	0.8	10.7	3.2	5.3
110	14.2	0.6	11.6	3.2	6.1
120	15.1	0.6	12.4	3.3	6.5
130	16.1	0.5	13.3	3.3	7.2
140	17.0	0.5	14.1	3.4	7.6
150	17.8	0.8	15.0	3.6	7.9
160	18.7	0.7	16.0	3.4	8.7
170	19.5	0.7	17.0	3.2	9.3
180	20.4	0.6	18.1	2.9	10.2
190	21.3	0.5	19.2	2.6	11.1
200	22.1	0.4	20.3	2.2	11.9
210	23.0	0.5	21.4	2.1	12.6

Δ_1 = PMMA–PMA. — Δ_2 = PMMA–PMAA. — Δ_3 = PMA+PMAA–PMMA–2PE.

contains the molar heat capacities of poly(methyl acrylate) and poly (methacrylic acid) as well as their differences from poly(methyl methacrylate), Δ_1 and Δ_2 respectively. The initial increase in Δ_1 which should be a measure of the heat capacity contribution of the α-methyl group, could be accounted for between 50 and 70° K by a single vibrator of a Θ-temperature of 300–400° K (6.3–8.3 . 10^{12} cps). The almost constant difference in heat capacity at higher temperature can only be interpreted if a more detailed calculation of the skeletal vibration and more accurate data are available. A difference of 0.5 to 1.0 cal deg^{-1} mole^{-1} is less than the overall error limit in the higher temperature region. To minimize the error in Δ_1 only data out of Sochava's laboratory have been used for the calculations in Table III.23. The poly(methyl methacrylate) data of Hellwege's laboratory would have led to a Δ_1 of 1.5 and 3.3 at 120° K and 210° K respectively. A different heat capacity contribution of a methyl group is represented by Δ_2. The heat capacity of a hindered rotator seems to be superimposed on only little vibrational heat capacity. The maximum in heat capacity of the hindered rotator is in the 120 to 160° K region suggesting a hindering potential of the order of magnitude of 1,000 cal (see Fig. III.6). Sochava and Trapeznikova have thus illustrated a difference of the two methyl groups in poly(methyl methacrylate). A comparison with data in Tables III.20 and III.13 shows that the ester methyl group seems to be less hindered to rotate than the methyl group on the main chain or on a CH_2-side chain. The α-methyl group, in contrast, behaves similar to the two methyl groups in polyisobutylene. One half the difference in heat capacity between polyisobutylene and polyethylene per mole of C_2H_4 is similar in magnitude to Δ_1.

The jump in heat capacity of poly(methyl methacrylate) is about 7–10 cal deg^{-1} mole^{-1}, indicative of three to four independent "beads" in line with an almost rigid α-methyl group. The time dependent heat capacities of poly(methyl methacrylate) have been investigated by Wolpert and Wunderlich (1968).

Finally combining the three acrylic polymer heat capacities and that of polyethylene, PE, an estimate of the heat capacity Δ_3 of the ester group COO can be obtained:

$$\Delta_3 = \mathrm{PMA} + \mathrm{PMAA} - \mathrm{PMMA} - 2\,\mathrm{PE}\,, \tag{50}$$

Δ_3 is also listed in Table III.23. Δ_3 indicates 6 modes of vibration being excited in the temperature range of measurement. They must be identified as the 6 bending vibration of COO. Between 80 and 180° K an Einstein function for 6 vibrators with a frequency of $6.6 \cdot 10^{12}$ cps or a Θ-temperature of 320° K describes the heat capacity Δ_3 within experimental error. At higher temperature a decrease in the calculated Θ-temperature is found because of increasing contribution of the stretching vibrations which have a Θ-temperature of about 1,000° K.

A final acrylic polymer for which heat capacities have been measured recently is polyacrylonitril. Unfortunately this reference was not available in time to be included in this discussion. [Lebedev, Rabinovich, and Martynenko (1967)].

4.11. Polytetrafluoroethylene

Polytetrafluoroethylene derives from polyethylene by substitution of all hydrogen atoms with fluorine atoms. (CF_2 with a formula weight of 50.01 g.) Polytetrafluoroethylene is highly crystalline. Below about 293° K the unit cell of the repeating units is triclinic with the polymer chain in a 1∗13–6 helix. Above 293° K the unit cell of the repeating unit is hexagonal with the polymer chain in a 1∗15–7 helix. In this transition the unit cell density drops from 2.346 to 2.302 g cm^{-3} [Clark and Muus (1962)], the enthalpy increases about 84 cal $mole^{-1}$ [Findenegg, Wilhelm, and Kohler (1966)]. Between 293° K and about 305° K another, even more diffuse transition is evident; it is caused by disordering about the longitudinal axis of the helix. At the upper transition temperature end random angular orientation is reached. The melting point on slow heating is 600° K for perfect crystals. The heat capacity in the room temperature transition region has been studied by Marx and Dole (1955); Yasuda and Araki (1961); Martin and Müller (1963) II; and Findenegg, Wilhelm, and Kohler (1966). The melting transition was studied by thermal analysis by Kuroda (1956) and Hellmuth, Wunderlich, and Rankin (1966). Polytetrafluoroethylene is usually polymerized such that it crystallizes right after or during polymerization [see for example Sperati and Starkweather (1961)]. In this case, the polymer chains are largely extended in the crystal [Bunn, Cobbold, and Palmer (1958)]. On crystallization from the melt, the polymer crystals are shorter in the chain direction for faster cooling rates [Starkweather (1963)]. The never molten material is thus the most highly crystalline material (95% or higher) with rather large crystals. The following discussion will be based on data of such polytetrafluoroethylene. Less crystalline samples have higher heat capacities above 160° K and more diffuse room temperature transitions.

Table III.24 contains heat capacity data for highly crystalline and molten polytetrafluoroethylene. From 1 to 5° K data of Reese and Tucker (1965) are listed which agree well with those of Noer, Dempsey and Gordon (1959). In this range the heat capacity is strictly proportional to T^3 and a Debye temperature of 83° K for 2 vibrations describes the data. The 10° K value is estimated. Furukawa, McCoskey, and King (1952) have measured heat capacities from 15 to 360° K, Marx and Dole (1955) covered the temperature range between 250 and 400° K, while Douglas and Harman (1965) extended the range up to 725° K. Table III.24 contains averages of all three sets of data. Agreement between the different laboratories was quite good, the largest spread was 3%. Heat capacity data measured with less accurate equipment were published by Steere (1966) and Karasev (1967).

If we assume that the data in Table III.24 are of samples with sufficient crystallinity to be close to the completely crystalline polytetrafluoroethylene, a comparison with the completely crystalline polyethylene can be made. Polytetrafluoroethylene shows a considerably higher heat capacity over the whole temperature range. Between 1 and

5° K the heat capacity is 20 times larger, between 100 and 300° K the heat capacity is still more than double that of polyethylene. The separation of skeletal and optical mode contributions, which was indicated for polyethylene by a reduced increase in heat capacity between 200 and 250° K, is missing. Since the geometrical structure of a CF_2-group is not much different from CH_2, the difference in heat capacity must be explained on the basis of the change in masses, force constants, and for the lowest temperature perhaps the change from a planar zig-zag to a 1*13–6 helix.

Table III.24. *Heat capacity of polytetrafluoroethylene*

T (°K)	C_p (cal deg^{-1}mole^{-1})	T (°K)	C_p (cal deg^{-1} mole^{-1})
1	0.00054	310	11.75
2	0.00434	320	11.80
3	0.0147	330	11.90
5	0.0679	340	12.00
10	(0.30)	350	12.12
15	0.564	360	12.25
20	0.917	370	12.4
30	1.519	380	12.6
40	2.027	390	12.7
50	2.46	400	12.9
60	2.94	425	13.4
70	3.39	450	13.8
80	3.83	475	14.3
90	4.26	500	14.8
100	4.66	525	15.3
120	5.47	550	16.2
140	6.24	575	18.8
160	6.96		liquid
180	7.66	600	15.9
200	8.31	625	16.3
220	8.96	650	16.6
240	9.64	675	17.0
260	10.50	700	17.3
280	12.37	725	17.7
300	transition		

An early analysis of the heat capacity of polytetrafluoroethylene was made by Starkweather (1960). He fitted the Stockmayer and Hecht frequency spectrum (see Fig. III.15B) in the region of 15 to 75° K using a maximum frequency of $8.3 \cdot 10^{12}$ cps. The number of vibrators was 2.83 in contrast to polyethylene with closer to two skeletal vibrations. A more detailed analysis was performed by Gotlib and Sochava (1962). They compared polytetrafluoroethylene with polyethylene assuming a planar zig-zag conformation for both polymers. While for polyethylene a simplified frequency distribution with two skeletal modes and only little contribution from one CH_2-vibration fitted the experimental data between 90 and 180° K, four CF_2-modes had to be calculated in addition to two skeletal modes to account for the higher heat capacity in polytetrafluoroethylene between 50 and 200° K. The linear dependence ($\Theta_1 = 850°$ K for two modes of transverse vibration) found by Tarasov (1955) on the same data was shown to be accidental.

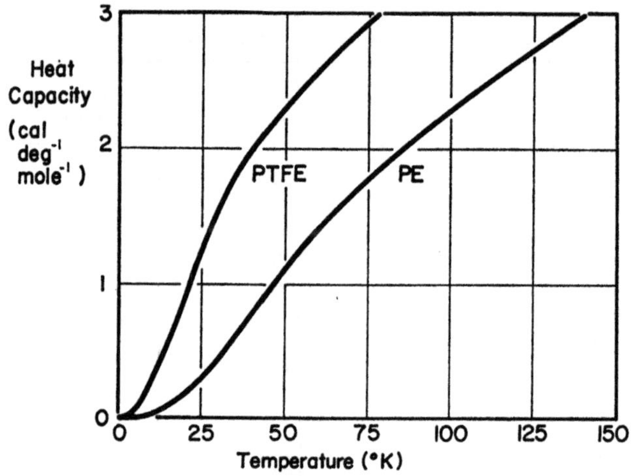

Fig. III.21. Heat capacity contribution of the skelatal vibrations of polytetrafluoroethylene and polyethylene

A comparison of the infrared and Raman active vibrations of polyethylene and polytetrafluoroethylene shows some resemblance as was pointed out by Krimm (1960). The CF_2 stretching, CF_2 bending, and the C–C stretching vibrations are shifted to lower frequency by a factor of approximately 1.89 as one would expect if the changed mass is the only difference in these vibrations. The CF_2 wagging, twisting, and rocking modes, however, are shifted by a factor between 2.2 and 5.7. Using the infrared and Raman data tabulated by Krimm (1960) as a guide, the heat capacity contribution of the optical vibrations can be estimated. Fig. III.21 shows the skeletal heat capacity of polyethylene and polytetrafluoroethylene calculated by subtracting the contributions of the optical vibrations from the experimental heat capacity values. The CF_2 wagging, twisting and rocking vibrations contribute already about 10% to the heat capacity at 60° K. At 160° K about 50% of the heat capacity comes from the seven optical modes. In contrast, the optical modes of polyethylene contributed less than 2% to the heat capacity at 160° K. Fitting a Tarasov expression to the skeletal heat capacity of Fig. III.21 leads to Θ_3 and Θ_1 temperatures of 46 and 270° K respectively. While Θ_1 is in about the proper ratio for an effect due to mass change only, Θ_3 is smaller than one would predict from the change in mass. This must be due to weaker intermolecular forces.

In summary, the larger mass of the CF_2-group and weaker intermolecular forces cause a shift of the frequency spectrum to lower values. The gap between skeletal and optical vibrations which was characteristic for hydrocarbon polymers is not present anymore. Neutron scattering results by Safford and Naumann (1967) are in agreement with these conclusions. The discussion of heat capacities at higher temperature must await a more detailed calculation of the seven optical vibrations and more information on the dependence of heat capacity on crystallinity.

4.12. Poly(vinyl chloride)

Poly(vinyl chloride) is one of the industrially more important polymers. Its repeating unit is CH_2CHCl with a formula weight of 62.50. More than half of the weight of the repeating unit is made up by the chlorine atom. Typical poly(vinyl chloride) samples are somewhat syndiotactic and have very low or no crystallinity. In the crystalline state the polymer chain assumes a 4*1–1 helical conformation. A good number of heat capacity measurements have been made of this polymer in the 200 to 420° K temperature region. Only data by Lebedev, Rabinovich, and Budarina (1967) cover the larger region 60–300° K. Also, agreement between data is not very good because most commercial samples contain stabilizer and plasticizer.

Table III.25 lists data which are felt to be close to pure amorphous poly(vinyl chloride). A weighted average by the following authors was

Table III.25. *Heat capacity of amorphous poly(vinyl chloride)*

T (°K)	C_p (cal deg^{-1} mole^{-1})	T (°K)	C_p (cal deg^{-1} mole^{-1})
50	3.38	240	11.50
60	4.25	260	12.25
80	5.57	280	13.24
100	6.44	300	14.22
120	7.28	320	15.2
140	8.00	340	16.4
160	8.70		glass transition
180	9.35	360	22.0
200	10.08	380	23.4
220	10.83	400	24.8
		420	26.0

smoothed: Gast (1953); Alford and Dole (1955); Hellwege, Knappe, and Wetzel (1962); Tautz, Glück, Hartmann, and Leuteritz (1963 and 1964); Wilski (1966); Dunlap (1966); Lebedev, Rabinovich, and Budarina (1967); and Grewer and Wilski (1968). Other heat capacity data which are thought to be less accurate can be found in the papers by Vieweg and Gottwald (1940); Heuse (1949); Müller and Martin (1960); Badoche and Li (1950 and 1951); Hellwege, Knappe, and Semjonov (1959); Holzmüller, Tautz, and Seifert (1962); Martin and Müller (1963) I; Hager (1964); and Mishchenko, Samoilov, and Buchatskii (1966).

The main objective of most of the research on heat capacity of poly-(vinyl chloride) has been the study of the glass transition temperature. Gast (1953); Hellwege, Knappe, and Semjonow (1959); Steere (1966); and Dunlap (1966) studied systematically the influence of plasticizer on glass transition. All found, besides the shift of the glass transition to lower temperature, a broadening of the temperature range of increase of heat capacity. The glass transition temperature of the softener-free polymer seems to be about 350° K. Data by Alford and Dole (1955); Tautz, Glück, Hartmann, and Leuteritz (1964); Wilski (1966); Grewer and Wilski (1968) show additional maxima and minima in the heat capacity curve for quenched and/or drawn material. Badoche and Li (1950 and 1951) have measured the heat capacity as a function of molecular weight and find a decrease for larger molecular weight. How much of this decrease is due to a shift in glass transition cannot be discerned from the data. The most frequently quoted increase in heat capacity at the glass transition temperature is 4.5 cal deg^{-1} mole^{-1} which would correspond to about two mobile beads per repeating unit in the melt, in line with small side chain hydrocarbons listed in Table III.16.

The bending and stretching vibrations of the C–Cl group are reasonably well known from infrared studies [Krimm (1960)]. Their frequencies lie between 0.9 and $2 \cdot 10^{13}$ cps, or about 430 to 960° K, assuming a box-like constant distribution of the $3N$ frequencies between the upper and lower frequency (Θ_u and Θ_L respectively), the heat capacity contribution of the bending and stretching vibrations can be estimated to be:

$$C_v = \Theta_u/(\Theta_u - \Theta_L)\,[D_1(\Theta_u/T) - (\Theta_L/\Theta_u)\,D_1(\Theta_L/T)]\,. \qquad (51)$$

Using Eq. (51) and the known polyethylene frequency spectrum, heat capacities can be calculated within experimental error between 180° K and the glass transition temperature. At low temperatures the calculated values are too small (50% at 50° K), an indication that the C–Cl vibrations couple with the skeletal C–C vibrations and decrease the skeletal frequencies relative to polyethylene. Lebedev, Rabinovich and Budarina (1967) used Tarasov expression [see Eq. (8)] with $\Theta_1 = 350°$ K and $\Theta_3 = 175°$ K per 4.5 modes of vibration per mole to describe their low temperature heat capacity data. Subtracting all contributions from optical modes as outlined above and fitting a Tarasov expression for 4 modes of vibration does not change Θ_1 significantly. The ratio of Θ_1 for polyethylene (540° K) to Θ_1 for poly(vinyl chloride) is close to the ratio of the inverse of the square roots of the respective repeating unit's weights (1.49). The Θ_3 temperatures change in the opposite way in going from polyethylene to poly(vinyl chloride), which is an indication of lower intermolecular force constants in polyethylene, a reasonable conclusion. It must be recognized, however, that the Θ_3 value is only approximate when estimated from heat capacities above 20° K.

4.13. Nylons and Polyurethanes

The nylons can be derived by introduction of the amide group CONH into the polyethylene chain at regular intervals. Most data are available on nylon 6 which has a repeating unit $(CH_2)_5CONH$ and a corresponding formula weight of 113.16 g. Nylon 6 will be discussed first and compared with nylon 7 [$(CH_2)_6(CONH)$, 127.19 g].

Both nylon 6 and nylon 7 are semicrystalline and all data refer to samples with typical crystallinities, probably between 40 and 75%. The analyzed nylon 6 samples had a monoclinic crystal structure, the nylon 7 was probably triclinic. In both cases the polymer chain forms a planar zig-zag as in polyethylene. Table III.26 contains data on nylon 7 by Kolesov, Paukov, and Skuratov (1962). The nylon 6 data by the same authors were augmented in the higher temperature range by measurements by Hellwege, Knappe, and Semjonow (1959) (130–370° K) and Marx, Smith, Worthington, and Dole (1955) (260–550° K). Data by Mikhailov and Fainberg (1959) II, and of Tautz, Glück, Hartmann, and Leuteritz (1963 and 1964) were not used. A glass transition temperature is found at about 300° K, while the melting temperature by calorimetry is 498° K. Considerable crystallization and reorganization effects are observed above the glass transition temperature.

In the 70 to 200° K region differences in intermolecular forces and chain conformation are of little influence on the heat capacity, so that the CH_2-sequences of the nylons should have the same heat capacity as polyethylene (Table III.8). The heat capacity of the amid group can be approximated by that of the ester group, as evaluated in Table III.23 (Δ_3). Heat capacities calculated using these assumptions are also listed in Table III.26 and show quite satisfactory agreement.

The only other heat capacity information on nylons besides single temperature points are data by Wilhoit and Dole (1953) on semicrystalline nylon 6–6 and nylon 6–10 between 300 and 550° K. The repeating units of these polymers are $NH(CH_2)_6NHCO(CH_2)_4CO$ and $NH(CH_2)_6NHCO(CH_2)_8CO$ respectively. Drawn, undrawn, and annealed

Table III.26. *Heat capacity of nylon 6 and nylon 7 in cal deg⁻¹ mole⁻¹*

	Measured		Calculated	
T (°K)	Nylon 6	Nylon 7	Nylon 6	Nylon 7
70	11.9	14.1	12.3	13.9
80	13.5	15.9	13.8	15.7
90	15.0	17.5	15.2	17.3
100	16.3	19.1	16.7	19.0
120	18.6	22.1	19.7	22.3
140	20.9	25.2	22.5	25.5
160	23.3	28.3	25.3	28.6
180	25.6	31.7	28.5	32.2
200	28.0	35.4	31.8	35.8
220	30.4	39.2	—	—
240	32.9	42.9	—	—
260	35.4	47.1	—	—
280	38.0	51.4	—	—
300	41.1	56.4	—	—
340	48.1	73.3	—	—
380	54.9	—	—	—
420	61.7	—	—	—
460	68.5	—	—	—
melt				
500	73.9	—	—	—
520	74.7	—	—	—
540	75.4	—	—	—

samples of nylon 6—6 were measured, all of which showed some irregularities between the glass transition and melting temperature (315 and 536° K respectively).

Low temperature data between 1 and 4.5° K on nylon have been published by Reese and Tucker (1965). Probably the sample was nylon 6—6. From these low temperature data a Debye Θ-temperature of about 150° K can be calculated for two moles of vibrators per chain atom. This is lower than the Θ-temperature of crystalline polyethylene and must mean that the slightly larger intermolecular forces due to hydrogen bonding and dipole-interaction are overcompensated by the appreciable disorder in the analyzed sample and the 15% higher mass per chain unit of the nylon.

The heat capacity of two polyurethanes has been measured by Godovskii and Lipatov (1968) between 220 and 480° K. The repeating units of the analyzed polyurethanes were OCONH $(CH_2)_4$NHCOO $(CH_2)_4$, of formula weight 258.32 g and OCONH$(CH_2)_6$NHCOO$(CH_2)_2$O$(CH_2)_2$ of formula weight 274.32 g. The heat capacities were expressed in linear equations.

4.14. Polysulfones

The heat capacity of three polysulfones has been measured by Dainton, Evans, Hoare, and Melia (1962). Besides polymerization conditions no data on the samples are available. The repeating units of the three polymers, their names and their formula weights are given below:

$-CH_2-CHCH_3-SO_2-$	propene polysulfone	106.14	
$-CH_2-CH(C_2H_5)-SO_2-$	1-butene polysulfone	120.17	(52)
$-CH_2-CH(C_4H_9)-SO_2-$	1-hexene polysulfone	148.23	

Table III.27 shows a comparison of the heat capacities of the three polymers. The increase in heat capacity in going from propene poly-

Table III.27. *Heat capacities of polysulfones in cal deg^{-1} mole^{-1}*

T (°C)	Propene	Butene	Hexene	Δ_1	Δ_2	Δ_3
20	1.95	—	3.20	—	1.25	1.51
30	3.35	—	5.49	—	2.14	2.00
40	4.80	—	7.88	—	3.08	2.53
50	6.24	—	10.19	—	3.95	2.93
60	7.56	—	12.24	—	4.68	3.35
80	10.05	—	16.09	—	6.04	4.41
100	12.35	14.11	19.81	1.76	7.46	5.49
120	14.37	16.69	23.38	2.32	9.01	6.44
140	16.29	19.18	26.71	2.89	10.42	7.35
160	18.06	21.52	29.77	3.46	11.71	8.10
180	19.8	23.6	32.6	3.8	12.8	8.82
200	21.6	25.6	35.4	4.0	13.8	10.1
220	23.3	27.7	38.3	4.4	15.0	10.7
240	24.9	29.7	41.3	4.8	16.4	11.9
260	26.4	31.6	44.3	5.2	17.9	12.8
280	27.9	33.5	47.3	5.6	19.4	13.2
300	29.6	35.2	50.3	5.6	20.7	13.8

Δ_1 = Heat capacity difference : butene-propene.
Δ_2 = Heat capacity difference : hexene-propene.
Δ_3 = Estimated heat capacity of the SO_2-group.

sulfone to 1-butene polysulfone (Δ_1) is within the expected error (±3%) identical to the heat capacity of one crystalline CH_2-unit. One would conclude from this result that the methyl group has the same degree of mobility in both polymers. The increase in heat capacity in going from propene polysulfone to 1-hexene polysulfone (Δ_2) shows an added contribution which increases from 0.5 to 1.8 cal deg^{-1} mole^{-1} above the heat capacity contribution of 3 moles of CH_2 in the temperature range between 60 and 200° K. The difference is of the order of magnitude of the change from a rigid to a mobile CH_3-unit as shown in Table III.23 ($\Delta_2-\Delta_1$) for the acrylic polymers. Start of mobility of the CH_3-group might thus take place between 100 and 160° K. Above 200° K, Δ_2 shows a steeper increase in heat capacity than 3 moles of crystalline CH_2 and one mole of mobile CH_3-group could account for. Agreement can be obtained only if one or two of the added CH_2-groups in the side chain contribute to the heat capacity similar to the amorphous polyethylene, which has a higher heat capacity in this temperature region. On the basis of heat capacities one would thus conclude that up to a side group of two carbons in length both CH_3 and CH_2 are relatively rigid. In the case of the four-carbon side chains, the first CH_2 and possibly also the second are rigid above 150° K, while the third CH_2 group and the methyl group are mobile as in the liquid state. Below 100° K the complete side group is rigid. The temperature region between 100 and 160° K can be looked upon as the region where side group mobility freezes locally.

In addition to the side chain contributions it is possible to obtain the heat capacity contribution of the SO_2 group within the chain. Since differences between the three polysulfones could be accounted for by the nature of the side groups, the SO_2 group heat capacity was calculated subtracting the necessary number of moles of crystalline CH_2-heat capacities from the heat capacity of the polysulfones. Column Δ_3 in Table III.27 shows the result. A comparison with the ester group (COO) shows a higher heat capacity above 100°K. Although the differences are probably close to the error limit, one would expect a higher low temperature heat capacity due to the higher SO_2 mass, and one would also expect that the bonding in the two S=O bonds calls for a higher Θ-temperature.

4.15. Polycarbonate

The only industrially important polycarbonate is made by condensation of 4,4'-dihydroxydiphenyl-2,2-propane and phosgene in the presence of alkali. Its repeating unit is $C_6H_4C(CH_3)_2C_6H_4OCOO$, with a formula weight of 254.29 g. This polymer is also the only polycarbonate for which heat capacity measurements have been made. Dainton, Evans, Hoare, and Melia (1962) measured the heat capacity between 20 and 310° K, while O'Reilly, Karasz, and Bair (1963) covered the region between 110 and 560° K. Hellwege, Knappe, and Wetzel (1962) presented somewhat less precise data between 300 and 450° K. Steere (1966) presented heat capacities between 170 and 300° K calculated from data obtained by a transient heating method. The polymer is easily obtained with only little or no crystallinity by quenching from the melt. Table III.28 represents data for the amorphous polycarbonate as derived from the above references. The data from the different laboratories agree within 2%.

The glass transition temperature was found at 415° K. At this temperature the heat capacity increased for the least crystalline sample by 15.2 cal deg^{-1} mole^{-1} [O'Reilly, Karasz, and Bair (1963)], which

Table III.28. *Heat capacity of polycarbonate*

T (°K)	C_p (cal deg^{-1} mole^{-1})	T (°K)	C_p (cal deg^{-1}mole^{-1})
20	6.07	220	54.5
30	9.52	240	59.2
40	12.54	260	63.7
50	15.24	280	68.4
60	17.62	300	73.1
80	21.8	340	82.8
100	26.2	380	92.5
120	30.6	glass transition	
140	35.3	420	115
160	40.1	460	120
180	44.8	500	125
200	49.8	540	131

according to the average increase calculated by Wunderlich (1960), would correspond to five or six "beads" freezing per mole of repeating unit in line with the structural formula of the analyzed polycarbonate.

4.16. Other Linear Homopolymers

In this section the discussion of several linear high polymers is presented for which insufficient data for a detailed analysis were found in the literature. Usually only measurements of a single laboratory are available over a limited temperature range.

4.16.1. Poly(vinyl alcohol)

Sochava and Trapeznikova (1957) measured the heat capacity of probably semicrystalline poly(vinyl alcohol) (CH_2CHOH, 44.05 g) from 60 to 245° K. The data have been discussed by Warfield and Brown (1962). Burdzhanadze, Privalov, and Tarkhelidze (1962) presented a graph of heat capacities of poly(vinyl alcohol) between 285 and 335° K. The heat capacity of poly(vinyl alcohol) is 1.1 to 2.5 cal deg^{-1} mole^{-1} lower than the heat capacity of polypropylene. Up to about 200° K, the vibrations involving H-atoms are of little influence on heat capacities of these two polymers (see Table III.12), so that the low frequency vibrations should be similar except for the possibility of CH_3-hindered rotation in polypropylene. The difference in heat capacity is thus probably caused by the ease of excitation of the hindered rotator in polypropylene.

4.16.2. Poly(vinyl acetate)

Heat capacities of amorphous poly(vinyl acetate) ($CH_2CHOCOCH_3$, 86.09 g) have been measured by Tautz, Glück, Hartmann, and Leuteritz (1963) between 120 and 450° K. Vol'kenshtein and Sharanov (1961) measured differently pretreated samples between 300 and 330° K to study the time dependence of the glass transition temperature (~310° K). Heat capacities between 2 and 4° K have been measured by Choy, Salinger, Chiang, and Treu (1967). Poly(vinyl acetate) is of interest because it is an isomer of poly(methacrylic acid) and poly(methyl acrylate). A comparison of the measurements by Tautz, Glück, Hartmann, and Leuteritz (1963), with results in Table III.23, reveals that the heat capacity of poly(vinyl acetate) lies between the two acrylic polymers, closer to the poly(methacrylic acid). In the discussion of motion of methyl groups, this might indicate that a methyl group next to a C=O group is hindered similarly to the methyl group on the main chain. The experimental data (± 0.5 to 5%) are, however, in need of refinement before making this conclusion.

The low temperature heat capacities data show a cubic temperature dependence and result in a Debye Θ-temperature of 116° K if calculated per chain atom using 2 modes of vibration for each chain atom.

4.16.3. Polyesters

The heat capacity of poly(ethylene sebacate) (250 to 410° K) and poly(ethylene terephthalate) (260 to 550° K) was measured by Wunderlich and Dole (1958) and Smith and Dole (1956) respectively. These measurements will be discussed in somewhat more detail together with their copolymers below.

4.16.4. Polychlorotrifluoroethylene

Reese and Tucker (1965) measured the 1 to 4.5° K heat capacity of this polymer. Hoffman (1952) measured the higher temperature heat capacity between 270 and 520° K. The repeating unit of polychlorotrifluoroethylene is $CFClCF_2$, with a formula weight of 116.47 g, so that chemically its relation to polytetrafluoroethylene is similar to that of poly(vinyl chloride) to polyethylene.

The low temperature heat capacity data lead to a Debye Θ-temperature of 70° K per chain atom with two modes of vibration. This low value, which compares with 83° K of polytetrafluoroethylene, cannot be accounted for by the change in mass. Weaker intermolecular forces or lower crystallinity must be the reason. An indication of this is the lower density of polychlorotrifluoroethylene at room temperature despite the higher repeating unit formula weight.

The data by Hoffman (1952) were taken on better characterized samples. A 35% crystalline sample was made by quenching and an 82% crystalline was achieved by slow cooling. The glass transition of the non-crystallized portion of the sample was below the region of measurement, the melting transition had its upper tail at about 485° K. The estimated heat capacity of the purely crystalline polychlorotrifluoroethylene at 270° K is about the same as that of polytetrafluoroethylene (11.4 cal deg^{-1} per mole of chain atom). The latter, however, has the steeper slope, possibly because of the start of the transition. An extrapolation to higher temperatures (at 470° K, $C_p = 15.7$ cal deg^{-1} per mole of chain atom) shows that polychlorotrifluoroethylene would again have the higher heat capacity.

4.16.5. Polytrifluoroethylene

The heat capacity of polytrifluoroethylene was measured by Sochava (1960) between 23 and 120° K. The repeating unit of polytrifluoroethylene is $CFHCF_2$ with a formula weight of 82.03. Unfortunately there is no overlap with the data on polychlorotrifluoroethylene. A comparison with polytetrafluoroethylene shows almost identical heat capacities up to 30° K, followed by an increasingly higher heat capacity of polytetrafluoroethylene, which has reached at 120° K almost 2 cal deg^{-1} per two moles of chain units. About 0.6 cal deg^{-1} per two moles of chain units of this can only be accounted for by the higher optical vibrations of the H-atom. The rest indicates the changed skeletal modes. In Fig. III.21 polytrifluoroethylene skeletal heat capacity would follow the polytetrafluoroethylene curve up to about 30° K and at 70° K it is lower by about one third of the difference in heat capacity between polytetrafluoroethylene and polyethylene.

4.16.6. Poly(vinylidene chloride)

[CH_2CCl_2, formula weight 96.94 g]. Sochava (1964) has measured the heat capacity of poly(vinylidene chloride) between 50 and 200° K, these data have also been reprinted and used for enthalpy and entropy calculations by Warfield and Petree (1966). Lebedev, Rabinovich, and Budarina (1967) published data between 60 and 300° K. Up to 120° K the data of both laboratories agree. From 130° K on, the latter authors show lower values (20% at 200° K). Lebedev, Rabinovich, and Budarina (1967) have expressed the low temperature portion of their data by a

Tarasov equation equation for six vibrators with a Θ_1 temperature of 402° K and a Θ_3 temperature of 161° K.

The infrared active vibrations of poly(vinylidene chloride) are known [see Krimm (1960) and Miyazawa and Ideguchi (1965)]. Table III.29

Table III.29. *Infrared* CH_2 *and* CF_2 *vibrations in poly(vinylidene chloride)*[a]

CH_2 vibration: (cm^{-1})	(cps × 10^{-13})	(°K)	Assignment	CCl_2 vibration: (cm^{-1})	(cps × 10^{-13})	(°K)
2,990	8.96	4300	asym. stretch	657—754	2.1	1010
2,948	8.84	4240	sym. stretch	530—603	1.7	820
1,407	4.22	2030	bending	245	0.73	350
1,325—1,360	4.0	1900	wagging	359	1.08	520
1,290	3.87	1860	twisting	430—454	1.33	640
778	2.33	1120	rocking	291—307	0.90	430

[a] After Krimm (1960).

shows the frequencies of the corresponding CCl_2 and CH_2 vibrations. The CH_2 vibrations are practically the same as the corresponding polyethylene vibrations, while the CCl_2 vibrations are shifted such that they overlap with the skeletal vibrations. Estimating the heat capacity contribution of the CCl_2 vibrations according to the listed Θ-temperatures leads to skeletal vibrations similar to the polytetrafluoroethylene vibrations shown in Fig. III.21 with a Θ_1-temperature for 4 vibrations per repeating unit of 260° K, which is expected from the almost identical mass of the repeating units.

4.16.7. Other Linear Homopolymers

Hellwege, Knappe, and Semjonow (1959) show graphs of a silicon rubber between 120 and 370° K. The chemical nature of this polymer was not described. Karasev (1967) shows a graph of heat capacities of poly(vinyl butyral) which is, however, too coarse to form the basis of a discussion. Finally Turdakin and Tarasov (1965) published data on poly(diethyl siloxane) which were unavailable to the reviewer. Some data are finally available for cellulose fibers from measurements of Fainberg and Mikhailov (1967).

4.17. Copolymers

Several series of copolymers thought to be more or less random have been investigated by measuring heat capacities. At the U. S. Bureau of Standards butadiene and styrene rubber copolymers have been investigated between 15 and 330° K. Dole and coworkers studied the copolymer system ethylene terephthalate ethylene sebacate in the temperature range 250 to 550° K. Pavlinov, Rabinovich, Okladnov, and Arzhakov (1967) measured the heat capacity of a number of methyl methacrylate and methacrylic acid copolymers between 300 and 460° K. An ethylene-propylene copolymer has been analyzed. These four copolymer systems will be discussed below. In addition, Tautz, Glück, Hartmann and Leuteritz (1963) reported the heat capacity of poly(vinyl acetate), poly(vinyl chloride) together with one copolymer of vinyl acetate and vinyl chloride of unspecified composition. Bekkedahl and Scott (1942) measured the heat capacity of a single butadiene-acrylonitril copolymer (Hycar OR—15). Grewer and Wilski (1968) published heat capacity data for a copolymer of 85% vinyl chloride and 15% vinyl acetate. More information is necessary for a discussion of these additional copolymer systems. Qualitatively, the heat capacity shifted in all measurements from the value of one homopolymer to that of the other with increasing concentration of the second comonomer.

4.17.1. Poly(butadiene-styrene)

The homopolymers of this copolymer series have been already described (polybutadiene Section 4.7, polystyrene Section 4.6). Furukawa, McCoskey, and King (1953) measured the heat capacity of two butadiene-styrene copolymers containing 8.58 weight percent styrene. One of these was polymerized at low temperature (278° K) which gives preferentially *trans* configuration, the other was polymerized at higher temperature (323° K) which yields preferentially *cis* configuration of the polymerized butadiene. Furukawa, McCoskey, and Reilly (1955) measured the heat capacity of 22.61 and 42.98 weight percent styrene copolymers. The first copolymer was polymerized at low temperature, the second at higher temperature. Finally Rands, Fergusen, and Prather (1944) measured a 25.50 weight percent styrene copolymer which was polymerized at the higher temperature.

Fig. III.22 contains heat capacities of all copolymers and the two homopolymers recalculated per mole of chain atom. The number next to each curve gives the mole percentage of polystyrene chain atoms. The curve of polybutadiene below the glass transition temperature was calculated for 50:50 mixture of cis and trans polymer. As can be seen from Fig. III.18 the difference between the two isomers is not very large. Above the glass transition temperature, assumed to be at an average 177° K, the data of the *cis*-isomers are plotted after eliminating all melting and crystallization effects. The two sets of data on the lowest styrene content were treated analogously. All higher percentage polymers showed no crystallization or melting and the data represent the one polymer measured. The most obvious feature is the shift of the glass transition temperature to higher temperatures with increasing styrene content. This increase does not go linear with concentration, but is accelerated at low styrene content. The heat capacities below and above the glass transition temperature, in contrast, are very close to being additive. The deviations from strict additivity below the glass transition vary between 0 and -4%. The

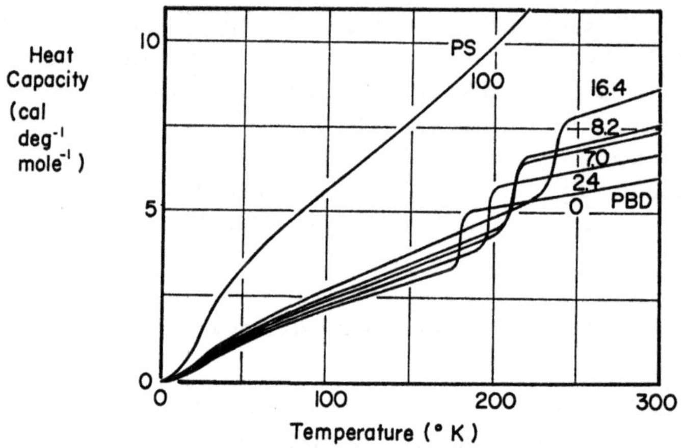

Fig. III.22. Heat capacity of butadiene-styrene copolymers. The mole percentage of styrene chain atoms is listed next to each curve

higher deviations occur at the lower temperatures. Above the glass transition temperature an extrapolation of the polystyrene melt heat capacity to lower temperatures is necessary and accordingly the errors are somewhat larger; they range from 0 to -5%. The smaller error is mainly found at the lower temperature and at the higher styrene concentration. Since these errors are less than the corresponding cis-trans heat capacity differences, no significance can at present be attached to the fact that all deviations are negative. Specific heats of the copolymers measured in cal deg^{-1} g^{-1} do not vary as greatly with composition as the heat capacities measured in cal deg^{-1} $mole^{-1}$ as can be seen from the plots in the original papers and the summary of Wood and Bekkedahl (1967).

4.17.2. Poly(ethylene terephthalate-sebacate)

This series of copolymers has been studied at higher temperatures since the main interest is in the melting characteristics. The heat capacity of poly(ethylene terephthalate) was measured by Smith and Dole (1956) between 260 and 550° K. Roinishvili, Takhelidze, and Akopyan (1967) covered the low temperature region from 10 to 300° K, but his data were not available to the author in time. Heat capacity data per unit volume down to 120° K have also been presented by Steere (1966). Poly(ethylene sebacate) heat capacities were measured by Wunderlich and Dole (1958) between 250 and 410° K. Copolymers with 20 and 40 mole percent sebacate were determined by Wunderlich and Dole [for

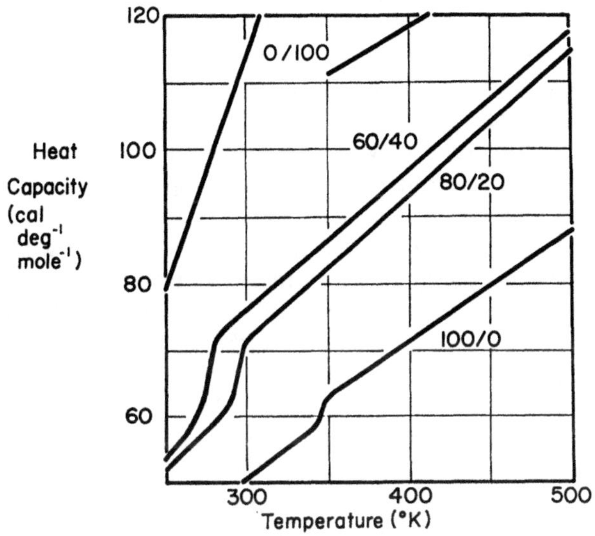

Fig. III.23. Heat capacity of ethylene terephthalate - ethylene sebacate copolymers. The ratios listed next to the curves indicate the mole ratio terephthalate to sebacate

data see Wunderlich (1957) or Dole (1958)] between 240 and 540° K, and 240 and 510° K respectively.

The poly(ethylene terephthalate) analyzed was about 75% crystalline. The crystal structure is triclinic with the molecular chains in an almost planar conformation. The poly(ethylene sebacate) was about 57% crystalline with a nomoclinic crystal structure with the molecular chains also in a planar conformation, in fact quite similar to the polyethylene crystal structure. The two repeating units, however, do not cocrystallize since the repeating unit lengths in the chain direction do not match. The copolymers thus show only poly(ethylene terephthalate) crystallinity. The 80/20 copolymer was about 22% crystalline, while the 60/40 copolymer was about 15% crystalline.

The heat capacities per mole of average repeating unit are plotted in Fig. III.23. The picture is not as clear-cut as in the previous copolymer system since not only the composition, but also the crystallinity, and probably also the crystal size distribution, changed from sample to sample. The glass transitions move to lower temperatures with increasing sebacate content. The poly(ethylene sebacate) itself has a glass transition temperature below 200° K. The melting transition temperatures for the four polymers are 540, 515, 500, and 350° K, as determined by the experimental melt end for decreasing terephthalate content. In the region between glass transition and melting transition temperature the heat capacity of the copolymers as represented in Figs. III.23 are additive within experimental error. Since in this region reorganization of metastable crystal distributions can occur, the error in heat capacity may be as large as 10%. The curves drawn in Fig. III.23 were taken from data on annealed samples and the heat capacities immediately above the glass transition temperature were extrapolated up to the melting point in order to avoid the influence of the melting region as much as possible. For the calculation of heat capacities, the experimental values for the amorphous poly(ethylene sebacate) were used along with data for completely crystalline poly(ethylene terephthalate) extrapolated from below the glass transition temperature and data for amorphous poly (ethylene terephthalate) extrapolated from the melt. At 360° K, for example, the calculated 60/40 copolymer heat capacity is 91.5 cal deg^{-1} mole^{-1} while the measured value is 88.8 cal deg^{-1} mole^{-1}, the 80/20 copolymer shows calculated and measured heat capacities of 80.7 and 84.5 cal deg^{-1} mole^{-1} respectively. Data below the glass transition temperature cannot be compared because of the lack of poly(ethylene sebacate) data. Above the melting point the copolymer data are uncertain.

4.17.3. Poly(methyl methacrylate-methacrylic acid)

A series of copolymers of methyl methacrylate and methacrylic acid was investigated by Pavlinov, Rabinovich, Okladnov, and Arzhakov (1967). Heat capacities were measured between 300 and 460° K. As with the above copolymers, heat capacities calculated per mole of average repeating unit can be calculated within experimental accuracy from the heat capacities of the two homopolymers. The glass transition temperature was found to change linearly with weight percentage methacrylic acid (W_x):

$$T_g = 378 + 1.06 W_x . \quad (53)$$

Data above the glass transition temperature could not be compared because of too little change in heat capacity between the two homopolymers and because of incipient decomposition. Between 50 and 100° C all measured heat capacities can be represented by within ±2% standard deviation:

$$C_p = 26.5 + 0.14t - (6.2 + 0.05t)\, n_x \,\text{cal}\,\text{deg}^{-1}\text{mole}^{-1} \quad (54)$$

where n_x represents the mole fraction of methacrylic acid in the copolymer and t is the temperature in °C. A comparison with the data on poly(methyl methacrylate) of Table III.22 agrees at 360° K but indicates a too steep slope. There is no overlap with the data on poly (methacrylic acid) in Table III.23, extrapolation of Eq. (54), however, seems to indicate also a too steep slope. This probably systematic error does not influence the conclusions about additivity since it will affect all data similarly.

4.17.4. Poly(ethylene-propylene)

The heat capacity of an ethylene-propylene copolymer with 31 mole per cent propylene was measured between 80 and 310° K by Melia, Clegg, and Tyson (1968). Table III.30 shows how well the copolymer data can be represented by addition of homopolymer heat capacities.

Table III.30. *Calculated and measured heat capacities of a 31% propylene copolymer of ethylene and propylene in cal deg^{-1} mole^{-1}*

Glass			Melt		
T (°K)	C_p (meas.)	C_p (calc.)	T (°K)	C_p (meas.)	C_p (calc.)
80	4.33	4.33			
100	5.28	5.27	260	16.4	16.0
120	6.20	6.11	280	16.5	16.7
140	7.10	6.91	300	16.6	17.0
160	7.99	7.69	320	16.8	17.6
180	8.87	8.45			

The glass transition has moved to 214° K compared to 240° K in polyethylene and 255° K in polypropylene. The jump in heat capacity at T_g is 2.6 cal deg^{-1} bead^{-1}.

Block copolymers with 61 to 83% polypropylene by weight are described by Heinze (1967). Their heat capacities are expected to fit the additivity of heat capacity to even lower temperatures.

IV. Conclusions

The heat capacity of linear high polymers is made up of a multitude (of not necessarily additive) contributions. Mainly these are contributions of: lattice vibrations, lower frequency group vibrations, rotations of portions of the molecule, and defects like holes, chain defects, and surface defects. An exact theoretical calculation of the heat capacity is for this reason enormously complicated and practically impossible. The structure of polymer samples is in addition experimentally usually not uniquely determined. Often the samples are in a metastable state with a structure which is strongly thermal history dependent. The glass transition region shows hysteresis effects. The melting transition region is often spread over a large temperature range which may hide heat capacity effects.

One can reach well founded conclusions about the heat capacity of linear high polymers only by careful analysis of theoretically well defined, simplified models. With help of the gained knowledge one can then try to interpret, at least approximately, well characterized real substances. The interpretation of experimental data is helped by the fact that heat capacity is not a strongly structure sensitive property. For example, the lattice vibrations contribute to the heat capacity via the integral of the vibrational spectrum. This means that a relatively coarse approximation of the lattice spectrum is sufficient to reach agreement with experiment. On the other hand, a complete approximation of the experimental heat capacity does not give too much information on the lattice spectrum.

The most studied polymer, polyethylene, is despite the added complications perhaps better known than the monatomic reference substances diamond, graphite, and selenium. The lattice vibrations of most other polymers could be described only at the level of sophistication of the Tarasov approximation. The group vibrations of polymers with only light atoms are often so high in frequency that a calculation of an Einstein term using an average frequency is adequate for the available experimental heat capacities. Infrared and Raman spectroscopy can usually supply sufficient knowledge about the group vibrations. The increase of the heat capacity at the glass transition is semiquantitatively described by the hole theory of liquids. Only for polyethylene is, however, the heat capacity of the melt accounted for at temperatures up to and somewhat above the melting temperature. The empirical rule of a constant jump in heat capacity at the glass transition temperature per "bead" seems to hold for most polymers. Further data and interpretation of heat capacities of polymers is needed in the molten state, the semi-crystalline state between the glass transition region and the melting point, and at the lowest temperatures.

A number of approximations were found to be useful to describe heat capacities of linear high polymers. The low frequency intermolecular vibrations are adequately represented by the three dimensional Debye term. This is the region of greatest sensitivity of heat capacity to changes in the vibrational spectrum. The Θ_3-values for poly(vinyl chloride) (175° K), polyethylene (147° K), polytetrafluoroethylene (46° K), and polystyrene (41° K) point towards force constants between chains decreasing in the order of listing of the polymers. The effect of the different masses on the vibrational spectrum is clearly of less effect. All higher frequencies are averaged to a box distribution in the Tarasov approximation, characterized by the Θ_1-temperature. Table IV.1 displays the calculated data.

Table IV.1. Θ_1 *for carbon backbone polymers*

Polymer	(Θ_1°K)	A	B
Polyethylene	540	1.00	1.00
Polypropylene	480	0.82	0.89
Poly(vinyl chloride)	350	0.67	0.65
Poly(vinylidene chloride)	260	0.54	0.48
Polytetrafluoroethylene	270	0.53	0.50
Polystyrene	230	0.50	0.43

A represents the square root of the mass ratio per backbone atom of the polymer to that of a CH_2-group. B represents the ratio of Θ_1 of the polymer to Θ_1 of polyethylene. The inverse proportionality of the Θ_1-temperatures to the square roots of masses can be taken as an indication that the change in mass from one polymer to the other is the main factor determining the box distribution part of the Tarasov treatment. Θ_1 governs the heat capacities from about 50° K. As a result it should be possible to estimate unknown lattice contributions, C_L, to the heat capacity of solid polymers above 50° K by:

$$C_L = D_1 [540 (14/M_C)^{1/2}] \qquad (1)$$

where M_C is the average mass per carbon backbone atom of the linear polymer. Since group vibrations are approximately additive by their very nature, it is even possible to estimate the heat capacity of a solid linear high polymer from contributions of the chain units making up the polymer. This estimation of heat capacities should be valid above

50° K where the influence of differences in intermolecular forces, conformation, and crystallinity become less significant. A table of heat capacity contributions of different chain units has been derived by Wunderlich and Jones (1969). An accuracy of about $\pm 5\%$ in heat capacity can be achieved using the additivity scheme. This is a fair supplement to the body of measured values which in general seems to contain an error of 1–3% between duplicate sets of data from different laboratories.

Copolymer heat capacities have been analyzed only for very few series of monomer pairs. The result that heat capacities can be approximated by contributions from chain units is of particular importance in this area since it will probably never be possible to derive sufficient data for all useful copolymers. All analyzed data were additive in the solid region above 50° K.

The influence of anharmonicity of lattice vibrations on heat capacities is a particular problem which has, in the case of linear high polymers, not been treated experimentally or theoretically. For polymers one must expect that anharmonicity even of higher order is of importance even far below the melting point. A detailed analysis of this problem parallel with investigations of lattice expansion and temperature dependence of the moduli seems to be urgently needed.

Of interest also are experimental data and theoretical interpretation of heat capacities at temperatures below 10° K and possibly below 1° K. In this temperature region the heat capacities are sensitive to crystallinity, disorder, conformations, and defects.

Finally there are hopes that added information on lattice vibrations can be gained from refined measurements on neutron scattering and microwave spectroscopy.

Acknowledgements

Especially we would like to thank Dr. H. Wilski, Farbwerke Hoechst, Germany, Prof. T. Miyazawa, Inst. for Protein Research, Osaka, Japan, Prof. I. V. Sochava, Zhdanov Leningrad State University, USSR, and Prof. G. Salinger, Rensselaer Polytechnic Institute for careful reading and criticism of portions of the draft of this review. Thanks are also due to the many authors who supported our effort by contributing preprints before publication. We are obliged to Miss Henriette Gerth, Ludwigshafen/Rhein, Germany, for having carefully translated the summaries of section II from German into English. One of us (B. W.) was supported financially during most of this work by the Office of Naval Research and the Aeronautics and Space Administration of the U. S.

References

1. Abu-Isa, I., Dole, M.: Specific heat of synthetic high polymers. XII. Atactic and isotactic polystyrene. J. Phys. Chem. **69**, 2668 (1965).

2. Alford, S., Dole, M.: Specific heat of synthetic high polymers. VI. A study of the glass transition in polyvinyl chloride. J. Amer. chem. Soc. **77**, 4774 (1955).

3. Allegra, G.: Linear conditions in chain systems with neighbour interactions; I. Theory and general applications. Makromol. Chem. **117**, 12 (1968).

4. Anderson, C. T.: The heat capacities of selenium crystals, selenium glass, and tellurium at low temperatures. J. Amer. chem. Soc. **59**, 1036 (1937).

5. Arakawa, T., Wunderlich, B.: Thermodynamic properties of extended chain polymethylene single crystals. J. Polymer. Sci. C. **16**, 653 (1967).

6. Badoche, M., Li, S.-H.: Cohésion et polymerisation du chlorure de polyvinyle d'apres sa chaleur spécifique. Compt. Rend. Acad. Sci. Paris. **231**, 50 (1950).

7. — — Variations de la chaleur spécifique de dérivés polyvinyliques en fonction du degré de polymérisation à différentes témperatures. Bull. Soc. chim. Fr. **1951** 546.

8. Bartenev, G. M., Gorbatkina, Yu. A., Luk'yanov, I. A.: Thermal properties and methods for measuring thermal expansion, specific heat, and thermal conductivity of polymers. Plasticheskie Massy **1963**, 56.

9. Baur, H.: Über die Gültigkeitsgrenzen der Tarasov-Näherung bei Polymeren und die Wärmekapazität von kristallinem Polyäthylen. Kolloid-Z. u. Z. Polymere (1970, to be published).

10. — Gitterschwingungen in Polymeren. Vortrag, Frühjahrstagung der DPG, Gießen 1968; Veröffentlichung in Vorbereitung.

11. Beattie, J. A.: Six place tables of the Debye energy and specific heat functions. J. Math. Phys. (M. I. T.) **6**, 1 (1926/27).

12. Beaumont, R. H., Clegg, B., Gee, G., Herbert, J. B. M., Marks, D. J., Robert, R. C., Sims, D.: Heat capacities of propylene oxide and some polymers of ethylene and propylene oxides. Polymer. **7**, 401 (1966).

13. Bekkedahl, N., Matheson, H.: Heat capacity, entropy, and free energy of rubber hydrocarbon. J. Res. Natl. Bur. Std. **15**, 503 (1935).

14. — Scott, R. B.: Specific Heat of the synthetic rubber Hycar O. R. from 15° to 340° K. J. Res. Natl. Bur. Std. **29**, 87 (1942).

15. Berti, L.: New petroleum-derived elastomer. Its characteristics and applications. Chim. Ind. (Milan) **43**, 644 (1961).

16. Betts, D. D.: The extension of Houston's method with application to Debye Θ_0. Can. J. Phys. **39**, 233 (1961).

17. Blackman, M.: Contributions to the theory of the specific heat of crystals; II. On the vibrational spectrum of cubic lattices and its application to the specific heat of crystals. Proc. Roy. Soc. London **148** A, 384 (1935).

18. — The specific heat of solids. In: Flügge, S. (Ed.): Encyclopedia of Physics, Vol. VII. Part 1. Berlin-Göttingen-Heidelberg: Springer 1955.

19. Boer, J. de, Uhlenbeck, G. E.: Studies in statistical mechanics, Vol. 1 (1962), Vol. 2 (1964), Vol. 3 (1965). Amsterdam: North-Holland Publishing-Comp.

20. Boogs, F. W.: Partition function of bulk polymers (I). J. Chem. Phys. **36**, 1733 (1962).
21. Born, M.: Theoretical investigations on the relation between crystal dynamics and X-ray scattering. Rept. Progr. Phys. **9**, 294 (1943).
22. — Bollnow, O. F.: Der Aufbau der festen Materie (Theoretische Grundlagen). In: Geiger-Scheels Handbuch der Physik, Bd. 24. Berlin: Springer 1927.
23. — Brody, E.: Über die spezifische Wärme fester Körper bei hohen Temperaturen. Z. Physik **6**, 132 (1921).
24. — — Über die Schwingungen eines mechanischen Systems mit endlichen Amplituden und ihre Quantelung. Z. Physik **6**, 140 (1921).
25. — Huang, K.: Dynamical theory of crystal lattices. London: Oxford Univ. Press 1954.
26. — v. Kármán, Th.: Über die Schwingungen in Raumgittern. Physik. Z. **13**, 297 (1912).
27. — — Zur Theorie der spezifischen Wärme. Physik. Z. **14**, 15 (1913).
28. Bowman, J. C., Krumhansl, J. A.: The low-temperature specific heat of graphite. J. Phys. Chem. Solids **6**, 367 (1958).
29. Boyer, R. F.: The relation of transition temperatures to chemical structure in high polymers. Rubber Chem. Technol. **36**, 1303 (1963).
30. Braun, W., Hellwege, K. H., Knappe, W.: Enthalpie von Polyoxäthylenen im Temperaturbereich von 15—100° C. Kolloid-Z. Z. Polymere **215**, 10 (1967).
31. Brickwedde, F. G.: Data published in: Boundy, R. H., Boyer, R. F. (Ed.): Styrene. New York: Reinhold Publ. Corp. 1952.
32. Broadhurst, M. G.: Thermodynamic properties of polyethylene predicted from paraffin data. J. Res. Natl. Bur. Std. **67** A, 233 (1963).
33. Bunn, C. W., Cobbold, A. J., Palmer, R. P.: The fine structure of polytetrafluoroethylene. J. Polymer Sci. **28**, 365 (1958).
34. Bunsen, R.: Calorimetrische Untersuchungen. Ann. Physik. **141**, 1 (1870).
35. Burdzhanadze, T. V., Privalov, P. L., Tarvkhelidze, N. N.: Vacuum calorimeter for the study of thermal properties of solutions of macromolecules. Bull. Acad. Sci. Georgian SSR **31**, 277 (1963).
36. Burk, D. L., Friedberg, S. A.: Atomic heat of diamond from 11° to 200° K. Phys. Rev. **111**, 1275 (1958).
37. Chang, S. S., Bestul, A. B.: Heat capacities for atactic polystyrene of narrow molecular weight distribution to 360° K. J. Polymer. Sci. Part A2, **6**, 849 (1968).
38. Chiang, Y. C., Salinger, G. L., Choy, C. L.: Thermal conductivity and heat capacity of polyethylene between 1° and 4° K. (1968) (to be published).
39. Chernobyl'skii, I. I., Tertyshnik, K. G.: Thermophysical properties of some thermoplastic polymers. Khim. Prom. Ukr. **1966**, 24.
40. Choy, C. L., Salinger, G. L., Chiang, Y. C., Treu, J. I.: Thermal properties of some amorphous solids at low temperatures. Bull. Am. Phys. Soc. **12**, 1063 (1967).
41. — Hunt, R. G., Salinger, G. L., Chiang, Y. C.: Heat capacity of amorphous polymers between 0.6 and 4.2° K. (1968) (to be published).
42. Clark, E. S., Muus, L. T.: Partial disordering and crystal transitions in polytetrafluoroethylene. Z. Krist. **117**, 119 (1962).
43. Clegg, C. A., Gee, D. R., Melia, T. P., Tyson, A.: Thermodynamics of polymerization of heterocyclic compounds. Part 2. The heat capacity, entropy, enthalpy and free energy of polytetrahydrofuran. Polymer **9**, 501 (1968).

44. Cole, E. A., Holmes, D. R.: Crystal lattice parameters and the thermal expansion of linear paraffin hydrocarbons, including polyethylenes. J. Polymer Sci. **46**, 245 (1960).
45. Dainton, F. S., Evans, D. M., Hoare, F. E., Melia, T. P.: Thermodynamic functions of linear high polymers. Polymer **3** (1962); Part I: Polyoxymethylene. p. 263; Part II: Thermodynamic functions of penton, p. 271; Part III: Polyethylene. p. 277; Part IV: Stereospecific poly-α-olefines. p. 286; Part V: cis- and trans-1,4-polybutadiene. p. 297; Part VI: Polysulphones. p. 310; Part VII: Lexan. p. 316; Part VIII: Methylmethacrylate and polymethylmethacrylate. p. 317.
46. Dean, P.: Vibrational spectra of diatomic chains. Proc. Roy. Soc. London **254** A, 507 (1960).
47. — Vibrational spectra of diatomic chains (II). Proc. Roy. Soc. London **260** A, 264 (1961).
48. Debye, P.: Zur Theorie der spezifischen Wärmen. Ann. Physik **39**, 789 (1912).
49. Desnoyers, J. E., Morrison, J. A.: Heat capacity of diamond between 12.8° and 277° K. Phil. Mag. **3**, 42 (1958).
50. DeSorbo, W.: The specific heat of crystalline selenium at low temperatures. J. Chem. Phys. **21**, 1144 (1953).
51. — Tyler, W. W.: The specific heat of graphite from 13° to 300° K. J. Chem. Phys. **21**, 1660 (1953).
52. — Nichols, G. E.: A calorimeter for the temperature region 1—20° K. The specific heat of some graphite specimens. J. Phys. Chem. Solids **6**, 352 (1958).
53. Dick, W., Müller, F. H.: Kalorimetrische Messungen der thermischen Effekte bei Dehnung von Kautschuk. Kolloid-Z. **172**, 1 (1960).
54. Dirac, P. A. M.: The principles of quantum mechanics. 4th Edition. London: Oxford Univ. Press 1958.
55. Dole, M., Hettinger, W. P., Jr., Larson, N. R., Wethington, J. A., Jr.: Specific heat of synthetic high polymers. I. A study of polyethylene including a statistical theory of crystallite lengh. J. Chem. Phys. **20**, 718 (1952).
56. — Final Report, Specific heat of high polymers, Contract No. DA-11-022-ORD-996, 1958. Dept. of Chem. Northwestern University, Evanston, Illinois.
57. — Thermodynamic properties of high polymers as a function of their pretreatment as determined by specific heat measurements. Kolloid-Z. **165**, 40 (1959).
58. — Wunderlich, B.: Melting points and heats of fusion of polymers and copolymers. Makromol. Chem. **34**, 29 (1959).
59. — Calorimetric studies of states and transitions in solid high polymers. Fortschr. Hochpolymer.-Forsch. **2**, 221 (1960).
60. Dolling, G., Brockhouse, B. N.: Lattice vibrations in pyrolitic graphite. Phys. Rev. **128**, 1120 (1962).
61. Douglas, T. B., Harman, A. W.: Relative enthalpy of polytetrafluoroethylene from 0 to 440° C. J. Res. Natl. Bur. Std. **69** A, 149 (1965).
62. Dunlap, L. H.: Specific heats of poly(vinyl-chloride) compositions. J. Polymer Sci. Part A2, **4**, 673 (1966).
63. Einstein, A.: Die Plancksche Theorie der Strahlung und die Theorie der spezifischen Wärme. Ann. Physik **22**, 180 (1907). For correction see Ann. Physik **22**, 800 (1907).
64. Ewald, P. P.: Der Aufbau der festen Materie und seine Erforschung durch Röntgenstrahlen. In: Geiger-Scheels Handbuch der Physik, Bd. 24. Berlin: Springer 1927.

65. Eyring, H.: Viscosity, plasticity, and diffusion as examples of absolute reaction rates. J. Chem. Phys. **4**, 283 (1936).
66. Fainberg, E. Z., Mikhailov, N. V.: Temperature dependence of the specific heat of cellulose fibers. Vysokomolekul. Soedin. Part A **9**, 920 (1967).
67. Ferry, J. D., Parks, G. S.: Studies on glass. XIII. Glass formation by a hydrocarbon polymer. J. Chem. Phys. **4**, 70 (1936).
68. Findenegg, G., Wilhelm, E., Kohler, F.: Calorific behavior of poly(tetrafluoroethylene) between 16 and 34°. Monatsh. Chem. **97**, 94 (1966).
69. Fowler, R. H., Guggenheim, E. A.: Statistical thermodynamics. Cambridge: Cambridge University Press 1949.
70. Fox, T. G., Loshaek, S.: Influence of molecular weight and degree of crosslinking on the specific volume and glass temperature of polymers. J. Polymer Sci. **15**, 371 (1955).
71. Frenkel, J.: Kinetic theory of liquids. London: Oxford Univ. Press 1946.
72. Fukuroi, T., Muto, Y.: Specific heat of tellurium and selenium at very low temperatures. Sci. Rept. Res. Inst. Tôhoku Univ., Ser. A **8**, 213 (1956).
73. Furukawa, G. T., McCoskey, R. E., King, G. J.: Calorimetric properties of polytetrafluoroethylene (teflon) from 0° to 365° K. J. Res. Natl. Bur. Std. **49**, 273 (1952).
74. — — Calorimetric properties of 41° and 122° F polybutadienes. J. Res. Natl. Bur. Std. **51**, 321 (1953).
75. — — King, G. J.: Thermal properties of some butadiene-styrene copolymers. J. Res. Natl. Bur. Std. **50**, 357 (1953).
76. — — Reilly, M. L.: Heat capacity of some butadiene-styrene copolymers from 0° to 330° K. J. Res. Natl. Bur. Std. **55**, 127 (1955).
77. — Reilly, M. L.: Heat capacity of polyisobutylene from 0° to 380° K. J. Res. Natl. Bur. Std. **56**, 285 (1956).
78. — — Application of precise heat-capacity data to the analysis of the temperature intervals of the NBS (1955) and the international practical temperature scales in the region of 90° K. J. Res. Natl. Bur. Std. **69** A, 5 (1965).
79. Gast, Th.: Messungen der spezifischen Wärme verschiedener Kunststoffe in Abhängigkeit von der Temperatur. Kunststoffe **43**, 15 (1953).
80. Gattow, G., Heinrich, G.: Die Umwandlungen der kristallinen Selen-Modifikationen. Z. Anorg. Allgem. Chem. **331**, 256 (1964).
81. Geil, P. H.: Polymer single crystals. New York: J. Wiley 1963
82. Genensky, S. M., Newell, G. F.: Vibration spectrum and heat capacity of a chain polymer crystal. J. Chem. Phys. **26**, 486 (1957).
83. Ginnings, D. C., Corruccini, R. J.: An improved ice calorimeter — the determination of its calibration factor and the density of ice at 0° C. J. Res. Natl. Bur. Std. **38**, 583 (1947).
— Enthalpy, specific heat, and entropy of aluminum oxide from 0° to 900° C. J. Res. Natl. Bur. Std. **38**, 593 (1947).
84. Godovskii, Yu. K., Lipatov, Yu. S.: Heat capacity of linear polyurethanes. Vysokomolekul. Soedin. Ser. A **10**, 32 (1968).
85. Goldstein, H.: Classical mechanics. Reading (Mass.): Addison-Wesley Publ. Comp. Inc. 1950.
86. Gombás, P.: Theorie und Lösungsmethoden des Mehrteilchenproblems der Wellenmechanik. Basel: Birkhäuser 1950.
87. Gotlib, Yu. Ya., Sochava, I. V.: The theory of the heat capacity of polymers at low temperatures. Vibration spectrum and heat capacity. Dokl. Akad. Nauk USSR **147**, 580 (1962).

88. Gray, A. P., Brenner, N.: Rapid heat capacity measurement on polymers. Am. Chem. Soc. Div. Polymer Sci. Preprint **6**, (2), 956 (1965).

89. Grewer, Th., Wilski, H.: Die spezifische Wärme des Polyvinylchlorids. Kolloid-Z. Z. Polymere **226**, 1, 45 (1968).

90. Griskey, R. G., Din, M. W., Foster, G. N., III., Gellner, C. A., Show, J. K. N., VanRiper, G., Waldman, N., Wanger, W. H.: Series of reviews on thermodynamic properties of polymers. Modern Plastics; — Part 1: Introduction. **43**, 119 (March, 1966); — Part 2: High density polyethylene. **43**, 121 (March, 1966); — Part 3: Isotactic polypropylene. **43**, 160 (April, 1966); — Part 4: Ethylene-propylene copolymer. **43**, 245 (May, 1966); — Part 5: Poly(methyl methacrylate). **43**, 103 (June, 1966); — Part 6: Rigid poly(vinyl chloride). **43**, 119 (July, 1966); — Part 7: Atactic polystyrene. **44**, 165 (Sept., 1966); — Part 8: Nylon 6—10. **44**, 129 (Oct., 1966); — Part 9: Polytetrafluoroethylene. **44**, 134 (April, 1967); — Part 10: Polychlorotrifluoroethylene. **44**, 144 (Oct., 1967); — Part 11: Nylon 6—6. **45**, 138 (June, 1968).

91. — Hubbel, D. O.: Calorimetric behavior of methacrylic polymers. J. Appl. Polymer Sci. **12**, 853 (1968).

92. Gubler, M. G., Kovacs, A. J.: La structure du polyéthylene consideré comme un mélange de n-paraffines, J. Polymer Sci. **34**, 551 (1959).

93. Gucker, F. T., Jr., Ford, W. L.: The specific heat of "lucite" (methyl methacrylate polymer). J. Am. Chem. Soc. **60**, 2563 (1938).

94. Guggenheim, E. A.: Thermodynamics (fourth ed.). Amsterdam: North Holland Publ. Comp. 1959.

95. Gupta, V. D., Boutin, H., Trevino, S.: Phonon spectra of helical biopolymers. Nature (Lond.) **214**, 1325 (1967).

96. Gurney, R. W.: Lattice vibrations in graphite. Phys. Rev. **88**, 465 (1952).

97. Hager, N. E., Jr.: Thin heater calorimeter. Rev. Sci. Instr. **35**, 618 (1964).

98. Halpern, C., Moffat, R. J., Olsen, O.: Bibliography of temperature measurement. NBS Monograph 27 (1961), Suppl. 1 (1963), Suppl. 2 (1966).

99. Hamada, F., Wunderlich, B., Sumida, T., Hayashi, S., Nakajima, A.: Density and heat of fusion of folded-chain polyethylene crystals. J. Phys. Chem. **72**, 178 (1968).

100. Harrison, D. E.: Growth morphology of hexagonal selenium at high pressures. J. Appl. Phys. **36**, 3150 (1965).

101. Hayakawa, R., Wada, Y.: Statistical mechanical treatment of lattice vibration of long chain crystals in molecular field approximation. Rept. Prog. Polymer Phys. (Japan) **11**, 215 (1968).

102. Heinze, D.: Physikalische Charakterisierung von Copolymeren und Polymergemischen. Makromol. Chem. **101**, 166 (1967); see page 182.

103. Hellmuth, E., Wunderlich, B.: Superheating of linear high polymer polyethylene crystals. J. Appl. Phys. **36**, 3039 (1965).

104. — — Rankin, J. M., Jr.: Superheating of linear high polymers. Polytetrafluoroethylene. Appl. Polymer Symp. **2**, 101 (1966).

105. Hellwege, K. H., Knappe, W., Semjonow, V.: Quasistationäre Messung der spezifischen Wärme und der Wärmeleitfähigkeit an Kunststoffen. Z. Angew. Phys. **11**, 285 (1959).

106. — — Wetzel, W.: Spezifische Wärme von Polyolefinen und anderen Hochpolymeren im Temperaturbereich von 30—180° C. Kolloid-Z. **180**, 126 (1962).

107. Hendus, H.: 1962 (unveröffentlicht).

108. Henley, E. M., Thirring, W.: Elementary quantum field theory. New York: McGraw-Hill Book Comp. 1962.
109. Hermann, A. (Hrsg.): Dokumente der Naturwissenschaften, Abt. Physik, Bd. 8: Die Quantentheorie der spezifischen Wärme. München: Battenberg 1967.
110. Herzberg, G.: Infrared and raman spectra of polyatomic molecules. Princeton (N. J.): D. van Nostrand Comp. 1945.
111. — Spectra of diatomic molecules. Princeton (N. J.): D. van Nostrand Comp. 1950.
112. Heuse, W.: Kalorimetrische Prüfung von Kunststoffen. Kunststoffe **39**, 41 (1949).
113. Hirai, N., Eyring, H.: Bulk viscosity of liquids. J. Appl. Phys. **29**, 810 (1958).
114. — — Bulk viscosity of polymeric systems. J. Polymer Sci. **37**, 51 (1959).
115. Hirschfelder, J. O., Curtis, C. F., Bird, R. B.: Molecular theory of gases and liquids. New York: John Wiley Ltd. 1964.
116. Hoare, F. E., Jackson, L. C., Kurti, N. (Eds.): Experimental cryophysics. London: Butterworths 1961.
117. Hoeve, C. A. J.: Unperturbed chain dimensions of polymeric chains. J. Chem. Phys. **32**, 888 (1960).
118. Hoffman, J. D.: The specific heat and degree of crystallinity of polychlorotrifluoroethylene. J. Am. Chem. Soc. **74**, 1696 (1952).
119. Holzmüller, W., Tautz, H., Seifert, K.: Messungen der Wärmeleitfähigkeit und der spezifischen Wärme von Spritzgußmassen. Plaste Kautschuk **9**, 264 (1962).
120. Houston, W. V.: Lattice vibrations and specific heat of diamond. Z. Naturforsch. **3a**, 607 (1948).
121. Hove, L. van: The occurrence of singularities in the elastic frequency distribution of a crystal. Phys. Rev. **89**, 1189 (1953).
122. Ichimura, H.: On the specific heat of the natural rubber. J. Phys. Soc. Japan **3**, 305 (1948).
123. Isaacs, L. L., Garland, C. W.: Heat capacity of crystalline polyethylene from 1.8° K to 5.3° K. J. Phys. Chem. Solids **23**, 311 (1962).
124. Jaffe, M., Wunderlich, B.: Melting of polyoxymethylene. Kolloid-Z. Z. Polymere **216**, 203 (1967).
125. Jagodzinski, H.: Kristallographie. Encyclopedia of physics, Vol. **7**. Part A (Ed. by Flügge, S.). Berlin-Göttingen-Heidelberg: Springer 1955.
126. Jannink. G,: Conformation and normal frequency distribution of polymer chains. J. Polymer Sci., A2, **6**, 529 (1968).
127. Kanig, G.: Das freie Volumen und die Änderung des Ausdehnungskoeffizienten und der Molwärme bei der Glasübergangstemperatur von Hochpolymeren. Kolloid-Z. Z. Polymere **233**, 829 (1969).
128. Karasev, A. N.: Temperature effect on specific heat of some polymers. Plasticheskie Massy **1967**, 52.
129. Karasz, F. E., Bair, H. E., O'Reilly, J. M.: Thermal properties of atactic and isotactic polystyrene. J. Phys. Chem. **69**, 2657 (1965).
130. — O'Reilly, J. M.: Wide temperature range adiabatic calorimeter. Rev. Sci. Instr. **37**, 255 (1966).
131. — Bair, H. E., O'Reilly, J. M.: Thermodynamic properties of poly(4-methylpentene-1). Polymer **8**, 547 (1967).
132. — — — Thermodynamic properties of poly(2,6-dimethyl-1,4-phenylene ether) J. Polymer Sci. Part A2, **6**, 1141 (1968).

133. Kitagawa, T., Miyazawa, T.: Interchain potential, frequency distribution and specific heat of polyoxymethylene crystal. Rep. Prog. Polymer Phys. Japan **9**, 175 (1966).

134. — — Frequency distribution of crystal vibrations and specific heat of polyethylene. Repts. Progr. Polymer Phys. Japan **8**, 53 (1965): recently refined and reported at the symposium on High Polymers, Fukuoka, Japan (1967).

135. — — Inelastic-scattering cross section of neutrons by crystal vibrations of polyethylene. J. Chem. Phys. **47**, 337 (1967).

136. — — Cross-section for multi-phonon scattering of neutrons by crystalline polyethylene. Polymer Letters **6**, 83 (1968).

137. — — Interchain potential, frequency spectrum, specific heat and root mean squared displacements in polyethylene crystal. Rep. Progr. Polymer Phys. Japan **11**, 219 (1968).

138. Kittel, C.: Quantum theory of solids. New York: John Wiley Ltd. 1963.

139. Kolesov, V. P., Paukov, I. E., Skuratov, S. M.: Free energy in the polymerization of lactams under standard conditions (low temperature heat capacities of lactams and of potassium chloride). Zh. Fiz. Khim. **36**, 770 (1962).

140. Komatsu, K., Nagamiya, T.: Theory of the specific heat of graphite. J. Phys. Soc. Japan **6**, 438 (1951).

141. — Particle-size effect of the specific heat of graphite at low temperatures. J. Phys. Chem. Solids **6**, 380 (1958).

142. — Interpretation of the specific heat of various graphites at very low temperatures. J. Phys. Chem. Solids **25**, 707 (1964).

143. Koplin, H.: Spezifische Wärme von reinem und weichgemachtem Polystyrol. Dissert. Techn. Hochschule Aachen 1962.

144. Kothari, L. S., Tewary, V. K.: Calculations on the low-temperature specific heat of selenium and tellurium. J. Chem. Phys. **38**, 317 (1963).

145. Kraftmakher, Ya. A., Shestopal, V. O.: Heat capacity of graphite at 1750 to 2850° K. Zh. Prikl. Mekhan. i Tekhn. Fiz. **1965**, 170.

146. Krimm, S., Liang, C. Y., Sutherland, G. B. B. M.: Infrared spectra of high polymers; II. Polyethylene. J. Chem. Phys. **25**, 549 (1956).

147. — Infrared spectra of high polymers. Fortschr. Hochpolym. Forsch. **2**, 51 (1960).

148. Krummhansl, J., Brooks, H.: The lattice vibration specific heat of graphite. J. Chem. Phys. **21**, 1663 (1953).

149. Kuroda, T.: Physical properties of fluorocarbon plastics. I. Transition temperature of polytetrafluoroethylene. Nagoya Kôgyô Gijutsu Shikensho Hôkoku **5**, 257 (1956).

150. Launay, J. de: The theory of specific heats and lattice vibrations. Solid State Physics, Vol. 2 (Ed. by Seitz, F., Turnbull, D.). New York-London: Academic Press Inc. (1956).

151. Lebedev, B. V., Rabinovich, I. B., Budarina, V. A.: Heat capacity of vinyl chloride, polyvinyl chloride, and polyvinylidene chloride in the region of 60 to 300° K. Vysokomolekul. Soedin. Ser. A **9**, 488 (1967).

152. — — Martynenko, L. Ya.: Thermodynamics of vinyl series monomers and polymers. II. Heat capacities and thermodynamic functions of acrylonnitrile and polyacrylonitrile. Vysokomolekul. Soedin. Ser. A. **9**, 1640 (1967).

153. LeBlanc, M., Kröger, M.: Die thermischen und kalorischen Größen des Kautschuks und der kautschukähnlichen Substanzen. Z. Elektrochem. **34**, 241 (1928).

154. Leibfried, G.: Gittertheorie der mechanischen und thermischen Eigenschaften der Kristalle. Encyclopedia of Physics, Vol. VII, Part 1 (Ed. by Flügge, S.). Berlin-Göttingen-Heidelberg: Springer **1955**.

155. — Ludwig, W.: Theory of anharmonic effects in crystals. Solid State Physics, Vol. 12 (Ed. by Seitz, F., Turnbull, D.). New York-London: Academic Press Inc. 1961.

156. Li, S.-H.: Physique moléculaire. Cohésion et degré de polymérisation des grosses molécules de polystyrolène d'après leurs chaleurs spécifiques. Compt. Rend. Acad. Sci. Paris **232**, 821 (1951).

157. Liberti, F., Wunderlich, B.: Melting of polycaprolactam. J. Polymer Sci. Part A2, **6**, 833 (1968).

158. Lifson, S.: Neighbor interactions and internal rotations in polymer molecules. III. Statistics of interdependent rotations and their application to the polyethylene molecule. J. Chem. Phys. **30**, 964 (1959).

159. Lin, T. P., Koenig, J. L.: A method for the complete vibrational analysis of the isolated polyethylene chain. J. Mol. Spectr. **9**, 228 (1962).

160. Linton, W. H., Goodman, H. H.: Physical properties of high molecular weight acetal resins. J. Appl. Polymer Sci. **1**, 179 (1959).

161. Lonsdale, K.: Experimental study of X-ray scattering in relation to crystal dynamics. Rep. Progr. Phys. **9**, 256 (1943).

162. — Geiger counter measurements of Bragg and diffuse scattering of X-rays by single crystals. Acta Cryst. **1**, 12 (1948).

163. — Vibration amplitudes of atoms in cubic crystals. Acta Cryst. **1**, 142 (1948).

164. Ludwig, W.: Recent developments in lattice theory. Springer Tracts in Modern Physics, Vol. 43 (Ed. Höhler, G.). Berlin-Heidelberg-New York: Springer 1967.

165. Lynch, J. E., Summerfield, G. C., Feldkamp, L. A., King, J. S.: Neutron scattering in normal and deuterated polyethylene. J. Chem. Phys. **48**, 912 (1968).

166. Magill, J. H., Pollack, S. S., Wyman, D. P.: Glass temperature and crystal modification of linear polyethylene. J. Polymer Sci. Part A, **3**, 3781 (1965).

167. Mandelkern, L., Price, J. M., Gopalan, M., Fatou, J. G.: Sizes and interfacial free energies of crystallites formed from fractionated linear polyethylene. J. Polymer Sci. Part A2, **4**, 385 (1966).

168. Maradudin, A. A.: Theoretical and experimental aspects of the effect of point defects and disorder on the vibrations of crystals (I) and (II) Solid State Physics, Vol's. 18, 19 (Ed. by Seitz, F., Turnbull, D.). New York-London: Academic Press Inc. 1966 and 1967.

169. — Weiss, G. H.: On the vibrations of a generalized diatomic lattice. J. Chem. Phys. **29**, 631 (1958).

170. — Montroll, E. W., Weiss, G. H., Theory of lattice dynamics in the harmonic approximation. Solid State Phys., Suppl. 3. New York-London: Academic Press Inc. 1963.

171. Margenau, H., Murphy, G. M.: The mathematics of physics and chemistry, Vol. 1, Second edition. Princeton (N. J.): D. van Nostrand Comp. 1956.

172. Martin, J. L.: The vibrational spectra of disordered chains. Proc. Roy. Soc. London **254**A, 139 (1960).

173. — The vibrational spectra of disordered chains. Proc. Roy. Soc. London **260**A, 139 (1961).

174. Martin, H., Müller, F. H.: Über die Veränderung in den kristallinen Bereichen bei Polymeren durch Deformation. Kolloid-Z. Z. Polymere **188**, 19 (1963), II.

175. — — Kalorimetrische Messungen von Kristallisations- und Schmelzvorgängen an Polymeren. Kolloid-Z. Z. Polymere **191**, 1 (1963), I.

176. — — Spezifische Wärmen und Einfrierwärmen eines Polystyrols mit verschiedener Temperaturbehandlung. Makromol. Chem. **75**, 75 (1964).

177. Marx, P., Dole, M.: Specific heat of synthetic high polymers. V. A study of the order-disorder transition in polytetraflouroethylene. J. Am. Chem. Soc. **77**, 4771 (1955).

178. — Smith, C. W., Worthington, A. E., Dole, M.: Specific heat of synthetic high polymers: IV. Polycaprolactam. J. Phys. Chem. **59**, 1015 (1955).

179. Matsuda, H., Ogita, N.: Coarse-grained quantities in aperiodic systems. (II): Frequency spectra of aperiodic chains. Progr. Theor. Phys. **38**, 81 (1967).

180. Matsuura, H., Miyazawa, T.: Vibrational spectrum and elastic constant of polyethylene glycol chain. Rept. Progr. Polymer Sci. Japan **9**, 179 (1966).

181. Mayer, J. E., Goeppert-Mayer, M.: Statistical mechanics. New York: John Wiley Ltd. 1940.

182. Mayor, A. R.: Variation de la chaleur spécifique du caoutchouc en fonction de l'elongation. Experientia **3**, 26 (1947).

183. — Boissonnas, C.-G.: Variation de la chaleur spécifique du caoutchouc en fonction de l'allongement. Helv. Chim. Acta **31**, 1514 (1948).

184. McSkimin, H. J., Bond, W. L.: Elastic moduli of diamond. Phys. Rev. **105**, 116 (1957).

185. Melia, T.: Methylmethacrylate and polymethylmethacrylate. Polymer **3**, 317 (1962).

186. — The specific heats of linear high polymers. J. Appl. Chem. **14**, 461 (1964).

187. — Tyson, A.: Thermodynamics of addition polymerization. Part 2: The heat capacity, entropy and enthalpy of isotactic poly(4-methyl-1-pentene). Makromol. Chem. **109**, 87 (1967).

188. — Clegg, G. A., Tyson, A.: Thermodynamics of addition polymerization. Part 3: The heat capacity, entropy, enthalpy and free energy of a random ethylene-propylene copolymer. Makromol. Chem. **112**, 84 (1968).

189. Mikhailov, N. V., Fainberg, E. Z., Gorbacheva, V. O.: A study of the molecular structure of stereoregular polymers. I. Isotactic polypropylene. Vysokomolekul. Soedin. **1**, 143 (1959).

190. — — Molecular structure of synthetic polyamide fibers. XV. Thermochemical properties of polycapramide-polyundecanamide polymers of the polyamide series. Vysokomolekul. Soedin. Vsesoyuz. Khim. Obshchestvo im. D. I. Mendeleeva **1**, 201 (1959), II.

191. Miller, R. L.: Crystallographic data for various polymers. IV. Durham, N. C.: Chemstrand Research Center, Inc. 1963. See also in: Brandrup, J., Immergut, E. H. (Ed.): Polymer Handbook. New York: Interscience Publ. 1966.

192. Mischenko, M. I., Samoilov, A. V., Buchatskii, V. A.: Thermal properties of polymers over a wide range of temperatures. Plasticheskie Massy **1966 59.**

193. Miyazawa, T.: Molecular vibrations and structure of high polymers. II. Helical parameters of infinite polymer chains as functions of bond lengths, bond angles, and internal rotation angles. J. Polymer Sci. **55**, 215 (1961).

194. Miyazawa, T.: Theory of normal vibrations of helical polymers and vibrational assignment of the infrared spectra of isotactic polypropylene. J. Polymer Sci. C 7, 59 (1964).

195. — Kitagawa, T.: Crystal vibrations, specific heat, and elastic moduli of the polyethylene crystal. J. Polymer Sci. B2, 395 (1964).

196. — Ideguchi, Y.: Chain conformation and infrared frequencies of poly(vinylidene chloride). J. Polymer Sci., B3, 541 (1965).

197. — Neutron scattering and vibrational spectra of polymer chains and crystals. Rept. of Japan Atomic Energy Research Inst. (to be published 1968).

198. — Sasaki, K.: Frequency distribution of random chains of polyethylene. Rept. Progr. Polymer Phys. Japan 11, 223 (1968).

199. Müller, F. H., Martin, H.: Kalorimeter zur Messung spezifischer Wärmen an kleinen Substanzmengen. Kolloid-Z. 172, 97 (1960).

200. Münster, A.: Statistische Thermodynamik. Berlin-Göttingen-Heidelberg: Springer 1956.

201. Myers, W., Summerfield, G. C., King, J. S.: Neutron scattering in stretch-oriented polyethylene. J. Chem. Phys. 44, 184 (1966).

202. Nagai, K.: Local steric hindrances and configurations of linear macromolecules in solutions. I. Formulation. J. Chem. Phys. 31, 1169 (1959).

203. Nernst, W.: Der Energieinhalt fester Stoffe. Ann. Physik 36, 395 (1911).

204. — Lindemann, F. A.: Spezifische Wärmen und Quantentheorie. Z. Elektrochem. 17, 817 (1911).

205. Newell, G. F.: Vibration spectrum of a simple cubic lattice. J. Chem. Phys. 21, 1877 (1953).

206. — Specific heat of lamellar crystals. J. Chem. Phys. 23, 2431 (1955).

207. — Vibration spectrum of graphite and boron nitride; I. The two-dimensional spectrum. J. Chem. Phys. 24, 1049 (1956).

208. — Vibration spectrum of graphite and boron nitride. II. The three-dimensional spectrum. J. Chem. Phys. 27, 240 (1957).

209. Nielsen, L. E.: Effect of crystallinity on the dynamic mechanical properties of polyethylenes. J. Appl. Phys. 25, 1209 (1954).

210. Noer, R. J., Dempsey, C. W., Gordon, J. E.: Low-temperature specific heats of three plastics. Bull. Am. Phys. Soc. 4, 108 (1959).

211. Nölting, J.: Ein adiabatisches Kalorimeter zur Untersuchung schlecht wärmeleitender Substanzen im Temperaturbereich von 50 bis 650° C. Ber. Bunsenges. Phys. Chem. 67, 172 (1963).

212. Odajima, A., Maeda, T., Sato, M., Kitagawa, T., Miyazawa, T.: Thermal expansion of polyethylene crystals in the quasi-harmonic approximation. Rept. Progr. Polymer Phys. Japan 11, 209 (1968).

213. Olmer, Ph.: Thèses présentées à la Faculté des Sciences de l'université de Paris, 1. Interactions photons-phonons et diffusion des rayons X dans l'aluminium. Paris: Masson et Cie. 1948.

214. O'Neill, M. J.: The analysis of a temperature-controlled scanning calorimetry. Anal. Chem. 36, 1238 (1964).

215. — Measurement of specific heat functions by differential scanning calorimetry. Anal. Chem. 38, 1331 (1966).

216. Opdycke, J., Gay, C., Schmidt, H. H.: Improved precision ice calorimeter. Rev. Sci. Instr. 37, 1010 (1966).

217. O'Reilly, J. M., Karasz, F. E., Bair, H. E.: Thermodynamic properties of lexan polycarbonate from 110—560° K. J. Polymer Sci. C **6**, 109 (1963).

218. — — — Thermodynamic properties of amorphous and crystalline isotactic poly(methy methacrylate). Thermodynamic properties of amorphous syndiotactic and atactic poly(methyl methacrylate). Bull. Am. Phys. Soc. **9**, 285 (1964). See also O'Reilly and Karasz (1966).

219. — — Specific heat studies of transition and relaxation behavior in polymers. J. Polymer Sci. C **14**, 49 (1966).

220. — — Private communication of low temperature heat capacity data between 16 and 84° K on atactic polystyrene (1967).

221. Passaglia, E., Kevorkian, H. K.: The heat capacity of linear and branched polyethylene. J. Appl. Polymer Sci. **7**, 119 (1963) I.

222. — — Specific heat of atactic and isotactic polypropylene and the entropy of the glass. J. Appl. Phys. **34**, 90 (1963) II.

223. Pauling, L., Wilson, E. B.: Introduction to quantum mechanics. New York-London: McGraw-Hill Book Comp., Inc. 1935.

224. Pavlinov, L. I., Rabinovich, I. B., Okladnov, N. K., Arzhakov, S. A.: Heat capacity of copolymers of methyl methacrylate with methacrylic acid in the region 25—190° C. Vysokomolekul. Soedin. Ser. A **9**, 483 (1967).

225. Pechold, W.: Molekülbewegung in Polymeren, I. Teil: Konzept einer Festkörperphysik makromolekularer Stoffe. Kolloid-Z. Z. Polymere **228**, 1 (1968).

226. Peterlin, A., Meinel, G.: Heat content of amorphous regions of drawn linear polyethylene. J. Polymer Sci. B 3, 783 (1965).

227. Pitzer, K. S., Gwinn, W. D.: Energy levels and thermodynamic functions for molecules with internal rotation; I. Rigid frame with attached tops. J. Chem. Phys. **10**, 428 (1942).

228. — Guttman, L., Westrum, E. F., Jr.: The heat capacity, heats of fusion and vaporization, vapor pressure, entropy, vibration frequencies and barrier to internal rotation of styrene. J. Am. Chem. Soc. **68**, 2209 (1946).

229. Popov, M. M., Kolesov, V. P.: Determination of the true heat capacity of solids at low temperatures. Zhur. Obshch. Khim. **26**, 2385 (1956).

230. Prigogine, I., Defay, R.: Traité de Thermodynamique, Tom. I—II réunis (deuxième édition). Liège: Editions Desoer 1950.

231. Rabinovich, I. B., Pavlinov, L. I., Krylova, G. P.: Heat capacity of deuteropolyethylene. Zh. Fiz. Khim. **41**, 2044 (1967).

232. Raine, H. C., Richards, R. B., Ryder, H.: The heat capacity, heat of solution, and crystallinity of polythene. Trans. Faraday Soc. **41**, 56 (1945).

233. Rands, R. D., Jr., Ferguson, W. J., Prather, J. L.: Specific heat and increases of entropy and enthalpy of the synthetic rubber GR-S from 0° to 330° K. J. Res. Natl. Bur. Std. 33, 63 (1944).

234. Reese, W., Tucker, J. E.: Thermal conductivity and specific heat of some polymers between 4.5° and 1° K. J. Chem. Phys. **43**, 105 (1965).

235. — Low temperature excess heat capacity in glassy polymers. J. Appl. Phys. **37**, 3959 (1966) I.

236. — Low temperature thermal conductivity of amorphous polymers: polystyrene and polymethylmethacrylate. J. Appl. Phys. 37, 864 (1966) II.

237. Rehner, J., Jr.: Heat conduction and molecular sructure in rubberlike polymers. J. Polymer Sci. **2**, 263 (1947).

238. Richardson, M. J.: Thermodynamic behavior of polyethylene single crystals. Trans. Faraday Soc. **61**, 1876 (1965).

239. Roinishvili, E. Yu., Tavkhelidze, N. N., Akopyan, V. B.: Heat capacity of amorphous and crystalline poly(ethylene terephthalate) at low temperature. Vysokomolekul. Soedin. Ser. B **9**, 254 (1967).
240. Rosenstock, H. B., Newell, G. F.: Vibrations of a simple cubic lattice (I). J. Chem. Phys. **21**, 1607 (1953).
241. Ruhemann, M., Simon, F.: Zur Kenntnis der physikalischen Eigenschaften des Kautschuks. Z. Physik. Chem. Leipzig A **138**, 1 (1928).
242. Ruland, W.: X-ray determination of crystallinity and diffuse disorder scattering. Acta Cryst. **14**, 11 (1961).
243. Safford, G. J., Naumann, A. W.: Low frequency motions in polymers as measured by neutron inelastic scattering. Fortschr. Hochpolymer. Forsch. **5**, 1 (1967).
244. Schrödinger, E.: Über die spezifische Wärme fester Körper bei hohen Temperaturen und über die Quantelung von Schwingungen endlicher Amplitude. Z. Physik **11**, 170 (1922).
245. — Spezifische Wärme (theoretischer Teil). In: Geiger Scheel's Handbuch der Physik, Bd. 10. Berlin: Springer 1926.
246. Scott, R. B., Meyers, C. H., Rands, R. D., Jr., Brickwedde, F. G., Bekkedahl, N.: Thermodynamic properties of 1,3-butadiene in the solid, liquid, and vapor states. J. Res. Natl. Bur. Std. **35**, 39 (1945).
247. Sharanov, Yu. A., Vol'kenshtein, M. V.: Cooperative effects in the annealing and softening of poly(vinyl acetate). Vysokomolekul. Soedin. **4**, 917 (1962).
248. Simon, F.: Die Bestimmung der freien Energie. In: Geiger-Scheels Handbuch der Physik, Bd. 10. Berlin:Springer 1926.
249. Slonimskii, G. L., Godovskii, Yu. K.: Temperature dependence of the heat capacity of isotactic polypropylene. Vysokomolekul. Soedin. **7**, 685 (1965).
250. Smith, H. M. J.: The theory of the vibrations and the Raman spectrum of the diamond lattice. Phil. Trans. A **241**, 105 (1948).
251. Smith, C. W., Dole, M.: Specific heat of synthetic high polymers. VII. Polyethylene terephthalate. J. Polymer Sci. **20**. 37 (1956).
252. Smothers, W. J., Chiang, Y.: Handbook of differential thermal analysis. New York: Chemical Publ. Comp. Inc. 1966.
253. Sochava, I. V., Trapeznikova, O. N.: The specific heat of chain structures at low temperatures. Dokl. Akad. Nauk. USSR **113**, 784 (1957).
254. — — Internal rotation and heat capacity of a few polymers at low temperatures. Vestn. Leningr. Univ. **13**, Ser. Fiz. i Khim. 65 (1958).
255. — Heat capacity of linear polymers at low temperatures. Dokl. Akad. Nauk. USSR **130**, 126 (1960).
256. — Specific heat of polymethylmethacrylate and polystyrene at low temperatures. Vestn. Leningr. Univ. **16**, Ser. Fiz. i Khim. **2**, 70 (1961).
257. — Thermal motion in linear polymers at low temperature. Vestn. Leningr. Univ. 19 (10), Ser. Fiz. i Khim. **2**, 56 (1964).
258. — Trapeznikova, O. N.: Rotation of methylene groups in poly(methyl methacrylate) at low temperature. Vestn. Leningr. Univ. **20**, Ser. Fiz. i Khim. **4**, 71 (1965).
259. Southard, J. C., Brickwedde, F. G.: Low temperature specific heats. I. An improved calorimeter for use from 14 to 300° K. The heat capacity and entropy of naphthalene. J. Am. Chem. Soc. **55**, 4378 (1933).
260. — A modified calorimeter for high temperatures. The heat content of silica, wollastonite and thorium dioxide above 25°. J. Am. Chem. Soc. **63**, 3142 (1941).
261. Spencer, H. M.: Empirical heat capacity equations of gases and graphite. J. Ind. Eng. Chem. **40**, 2152 (1948).

262. Sperati, C. A., Starkweather, H. W., Jr.: Fluorine-containing polymers. II. Polytetrafluoroethylene. Fortschr. Hochpolymer.-Forsch. **2**, 465 (1961).
263. Starkweather, H. W., Jr., Boyd, R. H.: The entropy of melting of some linear polymers. J. Phys. Chem. **64**, 410 (1960).
264. — Heat capacity of chain polymers at low temperatures. J. Polymer Sci. **45**, 525 (1960).
265. — Crystalline organization in useful plastics. SPE Trans. **3**, 57 (1963).
266. Steere, R. C.: Detection of polymer transitions by measurement of thermal properties. J. Appl. Polymer Sci. **10**, 1673 (1966).
267. Stimson, H. F.: International practical temperature scale of 1948. J. Res. Natl. Bur. Std. **65** A, 139 (1961), Natl. Bur. Std. Monogr. **37** (1961).
268. Stockmayer, W. H., Hecht, C. E.: Heat capacity of chain polymeric crystals. J. Chem. Phys. **21**, 1954 (1953).
269. Stull, D. R.: unpublished, but quoted by Boyer, R. F., Spencer, R. S.: Thermal expansion and second-order transition effects in high polymers. J. Appl. Phys. **15**, 398 (1944).
270. Sturtevant, J. M.: In: Weissberger, A. (Ed.): Technique of Organic Chemistry, 3rd Ed., Vol. 1, Part 1, Chapt. X. New York: Interscience Publ. 1959.
271. Swan, P. R.: Polyethylene unit cell variations with temperature. J. Polymer Sci. **56**, 403 (1962).
— Polyethylene unit cell variations with branching. J. Polymer Sci. **56**, 409 (1962).
272. Swietoslawski, W.: Microcalorimetry. New York: Reinhold Publ. 1946.
273. Tadokoro, H., Kobayashi, M., Kawaguchi, Y., Kobayashi, A., Murahashi, S.: Normal vibrations of the polymer molecules of helical configuration. III. Polyoxymethylene and polyoxymethylene-d_2. J. Chem. Phys. **38**, 703 (1963).
274. Tarasov, V. V.: The theory of the specific heat of high polymers. II. Rubber, graphite, Comptes Rend. Acad. Sci. U.R.S.S. **46**, 110 (1945).
— Theory of the specific heat of high polymers. III. Stratified lattices. Compt. Rend. Acad. Sci. U.R.S.S. **54**, 795 (1946).
275. — Theory of the heat capacity of chain and layer stuctures. Zh. Fiz. Khim. **24**, 111 (1950).
276. — Heat capacity of chain and layer structures. Zh. Fiz. Khim. **27**, 1430 (1953).
277. — Anisotropic atomic vibrations and the heat capacity of layer and chain structures. Dokl. Akad. Nauk. S.S.S.R. **100**, 307 (1955).
278. — New glass-physics experiments. Moscow: Gosstroizdat 1959.
279. — Yunitskii, G. A.: Theory of the heat capacity of layered-chain structures. Zh. Fiz. Khim. **39**, 2077 (1965).
280. Tasumi, M., Shimanouchi, T., Miyazawa, T.: Normal vibrations and force constants of polymethylene chain. J. Mol. Spectry. **9**, 261 (1962). — A refined treatment of normal vibrations of polymethylene chain. J. Mol. Spectry. **11**, 422 (1963).
281. — — Crystal vibrations and intermolecular forces of polymethylene crystals. J. Chem. Phys. **43**, 1245 (1965).
282. — Krimm, S.: Crystal vibrations of polyethylene. J. Chem. Phys. **46**, 755 (1967).
283. Tautz, H., Glück, M., Hartmann, G., Leuteritz, R.: Die spezifische Wärme von Hochpolymeren im Temperaturbereich von —150 bis +180° C. Plaste Kautschuk **10**, 648 (1963).
284. — — — — Die spezifische Wärme von Hochpolymeren in Abhängigkeit von der Vorgeschichte des Materials. Plaste Kautschuk **11**, 657 (1964).

285. Taylor, W. J.: Average length and radius of normal paraffin hydrocarbon molecules. J. Chem. Phys. **16**, 257 (1948).
286. Ting, T. W., Li, J. M. C., Thermodynamics for elastic solids; general formulation. Phys. Rev. **106**, 1165 (1957).
287. Tolman, R. C.: The principles of statistical mechanics. London: Oxford Univ. Press 1938.
288. Trevino, S., Boutin, H.: Low-energy vibrational modes of polyoxymethylene by neutron scattering. J. Chem. Phys. **45**, 2700 (1966).
289. — — Studies of low-frequency molecular motions in polymers by neutron inelastic scattering. J. Macromol. Sci. Chem. **A1**, 723 (1967).
290. Tucker, J. E., Reese, W.: Heat capacity of polyethylene from 2.5° to 30° K. J. Chem. Phys. **46**, 1388 (1967).
291. Turdakin, V. A., Tarasov, V. V.: Low temperature heat capacity of poly(diethylsiloxanes) in connection with their physiochemical properties. Tr. Mosk. Khim. Tekhnol. Inst. **49**, 8 (1965).
292. Ueberreiter, K., Nens, S.: Spezifische Wärme, spezifisches Volumen, Temperatur- und Wärmeleitfähigkeit von Hochpolymeren. Teil I: Distyrol und ein hochpolymeres Styrol. Kolloid-Z. **123**, 92 (1951).
293. — Otto-Laupenmühlen, E.: Spezifische Wärme, spezifisches Volumen, Temperatur- und Wärmeleitfähigkeit von Hochpolymeren — Teil II. Kettenlängenabhängigkeit bei fraktionierten Polystyrolen. Z. Naturforsch. **8a**, 664 (1953).
294. van der Hoeven, B. J. C., Jr., Keesom, P. H.: Specific heat of various graphites between 0.4 and 2.0° K. Phys. Rev. **130**, 1318 (1963).
295. Victor, A. C.: Heat capacity of diamond at high temperatures. J. Chem. Phys. **36**, 1903 (1962).
296. Vieweg, R., Gottwald, F.: Über thermische Kenngrößen von Kunststoffen. Kunststoffe **30**, 138 (1940).
297. Vol'kenshtein, M. V., Ptitsyn, O. B.: The relaxation theory of vitrification. 1. The solution and investigation of the basic equation. Zh. Tekhn. Fiz. **26**, 2204 (1956).
298. — The configurational statistics of polymeric chains. J. Polymer Sci. **29**, 441 (1958).
299. — Sharanov, Yu. A.: Effect of annealing polymer glasses on the temperature dependence of the heat capacity in the softening range. Vysokomolekul. Soedin. **3**, 1739 (1961).
300. Warfield, R. W., Petree, M. C., Donovan, P.: The specific heat of high polymers. SPE Journal **15**, 1055 (1959).
301. — — Thermodynamic functions of polyethylene. Chem. Ind. (London), 1571 (1961) I; see also: Thermodynamic properties of polyethylene. Makromol. Chem. **51**, 113 (1962).
302. — — Thermodynamic properties of polystyrene and styrene. J. Polymer Sci. **55**, 497 (1961) II.
303. — Brown, R.: Heat capacity and thermodynamic functions of polyvinylalcohol. Kolloid-Z. **185**, 63 (1962).
304. — Petree, M. C.: Thermodynamic properties of polymethyl methacrylate and methyl methacrylate. J. Polymer Sci. A **1**, 1701 (1963).
305. — — Thermodynamic properties of polyvinylidene chloride. J. Polymer Sci. **4**, 532 (1966).
306. Watson, E. S., O'Neill, M. J., Justin, J., Brenner, N.: A differential scanning calorimeter for quantitative differential thermal analysis. Anal. Chem. **36**, 1233 (1964).

307. Weizel, W.: Lehrbuch der theoretischen Physik; Zweiter Band: Struktur der Materie. 2. Aufl. Berlin-Göttingen-Heidelberg: Springer **1958**.
308. White, W. P.: The modern calorimeter. New York: Chem. Catalog Co. **1928**.
309. Wilhoit, R. C., Dole, M.: Specific heat of synthetic high polymers. II. Polyhexamethylene adipamide and sebacamide. J. Phys. Chem. **57**, 14 (1953).
310. — Recent developments in calorimetry. J. Chem. Educ. **44**, A 571, A 629, A 685, A 853 (1967).
311. Wilkinson, R. W., Dole, M.: Specific heat of synthetic high polymers. X. Isotactic and atactic polypropylene. J. Polymer Sci. **58**, 1089 (1962).
312. Wilski, H.: Spezifische Wärme von Polypropylen. Kunststoffe **50**, 335 (1960).
313. — Grewer, T.: The specific heat of poly-1-butene. J. Polymer Sci. C **6** 33, (1964).
314. — Die spezifische Wärme von Hochpolymeren. Kolloid-Z. Z. Polymere **210**, 37 (1966) I.
315. — Kalorimetrische Untersuchungen an Hochpolymeren. Kunststoff-Rundschau **13**, 1 (1966) II.
316. Wolpert, S., Wunderlich, B.: (1968) (to be published).
317. Wood, L. A., Bekkedahl. N.: Specific heat of natural rubber and other elastomers above the glass transition temperature. Polymer Letters **5**, 169 (1967).
318. Worthington, A. E., Marx, P. C., Dole, M.: Calorimetry of high polymers. III. A new type of adiabatic jacket and calorimeter. Rev. Sci. Instr. **26**, 698 (1955).
319. Wunderlich, B.: Thesis: Thermodynamics of the copolymer-system poly(ethylene-terephthalate sebacate). Dept. of Chemistry, Northwestern University, Evanston, Ill. 1957, Mic 58-4119.
320. — Dole, M.: Specific heat of synthetic high polymers VIII. Low pressure polyethylene. J. Polymer Sci. **24**, 201 (1957).
321. — — Specific heat of synthetic high polymers. IV. Poly(ethylene sebacate). J. Polymer Sci. 32, 125 (1958).
322. — Study of the change in specific heat of monomeric and polymeric glasses during the glass transition. J. Phys. Chem. **64**, 1052 (1960).
323. — Motion in polyethylene. I. Temperature and crystallinity dependence of the specific heat. J. Chem. Phys. **37**, 1203 (1962). II. Vibrations in crystalline polyethylene. Ibid. 1207. III. The amorphous polymer. Ibid. 2429.
324. — Poland, D.: J. Polymer Sci. **58**, 1106 (1962). Discussion to the paper by Wilkinson, R. W., Dole, M.: Specific heat of synthetic high polymers. X. Isotactic and atactic polypropylene. J. Polymer Sci. **58**, 1089 (1962).
325. — Motion in the solid state of high polymers. J. Polymer Sci., C **1**, 41 (1963).
326. — Sullivan, P., Arakawa, T., DiCyan, A. B., Flood, J. F.: Thermodynamics of crystalline linear high polymers. III. Thermal breakdown of the crystalline lattice of polyethylene. J. Polymer Sci. A **1**, 3581 (1963).
327. — The melting of defect polymer crystals. Polymer **5**, 611 (1964).
328. — Arakawa, T.: Polyethylene crystallized from the melt under elevated pressure. J. Polymer Sci. A **2**, 3697 (1964).
329. — Bodily, D. M., Kaplan, M. H.: Theory and measurements of the glass-transformation interval of polystyrene. J. Appl. Phys. **35**, 95 (1964).
330. — Specific heat of polyethylene single crystals. J. Phys. Chem. **69**, 2078 (1965).
331. — Cormier, C. M.: Heat of fusion of polyethylene. J. Polymer Sci. A **2**, **5**, 987 (1967).
332. — Jones, L. D.: Heat capacities of solid polymers. J. Macromol. Sci.-Phys. B **3**, 67 (1969).

333. Yasuda, T., Araki, Y.: Effect of pressure on the room-temperature transition of polytetrafluoroethylene and its heat of transition. J. Appl. Polymer Sci. **5**, 331 (1961).

334. Yoshimori, A., Kitano, Y.: Theory of the lattice vibration of graphite. J. Phys. Soc. Japan **11**, 352 (1956).

335. Young, J. A., Koppel, J. V.: Phonon spectrum of graphite. J. Chem. Phys. **42**, 357 (1965).

336. Zachmann, H. G.: Berechnung der Entropie von Kettenmolekülen mit festem Fadenendenabstand und Diskussion des für Hochpolymere charakteristischen Schmelzbereichs. Z. Naturforsch. **19a**, 1397 (1964).

337. — Spelluci, P.: Der Einfluß des Raumbedarfs der Kristallite auf die Entropie teilkristalliner Hochpolymerer. Kolloid-Z. Z. Polymere **213**, 39 (1966).

338. Zbinden, R.: Vibrational interaction in chain molecules. J. Mol. Spectr. **3**, 653 (1959).

339. — Infrared spectroscopy of high polymers. New York-London: Academic Press Inc. 1964..

Received August 12, 1969

ISBN 978-3-540-04763-6 ISBN 978-3-540-36177-0 (eBook)
DOI 10.1007/978-3-540-36177-0

 Library of Congress Catalog Card Number 61-642. Herstellung: Brühlsche Universitätsdruckerei, Gießen.

Ursprünglich erschienen bei Springer-Verlag Berlin Heidelberg New York 1970.

Titel-Nr. 4931

Berichtigung

Die in der Berichtigung halbfett gedruckten Ziffern **2.869**, **2.863** und **2.857** wurden in der Tabelle II.2 auf Seite 234 versehentlich wie folgt gedruckt: 28.69, 28.63 und 28.57.

Tabelle II.2. *Frequenzen und Θ-Werte der Singularitäten des tetragonalen Gitters Abb.* II.15, *mit* $\beta = 2.08 \cdot 10^5$ [*dyn cm*$^{-1}$], $M = 23.4 \cdot 10^{-24}$ *gr und* $\varkappa = 0.100\,\beta$, $\alpha = 0.040\,\beta$, $\gamma = 0.002\,\beta$

Bezeichnung der Singularitäten		$M\omega^2/4$	$\nu \equiv \omega/2\pi$ [10^{13} sec^{-1}]	optische Wellenzahl ν/c [cm^{-1}][a]	Grundschwingungsquant $h\nu$ [Kcal mol^{-1}][b]	$\Theta \equiv h\nu/k$ [°K (°C)]
$(\beta\gamma)''$		$\beta + 4\gamma$	3.013	1004	**2.869**	1446 (+1173)
$(\beta\gamma)'$	(β)	$\beta + 2\gamma$	3.006	1002	**2.863**	1442 (+1169)
(β)		β	3.000	1000	**2.857**	1439 (+1166)
$(\varkappa\alpha\gamma)$		$4\varkappa + \alpha + 2\gamma$	2.000	666	1.904	959 (+ 686)
$(\varkappa\alpha)$	$(\varkappa)$	$4\varkappa + \alpha$	1.990	663	1.895	955 (+ 682)
$(\varkappa\gamma)''$		$4\varkappa + 4\gamma$	1.916	639	1.825	919 (+ 646)
$(\varkappa\gamma)'$		$4\varkappa + 2\gamma$	1.907	636	1.816	915 (+ 642)
$(\alpha\gamma)''$	(α)	$\alpha + 4\gamma$	0.657	219	0.626	315 (+ 42)
$(\alpha\gamma)'$		$\alpha + 2\gamma$	0.629	210	0.599	302 (+ 29)
$(\gamma)''$	(γ)	4γ	0.268	89	0.255	129 (— 144)
$(\gamma)'$		2γ	0.190	63	0.181	91 (— 182)

[a] Die optischen Wellenzahlen stimmen nicht mit den mechanischen Wellenzahlen überein. Mit der Angabe der optischen Wellenzahl ν/c (c = Lichtgeschwindigkeit) ist keine Aussage über die optische Aktivität der Schwingungen verbunden.

[b] Das Grundschwingungsquant ist gleich der doppelten Nullpunktsenergie.

GPSR Compliance

The European Union's (EU) General Product Safety Regulation (GPSR) is a set of rules that requires consumer products to be safe and our obligations to ensure this.

If you have any concerns about our products, you can contact us on ProductSafety@springernature.com

In case Publisher is established outside the EU, the EU authorized representative is:

Springer Nature Customer Service Center GmbH
Europaplatz 3
69115 Heidelberg, Germany

Batch number: 10267799

Printed by Printforce, the Netherlands